普通高等教育"十一五"国家级规划教材

电子技术基础实验
第 2 版

主编 李国丽
参编 刘 春 朱维勇

机 械 工 业 出 版 社

随着电子技术的快速发展，各种新的电子器件不断涌现，在上一版的基础上，我们总结了多年的课程教学经验，对本教材进行了改版。

全书共分五章，按基础训练实验、模拟电路综合性实验、数字电路综合性实验、数模混合电路综合性实验四个层次组织内容。基本训练实验含模拟电子技术基础和数字电子技术基础两部分内容；综合性实验中引入了Multisim仿真实验的内容，加强了EDA技术在课程实验中的应用，体现了实验中软硬件的有机结合；并对近年来大学生电子设计竞赛中常用的信号产生、放大、滤波和开关电源等典型应用电路进行了介绍，以适应大学生课外科技活动的需求。

本书是普通高等教育"十一五"国家级规划教材，可作为电气类、电子信息类及其他相近专业本科生的实验教材，也可作为大学生课外科技活动的辅导教材和有关工程技术人员的参考书。

图书在版编目（CIP）数据

电子技术基础实验/李国丽主编 . —2 版 . —北京：机械工业出版社，2018.8（2025.1 重印）

普通高等教育"十一五"国家级规划教材

ISBN 978-7-111-60891-2

Ⅰ. ①电… Ⅱ. ①李… Ⅲ. ①电子技术-实验-高等学校-教材 Ⅳ. ①TN－33

中国版本图书馆 CIP 数据核字（2018）第 210318 号

机械工业出版社（北京市百万庄大街 22 号 邮政编码 100037）
策划编辑：徐 凡 责任编辑：徐 凡 张珂玲
责任校对：刘 岚 封面设计：张 静
责任印制：郜 敏
北京富资园科技发展有限公司印刷
2025 年 1 月第 2 版第 4 次印刷
184mm×260mm・16.5 印张・409 千字
标准书号：ISBN 978-7-111-60891-2
定价：39.80 元

凡购本书，如有缺页、倒页、脱页，由本社发行部调换

电话服务　　　　　　　　　网络服务
服务咨询热线：010-88379833　机 工 官 网：www.cmpbook.com
读者购书热线：010-88379649　机 工 官 博：weibo.com/cmp1952
　　　　　　　　　　　　　　教育服务网：www.cmpedu.com
封面无防伪标均为盗版　金 书 网：www.golden-book.com

前　言

随着电子技术的快速发展，各种新的电子器件不断涌现，为了适应课程教学和大学生课外科技活动开展的需要，我们在上一版教材的基础上，修订了这本《电子技术基础实验》教材。

第1章为模拟电子技术基础基本训练实验，介绍了模拟电子技术中的基本实验和基本测试方法，对一些常用典型电路进行了分析与实验，共有12个基本实验。

第2章为数字电子技术基础基本训练实验，介绍了数字电子技术中的基本实验和基本测试方法，注重各种集成芯片的使用与实验，共有13个基本实验。

第3章为模拟电路综合性实验，共有9个实验内容，包括稳压电源、信号发生器、放大器、LM324应用电路和集成滤波芯片的典型应用等。其中，稳压电源包括线性直流稳压电源和直流开关稳压电源；信号发生器包括压控信号发生电路和集成函数信号发生器；放大器包括集成宽带放大器和集成增益可调放大器；LM324应用电路特别针对近年来全国大学生电子设计竞赛综合测评中的运算放大器单电源供电问题，给出了若干应用实例；集成滤波芯片则对高阶滤波芯片LTC14 - 100、LT6600 - 10、LTC1563 - 2、LTC1560 - 1、LTC1564等进行了应用介绍。

第4章为数字电路综合性实验，共有7个实验内容，介绍了用中、小规模数字集成芯片实现小规模数字系统的方法。

第5章为数模混合电路综合性实验，共有2个实验内容，介绍了一个简易水温控制系统和DDS信号发生器9854。

最后为附录，附录A介绍了本书所用EDA工具软件Multisim 14.0的使用方法；附录B给出了常用数字逻辑芯片引脚图。

本书的第1、2章针对"电子技术基础"课程教学阶段编写，第3~5章针对"电子技术课程设计"或大学生课外科技活动培训阶段编写，为了训练学生基本电子电路的设计调试能力，书中所有电路均使用分立元件或中小规模集成芯片完成，不涉及单片机或FPGA的内容。

为了强调仿真软件在电子电路设计中的作用，第3~5章的所有综合性实验，都尽可能在介绍硬件实验电路之前给出了Multisim仿真内容。

本书由李国丽、刘春、朱维勇编写，其中，第1章由刘春编写，第2章由朱维勇编写，第3章由李国丽编写，第4章由许家紫编写，第5章由鞠鲁峰编写，王秀芹、文彦、张云雷对书中综合性实验的内容做了大量验证工作。浙江大学王小海教授审阅了书稿，并提出了宝贵意见。在本书的编写过程中，参考了有关专家的教材和论文，在此一并表示衷心的感谢。

由于编者的水平有限，书中难免存在不妥之处，欢迎读者批评指正。

编　者

目　录

第1章　模拟电子技术基础训练实验

1.1　常用电子仪器的使用

1.1.1　实验目的

1. 学习模拟电子电路实验中常用的电子仪器——函数信号发生器、交流毫伏表、示波器、直流稳压电源、万用表等的主要技术指标、性能及正确使用方法。

2. 初步掌握用示波器观察各种信号波形和读取波形参数的方法。

1.1.2　实验设备与器件

1. 直流稳压电源
2. 函数信号发生器
3. 示波器
4. 交流毫伏表
5. 万用表
6. 二极管 DIN4148　1 只
7. 2kΩ 电阻　1 只

1.1.3　实验原理

在模拟电子电路实验中，经常使用的电子仪器有示波器、函数信号发生器、直流稳压电源、交流毫伏表等，它们和万用表一起，可以完成对模拟电子电路的静态和动态工作情况的测试。

在实验中，各种电子仪器要综合使用，可按照信号流向，以连线简捷、调节顺手、观察及读取参数方便等原则进行合理布局，各仪器与被测实验装置之间的布局与连接如图 1-1-1

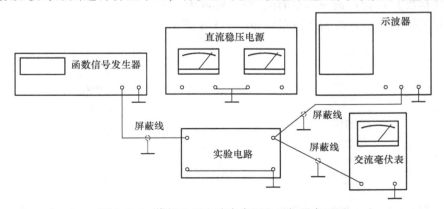

图 1-1-1　模拟电子电路中常用电子仪器布局图

所示。接线时应注意，为防止外界干扰，各仪器的公共接地端应连接在一起，称共地。信号源和交流毫伏表的引线通常用屏蔽线或专用电缆线，示波器接线使用专用电缆线，直流电源的接线用普通导线。

1. 示波器

示波器的产品类型有很多，本书以 TBS1000B – EDU 系列数字存储示波器为例，简单介绍其基本操作界面。

在如图 1-1-2 所示的面板中，按下前面板上的菜单按钮，示波器将在显示屏的右侧显示相应的菜单。该菜单会显示直接按下显示屏右侧未标记的选项按钮时可用的选项。

（1）垂直控制　垂直控制面板布局如图 1-1-3 所示。

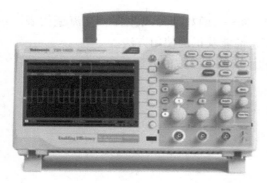

图 1-1-2　TBS1000B – EDU 示波器

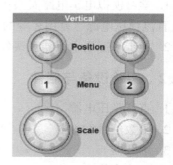

图 1-1-3　垂直控制面板布局

Position（位置）旋钮（1&2）：可垂直定位波形。

Menu（菜单）按钮（1&2）：显示"垂直"菜单选择项并打开或关闭对通道波形的显示。

Scale（标度）旋钮（1&2）：选择垂直刻度系数。

（2）水平控制　水平控制面板布局如图 1-1-4 所示。

Position（位置）旋钮：调整所有通道和数学波形的水平位置。这一控制的分辨率随时基设置的不同而改变。

Acquire（采集）按钮：显示采集模式——采样、峰值检测和平均。

Scale（标度）旋钮：选择水平时间/格（标度因子）。

（3）触发控制　触发控制面板布局如图 1-1-5 所示。

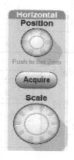

图 1-1-4　水平控制面板布局

图 1-1-5　触发控制面板布局

Trigger – Menu（触发菜单）按钮：当按下一次时，将显示触发菜单。当按住超过 1.5s 时，将显示触发视图，即显示触发波形而不是通道波形。使用触发视图可查看诸如"耦合"之类的触发设置对触发信号的影响。释放该按钮将停止显示触发视图。

Level（电平）旋钮：当使用边沿触发或脉冲触发时，"电平"旋钮设置采集波形时信号所必须越过的幅值电平。按下该旋钮可将触发电平设置为触发信号峰值的垂直中点（设置为 50%）。

Force Trig（强制触发）按钮：无论示波器是否检测到触发信号，都可以使用此按钮完成波形采集。此按钮可用于单次序列采集和"正常"触发模式。（在"自动"触发模式下，如果未检测到触发信号，示波器会定期自动强制触发。）

（4）菜单和控制按钮　菜单和控制按钮如图 1-1-6 所示。

Multipurpose（多用途）旋钮：通过显示的菜单或选定的菜单选项来确定功能。当旋钮处于激活状态时，相邻的 LED 变亮。

Cursor（光标）：显示 Cursor（光标）菜单。离开 Cursor（光标）菜单后，光标保持可见

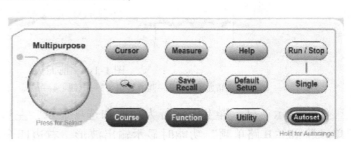

图 1-1-6　菜单和控制按钮

（除非"类型"选项设置为"关闭"），但不可调整。

Measure（测量）：显示"自动测量"菜单。

Help（帮助）：显示 Help（帮助）菜单。

Run/Stop（运行/停止）：连续或停止采集波形。

Save/Recall（保存/调出）：显示设置和波形的 Save/Recall（保存/调出）菜单。

DefaultSetup（默认设置）：调出厂家设置。

Single（单次）：（单次序列）采集单个波形，然后停止。

Autoset（自动设置）：自动设置示波器控制状态，以产生适用于输出信号的显示图形。当按住超过 1.5s 时，会显示"自动量程"菜单，并激活或禁用自动量程功能。

Utility（辅助功能）：显示 Utility（辅助功能）菜单。

（5）输入连接器　输入连接器如图 1-1-7 所示。

1&2：用于显示波形的输入连接器。

Ext Trig（外部触发）：外部触发信号源的输入连接器。使用"Trigger Menu（触发菜单）"选择 Ext 或 Ext/5 触发信号源。按住"触发菜单"按钮可查看触

图 1-1-7　输入连接器

发视图，其将显示诸如"触发耦合"之类的触发设置对触发信号的影响。

2. 函数信号发生器

函数信号发生器的产品型号有很多，以 TFG1000 系列 DDS 函数信号发生器为例，简单介绍其基本操作界面。

（1）前面板　前面板如图1-1-8所示。

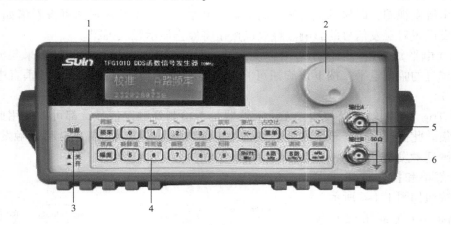

图1-1-8　前面板

1—液晶显示屏　2—调节旋钮　3—电源　4—键盘　5—输出A　6—输出B

（2）显示　显示屏上面一行为功能和选项显示，左边两个汉字显示当前功能，在"A路单频"和"B路单频"功能时显示输出波形。右边四个汉字显示当前选项，在每种功能下各有不同的选项，如表1-1-1所示。表中带阴影的选项为常用选项，可使用面板上的快捷键直接选择，仪器能够自动进入该选项所在的功能。不带阴影的选项较不常用，需要首先选择相应的功能，然后使用"菜单"键循环选择。显示屏下面一行显示当前选项的参数值。

（3）键盘　仪器前面板上共有20个按键（见前面板图），键体上的字表示该键的基本功能，直接按键执行基本功能。键上方的字表示该键的上档功能，首先按"Shift"键，显示屏右下方显示"S"，再按某一键可执行该键的上档功能。20个按键的基本功能如下。

"频率""幅度"键：频率和幅度选择键。

"0""1""2""3""4""5""6""7""8""9"键：数字输入键。

"./－"键：在数字输入之后输入小数点，在使用"偏移"设置功能时输入负号。

"MHz""kHz""Hz""mHz"键：双功能键，在数字输入之后执行单位键功能，同时作为数字输入的结束键。不输入数字，直接按"MHz"键执行"Shift"功能，直接按"kHz"键执行"A路"功能，直接按"Hz"键执行"B路"功能，直接按"mHz"键可以循环开启或关闭按键时的提示声响。

"菜单"键：用于选择项目表中不带阴影的选项。

"<"">"键：光标左右移动键。

3. 交流毫伏表

交流毫伏表用于测量正弦交流电压的有效值。DF2175A型号的交流电压表适用于5Hz～2MHz、30mV～300V的交流信号电压有效值的测量。

为了防止过载而损坏，测量前一般先把量程开关置于量程较大位置处，然后在测量中逐档减小量程。

另外，交流毫伏表在接通电源后，要将输入端短接，进行调零，然后断开短路线，才可开始进行测量。

4. 直流稳压电源

DF1731SD2A 型直流稳压电源由两路直流电源组成，每路输出电压为 0 ~ 30V，且连续可调。其工作方式如下：

1）两路电压源单独使用，同时输出两路电压。

2）两路电压源串联使用，两路输出电压相加。

3）两路电压源并联使用，两路输出电流相加。

注意，红端是输出电压的正端，黑端是输出电压的负端。

5. 万用表

VC9802A 型数字万用表，可以根据需要测量直流电压、交流电压、直流电流、交流电流及电阻值，并可以进行二极管通断测试及晶体管 h_{FE} 参数测试。

1.1.4 预习要求

1. 认真阅读实验原理，了解各实验仪器的功能、面板的使用方法。

2. 已知 $C = 0.01\mu F$、$R = 10k\Omega$，计算如图 1-1-10 所示的 RC 移相网络的阻抗角 ϕ。

3. 预习实验内容，自拟记录测量二极管限幅电路输入、输出电压波形，把结果填入表 1-1-1 中。

表 1-1-1 功能选项表

功 能	A 路单频正弦	B 路单频正弦	频率扫描扫频	频率调制调频	外测频率测频
	A 路频率	B 路频率	始点频率	载波频率	外测频率
	A 路周期	B 路周期	终点频率	载波幅度	闸门时间
	A 路幅度	B 路幅度	步进频率	调制频率	
	A 路波形	B 路波形	扫描方式	调频频偏	
选项	A 占空比	B 占空比	间隔时间	调制波形	
	A 路衰减	B 路谐波			
	A 路偏移	B 路相移			
	步进频率				
	步进幅度				

1.1.5 实验内容

1. 信号发生器、示波器、交流毫伏表使用练习

接线如图 1-1-9 所示，把示波器与函数信号发生器相连。

1）用函数信号发生器产生输出信号。用函数信号发生器产生 1kHz 的正弦波（或 10kHz）信号。

2）用交流毫伏表测量正弦波信号电压，把测量结果填入表 1-1-2 中。

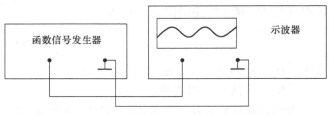

图 1-1-9 示波器与函数信号发生器连接图

表 1-1-2　信号发生器输出信号测量数据

信号频率/kHz	毫伏表读数/mV	示波器读数	
		周　期	幅　值
1.2	40		
35	80		
120	200		

注：以上波形参数也可以在数字存储示波器上直接读取。

3）正确调节示波器，使示波器显示出稳定的信号波形。

调节示波器，由"扫描"所指值（TIME/DIV）和一个波形周期的格数决定信号周期 T，即

$$T = 所占格数 \times (\text{TIME/DIV})$$

由"幅度"所指值和波形在垂直方向显示的坐标（格数）决定信号幅值，即

$$幅值 = 所占格数 \times (\text{VOLTS/DIV})$$

而信号有效值为

$$有效值 = 幅值/\sqrt{2}$$

2. 用示波器测量两波形间的相位关系

按图 1-1-10a 连接实验电路，将函数信号发生器的输出电压调至频率为 1kHz、幅值为 2V 的正弦波，经 RC 移相网络获得频率相同但相位不同的两路信号 v_1 和 v_2，分别加到示波器的 CH_1 和 CH_2 通道输入端。

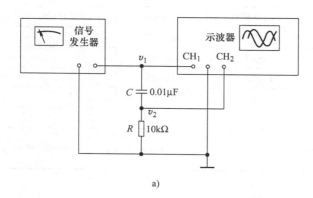

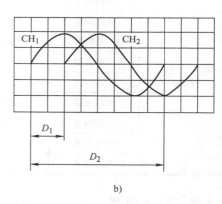

a)　　　　　　　　　　　　　　　　　　　b)

图 1-1-10　两波形间相位差测量电路

调节示波器，显示出 v_1 和 v_2 两个相位不同的正弦波形如图 1-1-10b 所示，则两波形相位差（即 RC 移相网络的阻抗角）为

$$\phi = \frac{D_1}{D_2} \times 360°$$

式中　D_1——两波形在 x 轴方向的格数差；

　　　D_2——波形一周期所占格数。

为读数和计算方便，使波形一周期占整数格。将相关数据填入表 1-1-3 中。

表 1-1-3　波形相位差数据表

一周期格数 D_2	两波形在 x 轴方向的格数差 D_1	相位差 $\phi/(°)$	
		实测值	计算值

3. 二极管限幅电路的测试

　　按图 1-1-11 连接实验电路，将函数信号发生器的输出电压调至频率为 1kHz、幅值为 $3\sqrt{2}\,\text{V}$（有效值为 3V）的正弦波接于电路的输入端，电压 V_{REF} 由直流稳压电源提供，并用数字万用表的直流档测量，使 $V_{REF} = 2\text{V}$。用示波器观察输入电压 v_i、输出电压 v_o 的波形，并记录于自拟的实验表格中。

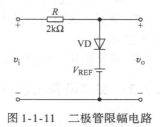

图 1-1-11　二极管限幅电路

1.1.6　实验报告要求

　　1. 分析表 1-1-2 中的数据，总结测量信号频率（周期）、幅值（有效值）的最佳方式。

　　2. 分析 RC 移相网络的工作原理，理论计算其阻抗角 ϕ，画出实验中用示波器观察到的波形，将实测的相位差与理论值进行比较，分析产生误差的原因。

　　3. 分析图 1-1-11 二极管限幅电路的工作原理，画出实测的 v_i、v_o 的波形，与理论分析做比较。

　　4. 总结各种常用电子仪器的使用方法。

1.1.7　思考题

　　1. 用示波器观察信号波形时，怎样调节才能达到下列要求？

　　1）波形清晰。

　　2）波形稳定。

　　3）改变示波器屏幕上可视波形的周期数。

　　4）改变示波器屏幕上所视波形的幅度。

　　2. 用双踪方式显示波形，并要求比较两者的相位时，应怎样调节？

　　1）垂直方式显示选择。

　　2）触发方式选择。

　　3）触发信号选择。

1.1.8　注意事项

　　1. 函数信号发生器在作为信号源使用时，它的输出端不允许短路。

　　2. 在使用交流毫伏表测量时，为了防止其过载而损坏，测量前一般先将量程开关置于量程较大位置处，然后在测量中逐档减小量程；读完数据后，再把量程开关拨回量程较大位置处，然后断开连线。

　　3. 拨动仪器面板上的各旋钮时，用力要适当，不可过猛，以免造成机械损坏。

1.2　晶体管共射极放大电路

1.2.1　实验目的

1. 熟悉放大器静态工作点的调试方法，分析静态工作点对放大器性能的影响。
2. 掌握放大器电压放大倍数、输入电阻、输出电阻、最大不失真输出电压及通频带的测试方法。
3. 熟悉常用电子仪器的使用方法。

1.2.2　实验设备与器件

1. 直流稳压电源
2. 函数信号发生器
3. 示波器
4. 万用表
5. NPN 型晶体管 3DG6　1 只
6. 电阻器、电容器若干

1.2.3　实验原理

1. 实验电路

实验电路如图 1-2-1 所示，电路采用自动稳定静态工作点的分压式射极偏置电路，温度稳定性较好。其中晶体管选用的是 I_{CEO} 较小的硅管 3DG6，电位器 R_w 用来调整静态工作点。

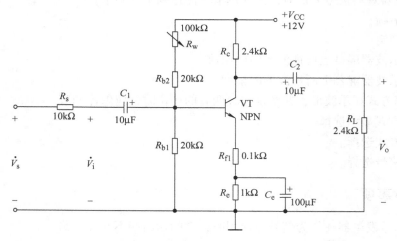

图 1-2-1　共射极放大电路

2. 静态工作点

在图 1-2-1 电路中，当流过偏置电阻 R_{b1} 和 R_{b2} 的电流远大于晶体管的基极电流 I_B 时（一般 5 ~ 10 倍），则它的静态工作点可用下式估算：

$$V_B \approx \frac{R_{b1}}{R_{b1} + R_{b2} + R_w} V_{CC}$$

$$I_E = \frac{V_B - V_{BE}}{R_{f1} + R_e} \approx I_C$$

$$I_B = \frac{I_C}{\beta}$$

$$V_{CE} = V_{CC} - I_C(R_c + R_{f1} + R_e)$$

实验中，测量放大器的静态工作点的过程，应在输入信号 $\dot{V}_i = 0$ 的情况下进行，也就是将放大器输入端与地端短接，为了避免断开集电极测量 I_C，可以用直流电压表测出晶体管各个电极的对地电位 V_E、V_C、V_B，然后由下列公式计算出静态工作点的各个参数：

$$V_{BE} = V_B - V_E$$

$$I_C = \frac{V_{CC} - V_C}{R_c}$$

$$I_B = \frac{I_C}{\beta}$$

$$V_{CE} = V_C - V_E$$

调节偏置电阻 R_w 可以改变静态工作点。

为了减小误差，提高测量精度，应选用内阻较高的直流电压表测量各电极电位。

3. 放大器动态性能指标

放大器动态性能指标包括电压放大倍数、输入电阻、输出电阻、最大不失真输出电压等参数。

（1）电压放大倍数　电压放大倍数是指输出电压和输入电压之比，即

$$\dot{A}_v = \frac{\dot{V}_o}{\dot{V}_i} = -\frac{\beta(R_c /\!/ R_L)}{r_{be} + (1 + \beta)R_{f1}}$$

$$r_{be} = 200\Omega + (1 + \beta)\frac{26\text{mV}}{I_E\text{mA}}$$

电源电压放大倍数为输出电压和信号源电压之比，即

$$\dot{A}_{vs} = \frac{\dot{V}_o}{\dot{V}_s} = \dot{A}_v \frac{R_i}{R_i + R_s}$$

在实验中，这两个放大倍数可由交流毫伏表直接测出 $\dot{V}_s$、$\dot{V}_i$、$\dot{V}_o$ 的有效值，按下式求出：

$$A_v = \frac{V_o}{V_i}$$

$$A_{vs} = \frac{V_o}{V_s}$$

（2）输入电阻　输入电阻 R_i 的大小决定放大电路从信号源或前级放大电路获取信号电压的多少，如图 1-2-1 所示电路的输入电阻为

$$R_i = R_{b1} // (R_{b2} + R_w) // [r_{be} + (1 + \beta) R_{f1}]$$

在实验中，为了测量放大器的输入电阻，将放大器等效为如图 1-2-2 所示的形式，这样，通过测量信号源电压有效值 V_s 和输入电压有效值 V_i，可以计算输入电阻为

$$R_i = \frac{V_i}{I_i} = \frac{V_i}{V_{R_s}/R_s} = \frac{V_i}{V_s - V_i} R_s$$

（3）输出电阻　输出电阻 R_o 的大小表示放大电路带负载的能力。如图 1-2-1 所示电路的输出电阻为

$$R_o \approx R_c$$

在实验中，可根据图 1-2-2 所示的等效电路，通过测量空载电压有效值 V_{o1} 和带负载电压有效值 V_{o2} 来求得输出电阻，R_o 为

$$R_o = \frac{V_{R_o}}{I_o} = \frac{V_{o1} - V_{o2}}{V_{o2}/R_L} = \frac{V_{o1} - V_{o2}}{V_{o2}} R_L = \left(\frac{V_{o1}}{V_{o2}} - 1 \right) R_L$$

测量输出电阻时应注意，R_L 接入前、后输入信号的大小保持不变。

（4）最大不失真输出电压 V_{oPP}（最大动态范围）　放大电路的最大不失真输出电压是衡量放大电路输出电压幅值能够达到的最大限度的重要指标，如果超出这个限度，输出波形将产生明显失真。

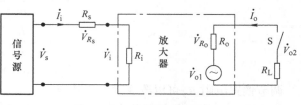

图 1-2-2　放大器等效电路图

在实验中，为了得到最大动态范围，首先应将静态工作点调在交流负载线的中点，利用示波器或交流毫伏表可测得放大电路的最大不失真输出电压 V_{oPP}。

（5）放大器频率特性　放大器的频率特性是指放大器的电压放大倍数 $\dot{A}_v$ 与输入信号频率 f 之间的关系，分幅频特性和相频特性。在幅频特性曲线上设 A_{vm} 为中频电压放大倍数，通常规定电压放大倍数随着信号频率的变化（下降或上升）下降到 $0.707A_{vm}$ 时所对应的频率分别为下限频率 f_L 和上限频率 f_H，通频带为 $B_W = f_H - f_L$。

1.2.4　预习要求

1. 复习教材中有关单管共射极放大电路的工作原理，根据图 1-2-1 所示实验电路估算出放大器的静态工作点、电压放大倍数 A_v、A_{vs}、输入电阻 R_i 和输出电阻 R_o。
2. 预习实验内容，了解测试单管共射极放大电路的静态工作点及动态性能指标的方法。
3. 复习示波器、函数信号发生器、晶体管毫伏表等实验仪器的使用方法。

1.2.5　实验内容

1. 静态工作点的调整和测量

实验电路如图 1-2-1 所示，$+V_{CC}$ 由直流稳压电源提供。令 $\dot{V}_s = 0$（即不接信号发生器，将放大器输入端与地短路），当 $V_{CC} = 12V$ 时，调节 R_W，使 $V_E = 2.2V$ 左右，用万用表直流电压档测量 V_B 和 V_C（对地电位），计算 V_{CE}、V_{BE}、I_C、I_B，填入表 1-2-1 中。

表 1-2-1　静态工作点数据表

测　量　值			计　算　值			
V_B/V	V_E/V	V_C/V	V_{CE}/V	V_{BE}/V	I_C/A	I_B/A

2. 测量动态参数 A_v、A_{vs}、R_i、R_o

如图 1-2-1、图 1-2-2 所示，保持静态工作点的 R_w 不变，调节信号发生器，使放大电路输入正弦波信号的频率 $f = 1\text{kHz}$，有效值 $V_i = 100\text{mV}$，测量 V_s、电路空载输出电压 V_{o1} 和负载输出电压 V_{o2}，并计算 A_v、A_{vs}、R_i、R_o，填入表 1-2-2 中。用示波器观察输入、输出波形，并分析它们的相位关系。

表 1-2-2　动态参数数据表

测　量　值				计　算　值					
V_s/mV	V_i/mV	V_{o1}/mV ($R_L = \infty$)	V_{o2}/mV ($R_L = 2.7\text{k}\Omega$)	A_{v1}	A_{v2}	A_{vs1}	A_{vs2}	R_i/Ω	R_o/Ω

3. 最大不失真输出电压 V_{oPP} 的测量

在放大器正常工作的情况下，逐步增大输入信号的幅度，并同时调节 R_w（改变静态工作点），用示波器观察输出电压的波形，当输出波形同时出现削底和缩顶失真时，说明静态工作点已调在交流负载线的中点。然后反复调整输入信号，使波形输出幅度最大，且无明显失真，此时，用交流毫伏表测出 V_o（有效值），则输出信号动态范围 $V_{oPP} = 2\sqrt{2} V_o$，或在示波器上直接读出 V_{oPP}。

4. 放大器频率特性的测量

以上面实验内容 3 测出的输出电压有效值 V_o 为基准，保持 V_s 不变，增大输入信号频率，使 V_o 下降到 $0.707V_o$ 时，对应的信号频率为上限频率 f_H。按照同样的方法，减小输入信号频率，可以测到下限频率 f_L，最后计算出带宽 B_W。

5. 观察静态工作点对输出波形的影响

调节信号发生器，使放大电路输入正弦波信号的频率 $f = 1\text{kHz}$，有效值 $V_i = 100\text{mV}$，用示波器观察输出波形。顺时针调节 R_w，使输出电压失真，用万用表的直流电压档测量此时的 V_{CE} 值，记录失真波形于表 1-2-3 中；然后保持输入信号不变，逆时针调节 R_w，使输出波形出现失真，记录失真波形和此时的 V_{CE} 值（注：每次测 V_{CE} 值时都要使信号发生器的输出为零），分析两种情况下的失真类型。

表 1-2-3　失真记录

R_w	V_{CE}/V	输出电压的波形	失　真　类　型
顺时针			
逆时针			

1.2.6 实验报告要求

1. 简述图 1-2-1 所示实验电路的特点，列表整理测量结果，并把实测的静态工作点、电压放大倍数、输入电阻、输出电阻之值与理论计算值进行比较，分析产生误差的原因。
2. 讨论静态工作点变化对放大器输出波形的影响。
3. 分析总结静态工作点的位置与输出电压波形的关系。

1.2.7 思考题

1. 能否用直流电压表直接测量晶体管的 V_{BE}？为什么实验中要采用测 V_B、V_E 再间接算出 V_{BE} 的方法？
2. 改变静态工作点对放大器的输入电阻 R_i 是否有影响？改变外接电阻 R_L 对输出电阻 R_o 是否有影响？
3. 电路的静态工作点正常，如果发现电压增益较低（只有几倍），有可能是哪几个元件出了故障？

1.2.8 注意事项

1. 在测试中，应将函数信号发生器、交流毫伏表、示波器及实验电路的接地端连接在一起。
2. 由于函数信号发生器有内阻，而放大电路的输入电阻 R_i 不是无穷大，测量放大电路输入信号 V_i 时，应将放大电路与函数信号发生器连接上再测量，避免造成误差。

1.3 射极输出器

1.3.1 实验目的

1. 进一步学习放大器各项参数的测试方法。
2. 掌握射极输出器的特性及测试方法。
3. 了解射极输出器的应用。

1.3.2 实验设备与器件

1. 直流稳压电源
2. 函数信号发生器
3. 示波器
4. 交流毫伏表
5. 万用表
6. NPN 型晶体管 3DG6 1 只
7. 电阻器、电容器若干

1.3.3 实验原理

射极输出器的输出信号取自发射极，它是一个电压串联负反馈放大电路，具有输入阻抗高、输出阻抗低、输出电压能够在较大范围内跟随输入电压作线性变化以及输入输出信号同相位等特点，射极输出器又称射极跟随器。图 1-3-1 为射极输出器实验电路。

1. 实验电路

2. 静态工作点

如图 1-3-1 所示的实验电路静态工作点估算公式为

$$I_B = \frac{V_{CC} - V_{BE}}{R_b + R_w + (1+\beta)R_e}$$

$$I_C \approx I_E = (1+\beta)I_B$$

$$V_{CE} = V_{CC} - I_E R_e$$

实验中，可在静态（$\dot{V}_i = 0$，即输入信号对地短路）时测得晶体管的各电极电位 V_E、V_C、V_B，然后由下列公式计算出静态工作点的各个参数：

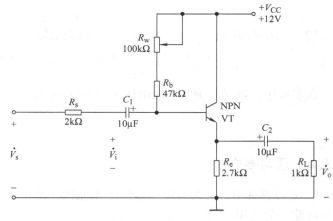

图 1-3-1　射极输出器

$$V_{BE} = V_B - V_E$$

$$I_C \approx I_E = \frac{V_E}{R_e}$$

$$I_B = \frac{V_{CC} - V_B}{R_w + R_b} \quad 或 \quad I_B = \frac{I_C}{\beta}$$

$$V_{CE} = V_C - V_E = V_{CC} - V_E$$

3. 放大电路的动态性能指标

（1）电压放大倍数　图 1-3-1 所示实验电路的电压放大倍数估算公式为

$$\dot{A}_v = \frac{\dot{V}_o}{\dot{V}_i} = \frac{(1+\beta)(R_e /\!/ R_L)}{r_{be} + (1+\beta)(R_e /\!/ R_L)} \leqslant 1$$

$$\dot{A}_{vs} = \frac{\dot{V}_o}{\dot{V}_s} = \dot{A}_v \frac{R_i}{R_i + R_s}$$

射极跟随器的电压放大倍数小于且接近于 1，输出电压和输入电压相位相同，这是深度电压负反馈的结果；它的射极电流比基极电流大（$1+\beta$）倍，所以它具有一定的电流和功率放大作用。

在实验中，放大倍数 A_v 和 A_{vs} 可通过测量 $\dot{V}_s$、$\dot{V}_i$、$\dot{V}_o$ 的有效值，并通过计算求出：

$$A_v = \frac{V_o}{V_i}$$

$$A_{vs} = \frac{V_o}{V_s}$$

（2）输入电阻 R_i　图 1-3-1 所示实验电路的输入电阻为

$$R_i = (R_b + R_w) /\!/ [r_{be} + (1+\beta)(R_e /\!/ R_L)]$$

实验中可通过测量 $\dot{V}_{s}$、$\dot{V}_{i}$、$\dot{V}_{o}$ 的有效值，并通过计算求出：

$$R_{i} = \frac{V_{i}}{V_{s} - V_{i}}R_{s}$$

（3）输出电阻 R_{o} 图 1-3-1 所示实验电路的输出电阻为

$$R_{o} = \frac{r_{be} + [R_{s} /\!/ (R_{b} + R_{w})]}{1 + \beta} /\!/ R_{e} \approx \frac{r_{be} + [R_{s} /\!/ (R_{b} + R_{w})]}{\beta}$$

在实验中，可通过测量空载电压 V_{o1} 和负载电压 V_{o2}，并通过计算求出：

$$R_{o} = \left(\frac{V_{o1}}{V_{o2}} - 1\right)R_{L}$$

1.3.4　预习要求

1. 复习教材中有关射极输出器的工作原理，掌握射极输出器的性能特点，并了解其在电子线路中的应用。

2. 复习测试放大电路的静态工作点、放大倍数、输入电阻、输出电阻的方法。

1.3.5　实验内容

1. 静态工作点的调整和测量

实验电路如图 1-3-1 所示，接通 +12V 电源，令 $\dot{V}_{s} = 0$（即不接信号发生器，将放大器输入端与地短路），调节 R_{w}，使 $V_{E} = 7V$ 左右，测量 V_{C} 和 V_{B}，计算 V_{BE}、V_{CE}、I_{C}、I_{B}，填入表 1-3-1 中。

表 1-3-1　静态工作点数据表

测　量　值			计　算　值			
V_{B}/V	V_{E}/V	V_{C}/V	V_{BE}/V	V_{CE}/V	I_{C}/A	I_{B}/A

2. 测量动态参数 A_{v}、A_{vs}、R_{i}、R_{o}

保持静态工作点的 R_{W} 不变，调节信号发生器，使输出正弦波的 $f = 1kHz$，有效值 $V_{i} = 1V$，测量 V_{s}、V_{i} 及电路空载输出电压 V_{o1} 和负载输出电压 V_{o2}，并计算 A_{v}、A_{vs}、R_{i}、R_{o}，填入表 1-3-2 中。用示波器观察输入、输出波形，分析它们的相位关系。

表 1-3-2　动态参数数据表

测　量　值				计　算　值					
V_{s}/V	V_{i}/V	V_{o1}/V ($R_{L} = \infty$)	V_{o2}/V ($R_{L} = 1k\Omega$)	A_{v1}	A_{v2}	A_{vs1}	A_{vs2}	R_{i}/Ω	R_{o}/Ω

3. 测试射极跟随器特性

接入负载 $R_{L} = 1k\Omega$，在电路输入端加入 $f = 1kHz$ 的正弦信号，并保持频率不变，逐渐增

大输入信号 V_s 的幅度，用示波器监视输出波形，直至输出电压幅值最大并且不失真，分别测量 V_i 和 V_o，记入表1-3-3 中，分析电路的电压跟随特性。

表1-3-3 射极输出器跟随性数据表

测 量 值		计 算 值
V_i/V	V_o/V	A_v/V
1		
1.5		
2		

1.3.6 实验报告要求

1. 简述图1-3-1 所示实验电路的特点，列表整理测量结果，并把实测的静态工作点、电压放大倍数、输入电阻、输出电阻之值与理论计算值进行比较，分析产生误差的原因。

2. 简要说明射极输出器的应用。

1.3.7 思考题

1. 在测量放大器静态工作点时，如果测得 $V_{CE} < 0.5V$，说明晶体管处于什么工作状态？如果测得 $V_{CE} \approx V_{CC}$，晶体管又处于什么工作状态？

2. 在实验电路中，偏置电阻 R_b 起什么作用？既然有了 R_w，是否可以不要 R_b？为什么？

1.3.8 注意事项

1. 在实验中，应将函数信号发生器、交流毫伏表、示波器及实验电路的接地端连接在一起。

2. 在测量放大电路的输入信号 V_i 时，应将放大电路与函数信号发生器连接上再测量。

1.4 场效应晶体管放大器

1.4.1 实验目的

1. 了解结型场效应晶体管静态参数的测量方法。
2. 熟悉场效应晶体管放大器动态参数的测试方法。

1.4.2 实验设备与器件

1. 直流稳压电源
2. 函数信号发生器
3. 示波器
4. 交流毫伏表
5. 万用表
6. 结型场效应晶体管 3DJ6F 1 只
7. 电阻器、电容器若干

1.4.3 实验原理

1. 实验电路

图 1-4-1 为分压式自偏压结型场效应晶体管共源级放大电路。

2. 静态工作点

图 1-4-1 所示实验电路的静态工作点 Q（V_{GS}、V_{DS}、I_D）可由下列 3 式联立求解：

$$V_{GS} = V_G - V_S = \frac{R_{g1}}{R_{g1} + R_{g2}} V_{DD} - I_D R_s$$

$$I_D = I_{DSS}\left(1 - \frac{V_{GS}}{V_P}\right)^2$$

$$V_{DS} = V_D - V_S = V_{DD} - I_D(R_d + R_S)$$

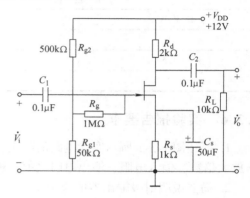

图 1-4-1　分压式自偏压结型场效应
晶体管共源级放大电路

实验中，可在静态（$\dot{V}_i = 0$，即输入信号对地短路）时测得场效应晶体管的各极电位 V_G、V_D、V_S，然后由下列公式计算出静态工作点的各个参数：

$$V_{GS} = V_G - V_S$$

$$I_D = \frac{V_{DD} - V_D}{R_d}$$

$$V_{DS} = V_D - V_S$$

3. 放大电路的动态性能指标

（1）电压放大倍数　图 1-4-1 所示实验电路的电压放大倍数估算公式为

$$\dot{A}_v = \frac{\dot{V}_o}{\dot{V}_i} = -g_m R_L{}' = -g_m(R_d \mathbin{/\mkern-5mu/} R_L)$$

实验中，此放大倍数可由 $\dot{V}_i$、$\dot{V}_0$ 的有效值计算求出

$$A_v = \frac{V_o}{V_i}$$

（2）输入电阻 R_i　图 1-4-1 所示实验电路的输入电阻为

$$R_i = R_g + R_{g1} \mathbin{/\mkern-5mu/} R_{g2}$$

实验中，由于场效应晶体管的输入电阻很大，如采用 1.2、1.3 节介绍的测量方法，即直接测量输入电压 $\dot{V}_s$、$\dot{V}_i$，由于测量仪器的输入电阻有限，必然带来很大误差。为减小误差，按图 1-4-2 改接实验电路，取 $R = 100\text{k}\Omega$，选择输入电压 $\dot{V}_s$ 的有效值（50 ~ 100mV）。保持 V_s 不变，将开关 S 掷向"1"（$R = 0$），测出输出电压 V_{o1}；然后将开关掷向"2"（接入 R），再测出 V_{o2}。由于两次测量中 A_v 和 V_s 保持不变，故

$$V_{o2} = A_v V_i = A_v \frac{R_i}{R_i + R} V_s$$

$$V_{o1} = A_v V_s$$

由此可以计算出

$$R_i = \frac{V_{o2}}{V_{o1} - V_{o2}} R$$

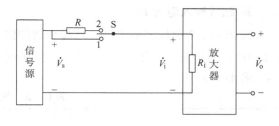

图 1-4-2 测量 R_i 实验电路图

（3）输出电阻 R_o 图 1-4-1 所示实验电路的输出电阻为

$$R_o \approx R_d$$

实验中，可通过测量空载电压 V_{o1} 和负载电压 V_{o2} 计算求出

$$R_o = \left(\frac{V_{o1}}{V_{o2}} - 1 \right) R_L$$

1.4.4 预习要求

1. 复习教材中有关场效应晶体管及其放大电路的理论，根据图 1-4-1 所示实验电路参数，估算放大电路的静态工作点及各项动态性能指标。

2. 根据场效应晶体管输入阻抗高的特点，掌握高输入阻抗的测试方法。

1.4.5 实验内容

1. 静态工作点的测量

按图 1-4-1 连接电路，接通 +12V 电源，令 $\dot{V_i} = 0$（即不接信号发生器，将放大器输入端与地短路），用万用表直流电压档分别测量静态工作点的各电压值，把结果填入表 1-4-1 中。

表 1-4-1 静态工作点数据表

测 量 值			计 算 值		
V_s/A	V_D/A	V_G/A	V_{DS}/A	V_{GS}/A	I_D/A

2. 测量动态参数 A_v、R_o

在放大器的输入端加入 $f = 1\text{kHz}$，$V_i = 50\text{mV}$ 的正弦信号，并用示波器监视输出电压的波形。在输出电压没有失真的条件下，用交流毫伏表分别测量电路的空载输出电压 V_{o1} 和负载输出电压 V_{o2}，并计算出 A_v、R_o 的值，填入表 1-4-2 中。用示波器观察输入、输出波形，分析它们的相位关系。

表 1-4-2 动态参数测量数据表

测 量 值			计 算 值		
V_i /mV	V_{o1}/mV （$R_L = \infty$）	V_{o2}/mV （$R_L = 10\text{k}\Omega$）	A_{v1}	A_{v2}	R_o/Ω

3. 测量输入电阻 R_i

按图 1-4-2 改接实验电路，选择合适的输入电压 V_s（50～100mV），将开关 S 掷向"1"（$R=0$），测出输出电压 V_{o1}，然后将开关掷向"2"（接入 R），再测出 V_{o2}，计算出 R_i 的值，填入表 1-4-3 中。

表 1-4-3　测量 R_i 数据表

测　量　值			计　算　值
V_s/mV	V_{o1}/mV	V_{o2}/mV	R_i/Ω
50			
80			

1.4.6　实验报告要求

1. 简述图 1-4-1 所示实验电路的特点，列表整理测量结果，并把实测的静态工作点、电压放大倍数、输入电阻、输出电阻之值与理论计算值进行比较，分析产生误差的原因。
2. 把场效应晶体管放大器与晶体管放大器进行比较，总结场效应晶体管放大器的特点。
3. 分析测试中的问题，总结实验收获。

1.4.7　思考题

1. 共源级放大电路的输入电阻与场效应晶体管栅极电阻 R_g 有什么关系？
2. 场效应晶体管放大器输入耦合电容为什么可以比晶体管电路小得多？
3. 在测量场效应晶体管静态工作电压 V_{GS} 时，能否用直流电压表直接在 G、S 两端测量？为什么？
4. 场效应晶体管放大电路为什么不需要测 A_{vs}？

1.4.8　注意事项

1. 测量静态工作点时，应关闭信号源。
2. 因为结型场效应晶体管的参数分散性较大，实验电路参数仅供参考，需视结型场效应晶体管的 I_{DSS} 和 V_P 值的不同进行适当调整，以使电路能够较稳定地工作在饱和区，从而进行信号的正常放大。

1.5　负反馈放大器

1.5.1　实验目的

1. 加深理解负反馈放大电路的工作原理和负反馈对放大器各项性能指标的影响。
2. 学习负反馈放大电路性能指标的测量方法。

1.5.2　实验设备与器件

1. 直流稳压电源
2. 函数信号发生器

3. 示波器

4. 交流毫伏表

5. 万用表

6. NPN 型晶体管 3DG6 2 只

7. 电阻器、电容器若干

1.5.3 实验原理

1. 实验电路

带有负反馈的两级阻容耦合放大电路如图 1-5-1 所示，两级均是共射极放大电路，两级静态工作点分别可以通过 R_{w1}、R_{w2} 来调整，R_f 构成交流反馈通道，反馈类型为电压串联负反馈。

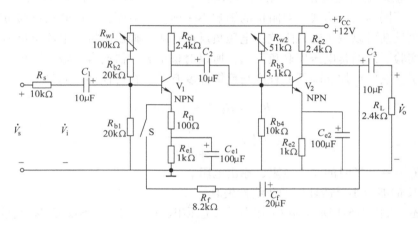

图 1-5-1　带有负反馈的两级阻容耦合放大电路

2. 负反馈对放大器性能的影响

（1）引入负反馈使电压放大倍数降低　闭环电压放大倍数

$$\dot{A}_{vf} = \frac{\dot{A}_v}{1 + \dot{A}_v \dot{F}_v} \approx \frac{1}{\dot{F}_v}$$

式中　$\dot{A}_v$——开环电压放大倍数。

图 1-5-1 的电路，当开关 S 打开时，V_1、V_2 构成的两级阻容耦合放大电路的电压放大倍数为各级放大倍数的乘积，即

$$\dot{A}_v = \dot{A}_{v1} \dot{A}_{v2}$$

$1 + \dot{A}_v \dot{F}_v$ 为反馈深度，图 1-5-1 的电路中，反馈因数

$$\dot{F}_v = \frac{R_{f1}}{R_{f1} + R_f}$$

可见，引入负反馈后，电压放大倍数 $\dot{A}_{vf}$ 是开环时电压放大倍数 $\dot{A}_v$ 的 $1/(1 + \dot{A}_v \dot{F}_v)$。

（2）负反馈提高放大倍数的稳定性

$$\frac{\mathrm{d}A_{\mathrm{f}}}{A_{\mathrm{f}}} = \frac{1}{1 + AF}\frac{\mathrm{d}A}{A}$$

（3）负反馈扩展放大器的通频带　引入负反馈后，放大器在闭环时的上、下限截止频率分别为

$$f_{\mathrm{Lf}} = \frac{f_{\mathrm{L}}}{|1 + \dot{A}\dot{F}|}$$

$$f_{\mathrm{Hf}} = |1 + \dot{A}\dot{F}|f_{\mathrm{H}}$$

可见，引入负反馈后，f_{Lf}减小为开环f_{L}的$1/|1 + \dot{A}\dot{F}|$，f_{Hf}增加为开环f_{H}的$|1 + \dot{A}\dot{F}|$倍，从而使通频带得以加宽。

（4）负反馈对输入阻抗和输出阻抗的影响　负反馈对放大器输入阻抗和输出阻抗的影响比较复杂。不同的反馈形式，对阻抗的影响不一样。一般而言，串联负反馈可以增加输入阻抗，并联负反馈可以减小输入阻抗；电压负反馈将减小输出阻抗，电流负反馈可以增加输出阻抗。本实验引入的是电压串联负反馈，所以对整个放大器而言，输入阻抗增加了，而输出阻抗降低了。它们增加和降低的程度与反馈深度有关，在反馈环内满足

$$R_{\mathrm{if}} = R_{\mathrm{i}}(1 + \dot{A}_v\dot{F}_v)$$

$$R_{\mathrm{of}} \approx \frac{R_{\mathrm{o}}}{1 + \dot{A}_v\dot{F}_v}$$

式中　R_{i}、R_{o}——开环时的输入电阻、输出电阻。

（5）负反馈能减小反馈环内的非线性失真

综上所述，在图 1-5-1 所示的放大器中引入电压串联负反馈后，不仅可以提高放大器放大倍数的稳定性，还可以扩展放大器的通频带，提高输入电阻和降低输出电阻，减小非线性失真。

1.5.4　预习要求

1. 复习教材中有关多级放大电路和负反馈放大电路的内容，理解电压串联负反馈放大电路的工作原理以及对放大电路性能的影响。

2. 估算实验电路分别在有无反馈时的电压放大倍数、输入电阻和输出电阻在数量上的关系。

1.5.5　实验内容

1. 测量静态工作点

按图 1-5-1 连接实验电路，$V_{\mathrm{s}} = 0$，调节 R_{w1}，使 $V_{\mathrm{E1}} = 2.2\mathrm{V}$ 左右，调节 R_{w2}，使 $V_{\mathrm{E2}} = 2\mathrm{V}$ 左右，用万用表的直流电压档测各点的电位值，填入表 1-5-1 中。

表 1-5-1　静态工作点数据表

	测　量　值			计　算　值		
第一级	$V_{\mathrm{B1}}/\mathrm{V}$	$V_{\mathrm{E1}}/\mathrm{V}$	$V_{\mathrm{C1}}/\mathrm{V}$	$V_{\mathrm{CE1}}/\mathrm{V}$	$V_{\mathrm{BE1}}/\mathrm{V}$	$I_{\mathrm{C1}}/\mathrm{A}$
第二级						

2. 测量开环时动态参数 A_v、A_{vs}、R_i、R_o

保持静态工作点的 R_w 不变，将电路的开关 S 断开，调节信号发生器，使输入正弦波信号的 $f=1\text{kHz}$，有效值 $V_s=10\text{mV}$ 左右，测量 V_i 及电路空载输出电压 V_{o1} 和负载输出电压 V_{o2}，参考 1.2 节的内容，计算 $A_{v1}=V_{o1}/V_i$，$A_{v2}=V_{o2}/V_i$，$A_{vs1}=V_{o1}/V_s$，$A_{vs2}=V_{o2}/V_s$，输入电阻 $R_i=\dfrac{V_i}{V_s-V_i}R_s$，输出电阻 $R_o=\left(\dfrac{V_{o1}}{V_{o2}}-1\right)R_L$，填入表 1-5-2 中。

表 1-5-2　开环动态参数测量数据表

测　量　值				计　算　值					
V_s/V	V_i/V	V_{o1}/V ($R_L=\infty$)	V_{o2}/V ($R_L=2.4\text{k}\Omega$)	A_{v1}	A_{v2}	A_{vs1}	A_{vs2}	R_i/Ω	R_o/Ω

3. 测量基本放大器的通频带 $B_W=f_H-f_L$

在上面实验测得的输出电压 V_o 基础上，V_s 保持不变，增大信号频率，使 V_o 下降到 $0.707V_o$ 时，对应的频率为上限频率 f_H。按照同样的方法，减小信号频率，可以测得下限频率 f_L，计算出带宽 B_W。

4. 测量闭环时的 A_{vf}、A_{vsf}、A_{if}、R_{of}

将图 1-5-1 中的开关 S 合上，信号发生器仍输出 $f=1\text{kHz}$，有效值 $V_i=5\text{mV}$ 左右的正弦波信号，再次测量 V_s 及电路空载输出电压 V_{o1f} 和负载输出电压 V_{o2f}，分别计算电压放大倍数 $A_{vf1}=V_{o1f}/V_i$，$A_{vf2}=V_{o2f}/V_i$，$A_{vsf1}=V_{o1f}/V_s$，$A_{vsf2}=V_{o2f}/V_s$，$R_{if}=\dfrac{V_i}{V_s-V_i}R_s$，输出电阻 $R_{of}=\left(\dfrac{V_{o1f}}{V_{o2f}}-1\right)R_L$，填入表 1-5-3 中。

表 1-5-3　闭环动态参数测量数据表

测　量　值				计　算　值					
V_s/V	V_i/V	V_{o1f}/V ($R_L=\infty$)	V_{o2f}/V ($R_L=2.4\text{k}\Omega$)	A_{vf1}	A_{vf2}	A_{vsf1}	A_{vsf2}	R_{if}/Ω	R_{of}/Ω

5. 测量闭环放大器的通频带 $B_{WF}=f_{HF}-f_{LF}$

保持 S 闭合，用实验内容 3 的方法，测出闭环放大器的带宽。

6. 观察负反馈对非线性失真的改善

(1) 打开开关 S，使实验电路成为开环形式，在输入端加频率为 1kHz 的正弦波信号，输出端接示波器，逐渐增大输入信号的幅度，使输出波形出现失真，记下此时的波形和输出电压的幅度。

(2) 保持输入信号的幅度不变，闭合开关 S，将实验电路变成闭环放大器的形式，观察比较有无反馈时输出波形的变化。

1.5.6 实验报告要求

1. 简述图 1-5-1 所示实验电路的特点，列表整理测量结果，并把引入负反馈时的实测电压放大倍数、输入电阻、输出电阻与开环时测得的值进行比较，分析它们的关系。

2. 分析实验数据、结果，总结串联电压负反馈对放大电路性能的影响。

1.5.7 思考题

1. 实验中将开关 S 断开进行开环放大器的动态性能指标的测量会带来怎样的误差？

2. 实验中如何判断电路是否存在自激振荡？

1.5.8 注意事项

测量两级静态工作点前，应确定电路是否产生了自激振荡。若存在，要先消振。

1.6 差动放大器

1.6.1 实验目的

1. 加深对差动放大器性能及特点的理解。
2. 学习差动放大器主要性能指标的测试方法。

1.6.2 实验设备与器件

1. 直流稳压电源
2. 直流信号源
3. 万用表
4. NPN 型晶体管 3DG6 3 只
5. 电阻器若干

1.6.3 实验原理

1. 实验电路

基本差动放大器如图 1-6-1 所示，它由两个元件参数相同的基本共射极放大电路组成。当开关 S 拨向位置"1"时，构成典型的差动放大器。调零电位器 R_w 用来调节 V_1、V_2 晶体管的静态工作点，使得当输入信号 $V_s = 0$ 时，双端输出电压 $V_o = 0$。R_e 为两晶体管共用的发射极电阻，它对差模信号无负反馈作用，因而不影响差模电压放大倍

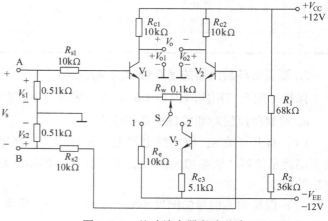

图 1-6-1 差动放大器实验电路

数，但对共模信号有较强的负反馈作用，故可以有效地抑制零点漂移，稳定静态工作点。

当开关 S 拨向位置"2"时，构成具有恒流源的差动放大器，它用晶体管恒流源代替发射极电阻 R_e，可以进一步提高差动放大器抑制共模信号的能力。

2. 静态工作点的估算

S 拨向位置"1"构成典型差动放大电路时，有

$$I_{B1} = I_{B2} = \frac{V_{EE} - V_{BE1}}{R_s + (1 + \beta_1)\left(\frac{1}{2}R_w + 2R_e\right)}$$

$$I_{C1} = I_{C2} = (1 + \beta_1)I_{B1}$$

$$V_{CE1} = V_{CE2} = V_{CC} - I_{C1}R_{c1} + V_{BE1} + I_{B1}R_s$$

S 拨向位置"2"构成恒流源差动放大电路时，有

$$I_{C3} \approx I_{E3} = \frac{\frac{R_2}{R_1 + R_2}(V_{CC} + V_{EE}) - V_{BE3}}{R_{e3}}$$

$$I_{C1} = I_{C2} = \frac{1}{2}I_{C3}$$

$$I_{B1} = I_{B2} = \frac{1}{\beta_1}I_{C1}$$

$$V_{CE1} = V_{CE2} = V_{CC} - I_{C1}R_{c1} + V_{BE1} + I_{B1}R_s$$

实验中，可在静态（输入信号端 A、B 短接）时测得 V_1、V_2 的各极电位，然后由下列公式计算出静态工作点的各个参数：

$$V_{BE1} = V_{B1} - V_{E1}, \quad V_{BE2} = V_{B2} - V_{E2}$$

$$V_{CE1} = V_{C1} - V_{E1}, \quad V_{CE2} = V_{C2} - V_{E2}$$

$$I_{C1} = \frac{V_{CC} - V_{C1}}{R_{c1}}, \quad I_{C2} = \frac{V_{CC} - V_{C2}}{R_{c2}}$$

当 S 拨向位置"1"构成典型差动放大电路时：$I_{R3} = \frac{V_{Re}}{R_e}$。

当 S 拨向位置"2"构成恒流源差动放大电路时：$I_{C3} = I_{E3} = \frac{V_{Re3}}{R_{e3}}$。

3. 动态性能指标

（1）差模电压放大倍数和共模电压放大倍数　当输入差模信号时，若差动放大器的射极电阻 R_e 足够大，或采用恒流源电路时，差模电压放大倍数 A_{vD} 由输出方式决定，与输入方式无关。

考虑 $R_e = \infty$，R_w 在中心位置时

双端输出：$A_{vD} = \frac{V_{oD}}{V_{sD}} = -\frac{\beta_1 R_c}{R_s + r_{be} + \frac{1}{2}(1 + \beta_1)R_w}$

单端输出：$A_{vD1} = \frac{V_{o1}}{V_{sD}} = \frac{1}{2}A_{vD}$，$A_{vD2} = \frac{V_{o2}}{V_{sD}} = -\frac{1}{2}A_{vD}$

实验中，差动放大器的输入信号可采用直流信号也可用交流信号。

当采用直流信号 V_{sD} 作为输入信号时，差动放大器的差模电压放大倍数可以由 V_{sD} 作用下的输出电压 V_{o1}（V_1 集电极对地电压）、V_{o2}（V_2 集电极对地电压）和双端输出电压 V_{oD} 计算求出

$$A_{vD1} = \frac{V_{o1} - V_{C1}}{V_{sD}} \qquad A_{vD2} = \frac{V_{o2} - V_{C2}}{V_{sD}} \qquad A_{vD} = \frac{V_{oD}}{V_{sD}}$$

式中　V_{C1}、V_{C2}——V_1、V_2 晶体管集电极的静态电位值。

当输入共模信号时，若为双端输出，在理想情况下有 $A_{vC} = \dfrac{V_{oC}}{V_{sC}} = 0$，实际上由于元件不可能完全对称，因此 A_{vC} 也不会绝对等于零。

若为单端输出，则有

$$A_{vC1} = A_{vC2} = \frac{V_{oC1}}{V_{sC}} = -\frac{\beta R_c}{R_s + r_{be} + (1 + \beta)\left(\frac{1}{2}R_w + 2R_e\right)} \approx -\frac{R_c}{2R_e}$$

实验中，当采用直流共模信号 V_{sC} 作为差动电路的输入信号时，差动放大器的共模电压放大倍数可以由 V_{sC} 作用下的输出电压 V_{oC1}（V_1 集电极对地电压）、V_{oC2}（V_2 集电极对地电压）和双端输出电压 V_{oC} 计算求出

$$A_{vC1} = \frac{V_{oC1} - V_{C1}}{V_{sC}} \qquad A_{vC2} = \frac{V_{oC2} - V_{C2}}{V_{sC}} \qquad A_{vC} = \frac{V_{oC}}{V_{sC}}$$

同样，V_{C1}、V_{C2} 为 V_1、V_2 晶体管集电极的静态电位值。

（2）共模抑制比 K_{CMR}　为了表征差动放大器对有用信号（差模信号）的放大作用和对共模信号的抑制能力，通常用一个综合指标来衡量，即共模抑制比

$$K_{CMR} = \left| \frac{A_{vD}}{A_{vC}} \right|$$

或

$$K_{CMR} = 20\log \left| \frac{A_{vD}}{A_{vC}} \right| \quad （单位：dB）$$

1.6.4　预习要求

1. 复习教材中有关差动放大器的相关内容，理解图 1-6-1 所示差动放大器的工作原理。

2. 根据实验电路参数，估算典型差动放大器和具有恒流源的差动放大器的静态工作点及各项动态性能指标。（取 $\beta_1 = \beta_2 = 50$）

1.6.5　实验内容

1. 测量典型差动放大器

连接实验电路如图 1-6-1 所示，开关 S 拨向位置"1"，构成典型差动放大器。

（1）静态工作点的调节和测量

1）差动放大器调零。接通 ±12V 直流电源，信号源不接入，即将放大器输入端 A 和 B 短接，用直流电压表测量输出电压 V_o，调节调零电位器 R_w，使 $V_o = 0$（以下保持 R_w 不变）。

2）测量静态工作点。用直流电压表测量 V_1 和 V_2 晶体管各电极的电位及射极电阻 R_e 两端的电压 V_{Re}，计算相应静态工作点，填入表 1-6-1 中。

表 1-6-1　典型差动电路静态工作点数据表　　电压单位：V，电流单位：A

测　量　值							计　算　值						
V_{C1}	V_{B1}	V_{E1}	V_{C2}	V_{B2}	V_{E2}	V_{Re}	V_{CE1}	V_{BE1}	V_{CE2}	V_{BE2}	I_{C1}	I_{C2}	I_{Re}

（2）测量差模电压放大倍数

1）双端输入—单端输出、双端输出组态。在输入端 A、B 之间，分别加直流差模信号 $V_{s1} = 50\text{mV}$ 和 $V_{s2} = -50\text{mV}$（$V_{sD} = V_{s1} - V_{s2} = +0.1\text{V}$），用直流电压表分别测量单端输出电压 V_{o1}、V_{o2} 和双端输出电压 V_{oD}（注意电压极性），填入表 1-6-2 中。

再在输入端 A、B 之间，加直流差模信号 $V_{s1} = -50\text{mV}$ 和 $V_{s2} = 50\text{mV}$（$V_{sD} = V_{s1} - V_{s2} = -0.1\text{V}$），测量 V_{o1}、V_{o2} 和 V_{oD}，并计算这两种输入情况下的 A_{vD1}、A_{vD2}、A_{vD}，填入表 1-6-2 中。

表 1-6-2　典型差动电路双端输入—单端输出、双端输出数据表

输入差模信号	测　量　值			计　算　值		
	V_{o1}/V	V_{o2}/V	V_{oD}/V	A_{vD1}	A_{vD2}	A_{vD}
$V_{sD} = +0.1\text{V}$						
$V_{sD} = -0.1\text{V}$						

2）单端输入—单端输出、双端输出组态。用导线将 B 端接地（$V_{s2} = 0$），在 A 和地之间分别加直流差模信号 $V_{sD} = V_{s1} = \pm 0.1\text{V}$，分别测量单端输出电压 V_{o1}、V_{o2} 和双端输出电压 V_{oD}，并计算 A_{vD1}、A_{vD2}、A_{vD}，填入表 1-6-3 中。

表 1-6-3　典型差动电路单端输入—单端输出、双端输出数据表

输入差模信号	测　量　值			计　算　值		
	V_{o1}/V	V_{o2}/V	V_{oD}/V	A_{vD1}	A_{vD2}	A_{vD}
$V_{sD} = V_{s1} = 0.1\text{V}$						
$V_{sD} = V_{s1} = -0.1\text{V}$						

（3）测量共模电压放大倍数　将 A、B 端相连，在 A 和地之间分别加直流共模信号 $V_{s1} = V_{s2} = V_{sC} = \pm 0.1\text{V}$，用直流电压表分别测量单端输出电压 V_{oC1}、V_{oC2} 和双端输出电压 V_{oC}，并计算共模放大倍数 A_{vC1}、A_{vC2}、A_{vC}，填入表 1-6-4 中。

表 1-6-4　典型差动电路共模输入—单端输出、双端输出数据表

输入共模信号	测　量　值			计　算　值		
	V_{oC1}/V	V_{oC2}/V	V_{oC}/V	A_{vC1}	A_{vC2}	A_{vC}
$V_{sC} = 0.1\text{V}$						
$V_{sC} = -0.1\text{V}$						

（4）计算单端和双端输入时的共模抑制比 K_{CMR}

$$K_{CMR1} = \left| \frac{A_{vD1}}{A_{vC1}} \right| \qquad K_{CMR2} = \left| \frac{A_{vD2}}{A_{vC2}} \right| \qquad K_{CMR} = \left| \frac{A_{vD}}{A_{vC}} \right|$$

2. 测量具有恒流源的差动放大器

将图 1-6-1 所示电路中的开关 S 拨向位置 "2"，构成具有恒流源的差动放大电路。重复实验内容 1. 的要求，将数据分别记入表 1-6-5、表 1-6-6、表 1-6-7 和表 1-6-8 中。

表 1-6-5　具有恒流源的差动电路静态工作点数据表

测量值/V							计算值						
V_{C1}	V_{B1}	V_{E1}	V_{C2}	V_{B2}	V_{E2}	V_{Re}	V_{CE1}/V	V_{BE1}/V	V_{CE2}/V	V_{BE2}/V	I_{C1}/A	I_{C2}/A	I_{E3}/A

表 1-6-6　具有恒流源的差动电路双端输入—单端输出、双端输出数据表

输入差模信号	测　量　值			计　算　值		
	V_{o1}/V	V_{o2}/V	V_{oD}/V	A_{vD1}	A_{vD2}	A_{vD}
$V_{sD} = +0.1\text{V}$						
$V_{sD} = -0.1\text{V}$						

表 1-6-7　具有恒流源的差动电路单端输入—单端输出、双端输出数据表

输入差模信号	测　量　值			计　算　值		
	V_{o1}/V	V_{o2}/V	V_{oD}/V	A_{vD1}	A_{vD2}	A_{vD}
$V_{sD} = V_{s1} = 0.1\text{V}$						
$V_{sD} = V_{s1} = -0.1\text{V}$						

表 1-6-8　具有恒流源的差动电路共模输入—单端输出、双端输出数据表

输入共模信号	测　量　值			计　算　值		
	V_{oC1}/V	V_{oC2}/V	V_{oC}/V	A_{vC1}	A_{vC2}	A_{vC}
$V_{sC} = 0.1\text{V}$						
$V_{sC} = -0.1\text{V}$						

最后，计算单端和双端输入时的共模抑制比

$$K_{CMR1} = \left| \frac{A_{vD1}}{A_{vC1}} \right| \qquad K_{CMR2} = \left| \frac{A_{vD2}}{A_{vC2}} \right| \qquad K_{CMR} = \left| \frac{A_{vD}}{A_{vC}} \right|$$

1.6.6　实验报告要求

1. 简述如图 1-6-1 所示实验电路的工作原理。
2. 列表整理实验数据，比较实验结果和理论估算值，分析产生误差的原因。
3 根据实验结果，总结电阻 R_e 和恒流源的作用。

1.6.7　思考题

1. 为什么要对差动放大器进行调零？调零时能否用晶体管毫伏表来测量 V_o 的值？
2. 差动放大器的差模输出电压是与输入电压的差还是和成正比？
3. 测量静态工作点时，放大器输入端 A、B 与地应如何连接？
4. 实验中怎样获得双端和单端输入差模信号？怎样获得共模信号？

1.6.8 注意事项

1. 实验中，测量静态工作点和动态性能指标前，一定要先调零。
2. 测量时应注意各输出端信号与各输入端信号的相位关系。

1.7 集成运算放大器的基本运算电路

1.7.1 实验目的

1. 了解运算放大器的性质和特点。
2. 用集成运算放大器组成基本运算电路。

1.7.2 实验设备与器件

1. 直流稳压电源
2. 函数信号发生器
3. 交流毫伏表
4. 万用表
5. 示波器
6. 集成运算放大器 μA741　1 块
7. 电阻器、电容器若干
8. 直流电压表

1.7.3 实验原理

集成运算放大器是一种模拟集成电路，本实验采用的集成运算放大器的型号为 μA741（或 F007），它是 8 脚双列直插式组件，引脚排列如图 1-7-1 所示。图中，1 脚、5 脚为调零端，2 脚为反相输入端，3 脚为同相输入端，6 脚为输出端，7 脚为正电源输入端，4 脚为负电源输入端，8 脚为空脚。

集成运算放大器是一种具有高电压放大倍数的直接耦合多级放大电路，在线性应用方面，可组成比例、加法、减法、积分、微分、对数、反对数等模拟运算电路。

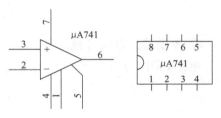

图 1-7-1　μA741 引脚图

1. 反相比例运算电路

电路如图 1-7-2 所示，假设运算放大器为理想的，此电路的电压放大倍数为

$$\dot{A}_V = \frac{\dot{V}_o}{\dot{V}_i} = -\frac{R_f}{R_1}$$

2. 同相比例运算电路

图 1-7-3a 所示是同相比例运算电路，其电压放大倍数为

$$\dot{A}_V = \frac{\dot{V}_o}{\dot{V}_i} = 1 + \frac{R_f}{R_1}$$

当 $R_1 \to \infty$ 时，$\dot{V}_o = \dot{V}_i$，即得到如图 1-7-3b 所示的电压跟随器。

电压跟随器的电压放大倍数为

$$\dot{A}_V = \frac{\dot{V}_o}{\dot{V}_i} = 1$$

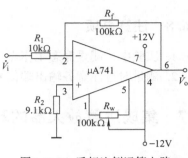

图 1-7-2 反相比例运算电路

图中的 R_2 和 R_f 用于减小漂移和起保护作用，一般 R_f 取 10kΩ，R_f 若取得太小，起不到保护作用，太大则影响电压跟随性。

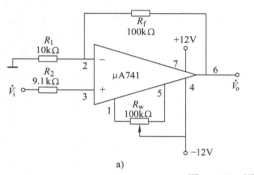

a)

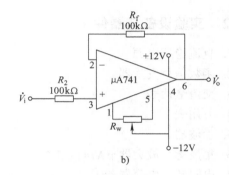

b)

图 1-7-3 同相比例运算电路

a) 同比例运算电路 b) 电压跟随器

3. 反相加法运算电路

电路如图 1-7-4 所示，其输出电压为

$$\dot{V}_o = -\left(\frac{\dot{V}_{i1}}{R_1} + \frac{\dot{V}_{i2}}{R_2}\right)R_f$$

4. 差动放大电路（减法器）

电路如图 1-7-5 所示，当 $R_1 = R_2$，$R_3 = R_f$ 时，有

$$\dot{V}_o = (\dot{V}_{i2} - \dot{V}_{i1})\frac{R_f}{R_1}$$

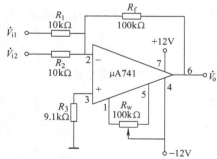

图 1-7-4 反相加法运算电路

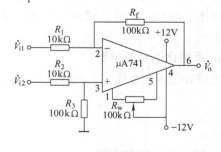

图 1-7-5 差动放大电路

5. 积分运算电路

积分运算电路如图 1-7-6 所示。在理想条件下，输出电压 v_o 为

$$v_o(t) = -\frac{1}{R_1 C}\int_0^t v_i \mathrm{d}t + v_C(0)$$

式中，$v_C(0)$ 是 $t=0$ 时刻电容 C 两端的电压值，即初始值。

如果 v_i 是幅值为 E 的阶跃电压，并设 $v_C(0)=0$，则

$$v_o(t) = -\frac{1}{R_1 C}\int_0^t E\mathrm{d}t = -\frac{E}{R_1 C}t$$

即输出电压 $v_o(t)$ 随时间的增长而线性下降。显然，$R_1 C$ 的数值越大，达到给定的输出电压值所需的时间就越长。积分输出电压所能达到的最大值受集成运放最大输出范围的限制。

6. 微分运算电路

微分电路如图 1-7-7 所示。在理想条件下，输出电压为

$$v_o = -RC\frac{\mathrm{d}v_C}{\mathrm{d}t}$$

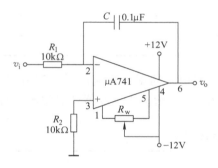

图 1-7-6　积分运算电路

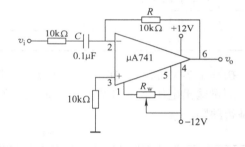

图 1-7-7　微分运算电路

1.7.4　预习要求

1. 复习教材中有关集成运算放大器构成的基本运算电路的相关内容，简述各实验电路的工作原理。

2. 根据实验内容计算各运算电路输出电压的理论值。

3. 自拟记录积分、微分运算电路实验数据和波形的表格。

1.7.5　实验内容

1. 电路调零

按图 1-7-2 接线，1 脚、5 脚之间接入一只 $100\mathrm{k}\Omega$ 的电位器 R_w，并将滑动触头接到负电源端。调零时，将输入端接地，用直流电压表测量输出电压 V_o，调节 R_w，使 $V_o=0\mathrm{V}$。以下操作中，R_w 应保持不变。

2. 反相比例运算电路

按图 1-7-2 接线，在电路输入端加入 $f=1000\mathrm{Hz}$ 的交流信号电压，调节 V_i（有效值）的

大小，测量输出电压 V_o，计算其电压放大倍数，填入表 1-7-1 中。用示波器观察输入、输出波形是否反相。

表 1-7-1 反相比例运算电路数据表

测 量 值		计 算 值
V_i（有效值）/V	V_o（有效值）/V	$A_v = V_o/V_i$
0.1		
0.4		

3. 同相比例运算电路

按图 1-7-3a 接线，在电路输入端加入 $f = 100\text{Hz}$ 的正弦交流信号，调节 V_i（有效值）的大小，测量输出电压 V_o，计算其电压放大倍数，填入表 1-7-2 中。用示波器观察输入、输出波形是否同相。

表 1-7-2 同相比例运算电路数据表

测 量 值		计 算 值
V_i（有效值）/V	V_o（有效值）/V	$A_v = V_o/V_i$
0.1		
0.4		

按图 1-7-3b 接线，在电压跟随器输入端加入 $f = 100\text{Hz}$ 的正弦交流信号，调节 V_i 的大小，测量输出电压 V_o，计算其电压放大倍数，填入表 1-7-3 中。用示波器观察输入、输出波形是否跟随。

表 1-7-3 电压跟随器数据表

测 量 值		计 算 值
V_i（有效值）/V	V_o（有效值）/V	$A_v = V_o/V_i$
0.1		
0.4		

4. 反相加法运算电路

按图 1-7-4 接线，在输入端加直流信号，调节 V_{i1}、V_{i2} 的大小，用直流电压表测量输出电压 V_o，计算其输出电压，并与测量值进行比较，填入表 1-7-4 中。

表 1-7-4 反相加法运算电路数据表

测 量 值			计 算 值
V_{i1}/V	V_{i2}/V	V_o/V	V_o/V
0.1	0.1		
0.2	0.3		

5. 差动放大电路（减法器）

按图 1-7-5 接线，在输入端加直流信号，调节 V_{i1}、V_{i2} 的大小，测量输出电压 V_o，计算其输出电压，并与测量值进行比较，填入表 1-7-5 中。

表 1-7-5　差动放大电路数据表

	测　量　值		计　算　值
V_{i1}/V	V_{i2}/V	V_o/V	V_o/V
0.2	−0.3		
0.2	0.3		

6. 积分运算电路

按图 1-7-8 接线，图中 S 的设置一方面为积分电容放电提供通路，可实现积分电容初始电压 $V_C(0)=0$；另一方面，可控制积分起始点，即在加入信号 v_i 后，只要 S 一打开，电容就将被充电，电路也就开始进行积分运算。

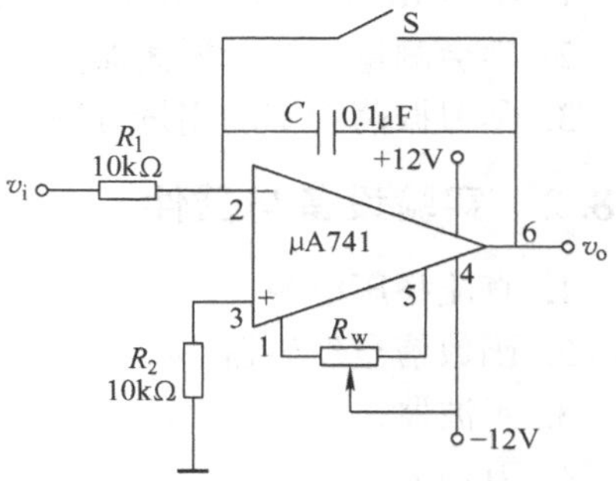

闭合 S，使 $V_C(0)=0$。

预先调好频率为 100Hz 的方波信号，从 v_i 处接入实验电路，再打开 S，然后用示波器观察输入、输出波形，并记录下来。

图 1-7-8　积分实验电路

7. 微分运算电路

按图 1-7-7 接线，在 v_i 处输入频率为 100Hz 的方波信号，用示波器观察输入、输出波形。改变 v_i 的频率，观察输出波形的变化，并记录各输入、输出波形。

1.7.6　实验报告要求

1. 简述各基本运算电路的工作原理。

2. 列表整理实验数据，将理论计算结果和实测数据相比较，分析产生误差的原因。

3. 分析积分、微分运算电路输入、输出波形之间的关系，总结电路时间常数与输出波形之间的关系。

4. 分析讨论实验中出现的异常现象和问题，说明解决的办法。

1.7.7　思考题

1. 若将输入信号与集成运放的同相端相连，当信号正向增大时，运放的输出信号是正还是负？若将输入信号与集成运放的反相端相连，当信号正向增大时，运放的输出信号是正还是负？

2. 在反相加法器中，如两个输入信号均采用直流信号，并选定 $V_{i2}=-1V$，当考虑运算放大器的最大输出幅度（±12V）时，$|V_{i1}|$ 的大小不应超过多少伏？

3. 若要将方波信号变换成三角波信号，可选用哪一种运算电路？

1.7.8　注意事项

1. 为了提高运算精度，首先应进行调零，即保证在零输入时运算放大器输出为零。

2. μA741 集成运算放大器的各个引脚不要接错，尤其正、负电源不能接反，否则易烧坏芯片。

3. 输入信号选用交、直流均可，但在选取信号的频率和幅度时，应考虑运放的频率特性和输出幅度的限制。

1.8 RC 正弦波振荡器

1.8.1 实验目的

1. 学习 RC 正弦波振荡器的组成及其振荡条件。
2. 学会测量、调试振荡器。
3. 学习振荡频率的测量方法。

1.8.2 实验设备与器件

1. 直流稳压电源
2. 函数信号发生器
3. 示波器
4. 万用表
5. NPN 型晶体管 3DG12（或 9013） 2 只
6. 电阻器、电容器、电位器等若干

1.8.3 实验原理

1. RC 串并联选频网络振荡器

电路如图 1-8-1 所示，V_1、V_2 构成两级基本放大电路，R、C 构成串并联选频网络，振荡频率为

$$f_0 = \frac{1}{2\pi RC}$$

起振条件为基本放大器的电压放大倍数 $|\dot{A}_v| > 3$。

此电路的特点是可方便地连续改变振荡频率，便于加负反馈稳幅，容易得到良好的振荡波形。

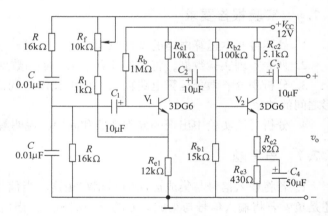

图 1-8-1 RC 串并联网络振荡器

2. 双 T 选频网络振荡器

电路如图 1-8-2 所示，V_1、V_2 构成两级基本放大电路，R、C 等构成双 T 选频网络，振荡频率为

$$f_0 = \frac{1}{5RC}$$

起振条件为

$$R' < \frac{R}{2}, \quad |\dot{A}\dot{F}| > 1$$

此电路的特点是选频特性好，但调频困难，适于产生单一频率的振荡波形。

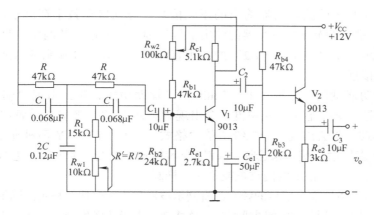

图 1-8-2 双 T 网络 RC 正弦波振荡器

1.8.4 预习要求

1. 复习教材中有关 RC 振荡器的相关内容，理解实验电路的工作原理。
2. 根据给定的参数，理论计算实验电路的振荡频率。

1.8.5 实验内容

1. RC 串并联选频网络振荡器

1）按图 1-8-1 连接线路。

2）断开 RC 串并联选频网络，参考 1.2 节的内容测量基本放大器的静态工作点及其电压放大倍数，判断是否满足起振条件。

3）接通 RC 串并联选频网络，并使电路起振，用示波器观测输出电压波形，调节 R_f，若 R_f 适中，输出为无明显失真的正弦波形；若 R_f 太大，输出电压波形出现严重的失真；若 R_f 太小，则负反馈过强，振荡器停振。

观察 R_f 为不同值时的输出电压波形，并测量输出电压的有效值，填入表 1-8-1 中。

表 1-8-1 RC 串并联选频网络振荡器测量数据表

R_f	输出电压 V_o	
	V_o（有效值）/V	波形
太小		
适中		
太大		

4）测量振荡频率。

① 用函数发生器的内测频率计测量振荡频率 f_0。

a. 将正弦波振荡器的输出电压 v_o 与函数发生器的"测频输入"端连接。

b. 按下函数发生器的"外测频率"控制键。

c. 调节函数发生器使显示器上显示被测信号的频率 f_0。

② 用示波器测量振荡频率 f_0——李萨育图形法

将函数发生器和正弦波振荡器输出的正弦信号，分别接至数字存储示波器的"CH1""CH2"信号输入端。调节函数发生器的输出信号的频率和幅值，使两路信号的频率和幅值相接近，或调节示波器"CH1""CH2"的"垂直标度"旋钮，使显示的两波形在垂直方向所占的刻度数相接近。

在示波器的功能键区，先按一下"Utility"（辅助功能）键，出现"辅助功能"的菜单，在该菜单中按一下"显示"菜单键，会出现"显示"的一级菜单，而在该菜单中按一下"格式"菜单键，将会出现一个二级菜单"格式"（有 YT 和 XY 两种显示格式），旋转"Multipurpose"（多用途）旋钮来选择"XY"显示格式，再按一下该旋钮进行选择确认，此时示波器上应显示一个不稳定的网纹框或是一个椭圆。

慢慢调节函数发生器输出信号的频率，直到示波器显示一个比较稳定的圆形或椭圆形，此时说明两个信号的频率已很接近相同或相等，这样就可在函数发生器上直接读出 f_0 的频率值。

5）改变 R 或 C 值，观察振荡频率的变化情况。

2. 双 T 选频网络振荡器

1）按图 1-8-2 连接线路。

2）断开双 T 网络，参考 1.2 节的内容调试 V_1 晶体管的静态工作点，使 V_{C1} 为 $7 \sim 8V$。

3）接入双 T 网络，用示波器观察输出波形，若不起振，调节 R_{w1}，使电路起振。

4）用李萨育法或函数信号发生器内测频率法测量电路振荡频率。

5）将双 T 网络与放大器断开，将函数信号发生器的电压信号注入双 T 网络，观察输出波形。保持输入电压幅度不变，频率由低到高变化，找出输出电压幅值最低时的频率。

1.8.6 实验报告要求

1. 简述两个实验电路的工作原理。
2. 比较振荡频率 f_0 实测值和理论值的误差，分析其产生的原因。
3. 绘制双 T 选频放大器的幅频特性曲线，并说明幅频特性的特点。
4. 根据 R_f 不同值对 v_o 波形的影响，说明负反馈在 RC 振荡器中的作用。

1.8.7 思考题

1. 在实验中，怎样判断电路是否满足了振荡条件？
2. 说明使振荡频率 f_0 稳定的主要因素是什么？
3. 图 1-8-2 所示实验电路中的 R_{w1} 具有什么作用？

1.8.8 注意事项

连接实验电路时，应注意电解电容的极性。

1.9 LC 正弦波振荡器

1.9.1 实验目的

1. 掌握变压器反馈式 LC 正弦波振荡器的调整和测试方法。
2. 研究电路参数对 LC 振荡器起振条件及输出波形的影响。

1.9.2 实验设备与器件

1. 直流稳压电源
2. 示波器
3. 交流毫伏表
4. 万用表
5. 函数信号发生器
6. 振荡线圈
7. 晶体管 3DG6（或 9011）1 只，3DG12（或 9013）1 只
8. 电阻器、电容器、电位器等若干

1.9.3 实验原理

  LC 正弦波振荡器是用 L、C 元件组成选频网络的振荡器，一般用来产生 1MHz 以上的高频正弦信号。根据 LC 调谐回路的不同连接方式，LC 正弦波振荡器又可分为变压器反馈式（或称互感耦合式）、电感三点式和电容三点式 3 种。

  图 1-9-1 为变压器反馈式 LC 正弦波振荡器的实验电路，其中，晶体管 V_1 组成共射极放大电路，变压器的一次绕组 L_1（振荡线圈）与电容 C 组成调谐回路，它既作为放大器的负载，又起选频作用，二次绕组 L_2 为反馈线圈，L_3 为输出线圈。该电路靠变压器一次、二次绕组同名端的正确连接（如图中所示）来满足自激振荡的相位条件，即满足正反馈条件。而振幅条件的满足，一是靠合理选择电路参数，使放大器建立合适的静态工作点；其次是改变线圈 L_2 的匝数，或它与 L_1 之间的耦合程度，以得到足够强的反馈量。稳幅作用是利用晶体管的非线性来实现的。由于 LC 并联谐振回路具有良好的选频作用，因此输出电压波形一般失真不大。

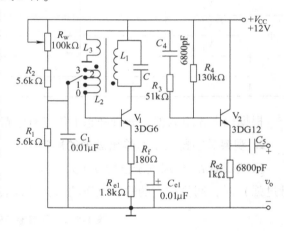

图 1-9-1 LC 正弦波振荡器

  振荡器的振荡频率由谐振回路的电感和电容决定

$$f_0 = \frac{1}{2\pi \sqrt{LC}}$$

式中 L——并联谐振回路的等效电感（即考虑了其他绕组的影响）。

  振荡器的输出端增加一级射极跟随器，用以提高电路的带负载能力。

1.9.4 预习要求

1. 复习教材中有关 LC 振荡器的相关内容，理解图 1-9-1 所示实验电路的工作原理。
2. 根据实验电路的参数，计算振荡频率 f_0 的理论值。

1.9.5　实验内容

按图 1-9-1 连接实验电路，电位器 R_w 置最大位置，振荡电路的输出端接示波器。

1. 静态工作点的调整

1）接通 $V_{CC} = +12V$ 电源，调节电位器 R_w，使输出端得到不失真的正弦波形，如不起振，可改变 L_2 的首、末端位置，使之起振。测量两晶体管的静态工作点及输出正弦波的有效值，记入表 1-9-1 中。

2）减小 R_w，观察输出波形的变化，测量相关数据，并记录。

3）增大 R_w，使振荡波形刚刚消失，测量相关数据，并记录。

表 1-9-1　*LC* 正弦波振荡器静态工作点数据表

R_w	晶体管	V_B/V	V_E/V	I_C/mA	V_o/V （有效值）	v_o （波形）
居中	V_1					
	V_2					
小	V_1					
	V_2					
大	V_1					
	V_2					

根据以上 3 组数据，分析静态工作点对电路起振、输出波形幅度和失真的影响。

2. 观察反馈量大小对输出波形的影响

反馈线圈 L_2 分别置于位置 0（无反馈）、1（反馈量不足）、2（反馈量合适）、3（反馈量过强）时，测量相应的输出电压波形，记入表 1-9-2 中。

表 1-9-2　反馈量与输出波形关系表

L_2 的位置	0	1	2	3
v_o 的波形				

3. 验证相位条件

1）改变线圈 L_2 的首、末端位置，观察停振现象。

2）恢复 L_2 的正反馈接法，改变 L_1 的首、末端位置，观察停振现象。

4. 测量振荡频率 f_0

调节 R_w，使电路正常起振，参考 1.8 节的内容，用李萨育法或函数信号发生器内测频率法测量以下两种情况下的振荡频率 f_0，记入表 1-9-3 中：

1）谐振回路电容 $C = 1000pF$。

2）谐振回路电容 $C = 100pF$。

表 1-9-3　振荡频率测量表

C/pF	1000	100
f_0/Hz		

5. 观察谐振回路 Q 值对电路工作的影响

在谐振回路两端并入 $R = 5.1\text{k}\Omega$ 的电阻，观察 R 并入前后振荡波形的变化情况。

1.9.6　实验报告要求

1. 简述如图 1-9-1 所示实验电路的工作原理。

2. 比较振荡频率 f_0 实测值和理论值的误差，分析其产生的原因。

3. 根据表 1-9-1 中记录的数据，分析静态工作点对电路起振、输出波形幅度和失真的影响。

1.9.7　思考题

1. 图 1-9-1 所示实验电路中的 R_w 具有什么作用？

2. 说明稳定振荡频率 f_0 的主要因素是什么？

1.9.8　注意事项

在连接实验电路前，应对电感的同名端进行测试。

1.10　信号发生器

1.10.1　实验目的

1. 学习用集成运算放大器构成正弦波、方波和三角波发生器的方法。

2. 学习信号发生器的调整和主要性能指标的测试方法。

1.10.2　实验设备与器件

1. 直流稳压电源

2. 示波器

3. 交流毫伏表

4. 函数信号发生器

5. 集成运算放大器 μA741 2 块，稳压管 2DW231　1 只

6. 电阻器、电容器若干

1.10.3　实验原理

由集成运算放大器构成的正弦波、方波和三角波发生器有多种形式，本实验选用最常用的、线路比较简单的几种电路加以介绍。

1. RC 桥式正弦波振荡器（文氏电桥振荡器）

图 1-10-1 为 RC 桥式正弦波振荡器。此电路与图 1-8-1 的实验电路功能相同，不同之处在于其基本放大电路由集成运算放大器构成，RC 串并联网络构成正反馈支路，同时兼作选频网络，R_1、R_2、R_w 及 2DW231 等元件构成负反馈和稳幅环节。调节电位器 R_w，可以改变负反馈深度，以满足振荡的振幅条件和改善波形，利用 2DW231 正向电阻的非线性特性来实现稳幅。此电路一般用来产生 1Hz～1MHz 的低频信号。

电路的振荡频率为

$$f_0 = \frac{1}{2\pi RC}$$

实验中可通过调整反馈电阻 R_w，使电路起振，且波形失真最小。如不能起振，则说明负反馈太强，应适当加大 R_w；如波形失真严重，则应适当减小 R_w。

2. 方波、三角波发生器

集成运算放大器构成的方波、三角波发生器，一般包括比较器和 RC 积分器两大部分。图 1-10-2 所示为由滞回比较器及简单 RC 积分电路组成的方波、三角波发生器，它的特点是线路简单，但三角波的线性度较差，主要用于产生方波或对三角波要求不高的场合。

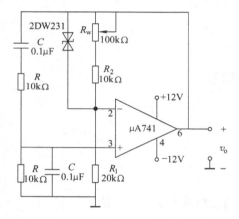

图 1-10-1 RC 桥式正弦波振荡器

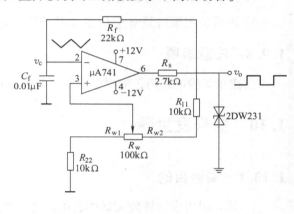

图 1-10-2 方波发生器

该电路的振荡频率为

$$f_0 = \frac{1}{2R_f C_f \ln\left(1 + 2\dfrac{R_2}{R_1}\right)}$$

式中，$R_1 = R_{11} + R_{w2}$，$R_2 = R_{22} + R_{w1}$。

方波的输出幅值为

$$V_{om} = \pm V_Z$$

三角波的输出幅值为

$$V_{cm} = \frac{R_2}{R_1 + R_2} V_Z$$

实验中可通过调节电位器 R_w（即改变 R_2/R_1）来改变振荡频率，但三角波的幅值也随之变化。如要互不影响，可通过改变 R_f（或 C_f）来实现振荡频率的调节。

3. 三角波、方波发生器

把滞回比较器和积分器首尾相接，形成正反馈闭环系统，如图 1-10-3 所示，则比较器输出的方波经积分器积分可得到三角波，三角波又触发比较器自动翻转形成方波，这样即可构成三角波、方波发生器。由于采用运算放大器组成积分电路，因此可实现恒流充电，使三角波的线性大大改善。

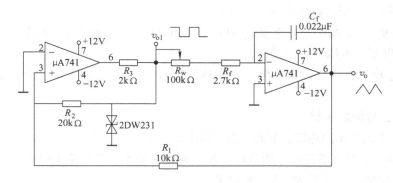

图 1-10-3　三角波、方波发生器

该电路的振荡频率为

$$f_0 = \frac{R_2}{4R_1(R_f + R_w)C_f}$$

方波的幅值为

$$V_{o1m} = \pm V_Z$$

三角波的幅值为

$$V_{om} = \frac{R_1}{R_2}V_Z$$

1.10.4　预习要求

1. 复习教材中有关 RC 文氏电桥振荡器、滞回比较器和方波—三角波发生器的相关内容，理解实验电路的工作原理。

2. 根据各实验电路的参数，计算输出信号的频率和幅值。

1.10.5　实验内容

1. RC 桥式正弦波振荡器

按图 1-10-1 连接实验电路，输出端接示波器。

1）接通 ±12V 电源，调节电位器 R_w，直至在示波器荧光屏上出现振荡波形，分析负反馈强弱对起振条件及输出波形的影响。

2）调节电位器 R_w，使输出电压 v_o 幅值最大且不失真，用交流毫伏表分别测量输出电压 V_o、反馈电压 V_P 和 V_N 的有效值。

3）断开 2DW231，重复 2）的内容，将测试结果与 2）进行比较，分析 2DW231 的稳幅作用。

4）接上 2DW231，参考第 1.8 节的内容，用李萨育法或函数信号发生器内测频率法测量电路振荡频率。

2. 方波、三角波发生器

按图 1-10-2 连接实验电路，输出端接示波器。

（1）将电位器 R_w 调至中心位置，用双踪示波器观察并描绘方波 v_o 及三角波 v_C 的波形（注意对应关系），测量其幅值和频率，并记录。

（2）改变 R_w 动点的位置，观察 v_o 和 v_C 的幅值及频率变化情况。把滑动点调至最上端和最下端，测出频率范围，并记录。

（3）将 R_w 恢复至中心位置，将一只稳压管短接，观察 v_o 的波形，分析稳压管的限幅作用。

3. 三角波、方波发生器

按图 1-10-3 连接实验电路，输出端接示波器。

将电位器 R_w 调至合适位置，用双踪示波器观察并描绘三角波输出电压 v_o 及方波输出电压 v_{o1}，测量其幅值、频率及 R_w 值，并记录。

1）改变 R_w 的位置，观察对 v_o、v_{o1} 幅值及频率的影响。

2）改变 R_1（或 R_2），观察对 v_o、v_{o1} 幅值及频率的影响。

1.10.6 实验报告要求

1. 简述实验电路的工作原理。
2. 根据实验内容，列表记录实验数据和波形。
3. 分析文氏电桥振荡器的输出电压有效值 V_o 与反馈电压 V_P、V_N 之间的关系。
4. 将实验测得的数据与理论值进行比较，分析产生误差的原因。

1.10.7 思考题

1. 在文氏电桥振荡电路中，稳压管 2DW231 具有什么作用？
2. 能够获得正弦波、方波和三角波的电路还有哪些？

1.10.8 注意事项

为了保证方波信号的产生，应注意滞回比较器的门限电压与积分电路输出电压大小的关系。

1.11 有源滤波器

1.11.1 实验目的

1. 熟悉用运算放大器、电阻和电容组成有源低通滤波、高通滤波和带通、带阻滤波器的方法。
2. 学会测量有源滤波器幅频特性的方法。

1.11.2　实验设备与器件

1. 直流稳压电源
2. 交流毫伏表
3. 函数信号发生器
4. 示波器
5. 集成运算放大器 μA741 1 块
6. 电阻器、电容器若干

1.11.3　实验原理

1. 二阶低通滤波器

低通滤波器是指低频信号能通过而高频信号不能通过的滤波器，典型的二阶有源低通滤波器如图 1-11-1 所示。

这种有源滤波器的幅频特性为

$$\dot{A} = \frac{\dot{V}_\mathrm{o}}{\dot{V}_\mathrm{i}} = \frac{A_\mathrm{v}}{1 + (3 - A_\mathrm{v})SCR + (SCR)^2} = \frac{A_\mathrm{v}}{1 - \left(\dfrac{\omega}{\omega_0}\right)^2 + \mathrm{j}\,\dfrac{\omega}{Q\omega_0}}$$

式中　$S = \mathrm{j}\omega$；

　　A_v——二阶低通滤波器的通带增益，$A_\mathrm{v} = 1 + \dfrac{R_\mathrm{f}}{R_1}$；

　　ω_0——截止频率，它是二阶低通滤波器通带与阻带的界限频率，$\omega_0 = \dfrac{1}{RC}$；

　　Q——品质因数，它的大小影响低通滤波器在截止频率处幅频特性的形状，$Q = \dfrac{1}{3 - A_\mathrm{v}}$。

2. 高通滤波器

二阶高通滤波器电路如图 1-11-2 所示。高通滤波器的性能与低通滤波器相反，其频率响应和低通滤波器是"镜像"关系。

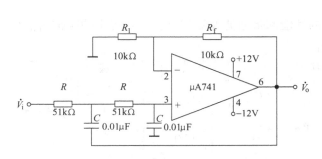

图 1-11-1　二阶低通滤波器

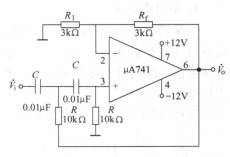

图 1-11-2　高通滤波器

这种高通滤波器的幅频特性为

$$\dot{A} = \frac{\dot{V}_o}{\dot{V}_i} = \frac{(SCR)^2 A_v}{1 + (3 - A_v)SCR + (SCR)^2}$$

$$= \frac{-\left(\dfrac{\omega}{\omega_0}\right)^2 A_v}{1 - \left(\dfrac{\omega}{\omega_0}\right)^2 + j\dfrac{\omega}{Q\omega_0}}$$

式中，A_v、ω_0 和 Q 的意义与前面类似。

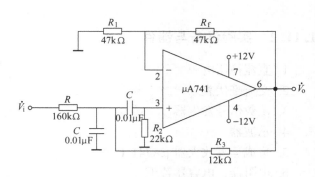

图 1-11-3 典型二阶带通滤波器

3. 带通滤波器

这种滤波电路的作用是只允许在某一个通频带范围内的信号通过，而比通频带下限频率低和比上限频率高的信号都被阻断。典型的带通滤波器可以通过将二阶低通滤波电路中的一级改成高通而形成，如图 1-11-3 所示。

此种带通滤波器的输入输出关系为

$$\dot{A} = \frac{\dot{V}_o}{\dot{V}_i} = \frac{\left(1 + \dfrac{R_f}{R_1}\right)\left(\dfrac{1}{\omega_0 RC}\right)\left(\dfrac{S}{\omega_0}\right)}{1 + \left(\dfrac{B}{\omega_0}\right)\left(\dfrac{S}{\omega_0}\right) + \left(\dfrac{S}{\omega_0}\right)^2}$$

其中，中心角频率为

$$\omega_0 = \sqrt{\frac{1}{R_2 C^2}\left(\frac{1}{R} + \frac{1}{R_3}\right)}$$

频带宽为

$$B = \frac{1}{C}\left(\frac{1}{R} + \frac{2}{R_2} - \frac{R_f}{R_1 R_3}\right)$$

选择性为

$$Q = \frac{\omega_0}{B}$$

这种电路的优点是通过改变 R_f 和 R_1 的比例就可改变频带宽度，而不影响中心频率。

4. 带阻滤波器

电路如图 1-11-4 所示，这种电路的性能和带通滤波器相反，即在规定的频带内信号不能通过（或受到很大衰减），而在其余频率范围内的信号则能顺利通过，常用于抗干扰设备中。

这种电路的输入、输出关系为

$$\dot{A} = \frac{\dot{V}_o}{\dot{V}_i} = \frac{\left[1 + \left(\dfrac{S}{\omega_0}\right)^2\right] A_v}{1 + 2(2 - A_v)\dfrac{S}{\omega_0} + \left(\dfrac{S}{\omega_0}\right)^2}$$

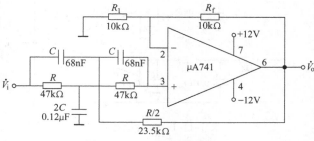

图 1-11-4 二阶带阻滤波器

其中

$$A_v = 1 + \frac{R_f}{R_1}$$

$$\omega_0 = \frac{1}{RC}$$

由上式可见，A_v 越接近 2，$|\dot{A}|$ 越大，即起到阻断范围变窄的作用。

1.11.4 预习要求

1. 复习教材中有关有源低通、高通、带通和带阻滤波器的相关内容，理解其工作原理。

2. 根据二阶低通、高通滤波器实验电路的参数，计算 ω_0、A_v 及 Q 的理论值；根据二阶带通、带阻滤波器实验电路的参数，计算 ω_0 的理论值。

1.11.5 实验内容

1. 二阶低通滤波器

按图 1-11-1 接线，接通 $\pm 12V$ 电源，$\dot{V}_i$ 接函数信号发生器，令其输出有效值 $V_i = 1V$ 的正弦波，改变其频率，并维持 $V_i = 1V$ 不变，测量输出电压 V_o，记入表 1-11-1 中。

表 1-11-1　二阶低通滤波器数据表

f/Hz	10	100	200	300	400	600	800	1000	...
V_o/V									

2. 二阶高通滤波器

按图 1-11-2 接线，接通 $\pm 12V$ 电源，$\dot{V}_i$ 接函数信号发生器，令其输出有效值 $V_i = 1V$ 的正弦波，改变其频率，并维持 $V_i = 1V$ 不变，测量输出电压 V_o，记入表 1-11-2 中。

表 1-11-2　二阶高通滤波器数据表

f/Hz	40	20	10	5	4	3	2	1	...
V_o/V									

3. 二阶带通滤波器

按图 1-11-3 接线，接通 $\pm 12V$ 电源，$\dot{V}_i$ 接函数信号发生器，令其输出有效值 $V_i = 1V$ 的正弦波，改变其频率，并维持 $V_i = 1V$ 不变，测量输出电压 V_o，记入表 1-11-3 中。

表 1-11-3　二阶带通滤波器数据表

f/Hz	...	600	700	800	900	1000	2000	3000	4000	...
V_o/V										

4. 二阶带阻滤波器

按图 1-11-4 接线，接通 $\pm 12V$ 电源，$\dot{V}_i$ 接函数信号发生器，令其输出有效值 $V_i = 1V$ 的正弦波，改变其频率，并维持 $V_i = 1V$ 不变，测量输出电压 V_o，记入表 1-11-4 中。

表 1-11-4　二阶带阻滤波器数据表

f/Hz	⋯	20	30	40	50	60	70	80	90	⋯
V_o/V										

1.11.6　实验报告要求

1. 简述各实验电路的工作原理。

2. 根据实验数据绘制各滤波电路 V_o 随频率变化的曲线，确定 ω_o、A_v 的数值，并与理论值进行比较。

3. 简要说明测试结果与理论值有一定差异的主要原因。

1.11.7　思考题

1. 若将图 1-11-1 所示的二阶低通滤波器的 R、C 位置互换，组成图 1-11-2 所示的二阶高通滤波器，且 R、C 值不变，试问高通滤波器的截止频率 f_L 等于低通滤波器的截止频率 f_H 吗？

2. 高通滤波器的幅频特性，为什么在频率很高时，其电压增益会随频率升高而下降呢？

1.11.8　注意事项

在实验过程中，改变输入信号频率时，注意保持 $V_i = 1V$（有效值）不变。

1.12　低频功率放大器——OTL 功率放大器

1.12.1　实验目的

1. 理解 OTL 功率放大器的工作原理。

2. 学会 OTL 电路的调试及主要性能指标的测试方法。

1.12.2　实验设备与器件

1. 直流稳压电源

2. 万用表

3. 函数信号发生器

4. 直流毫安表

5. 示波器

6. 交流毫伏表

7. NPN 型晶体管 3DG6（或 9011）　1 只；3DG12（或 9013）　1 只；3CG12（或 9013）　1 只

8. 二极管 2CP　1 只

9. 8Ω 扬声器　1 只

10. 电阻器、电容器若干

1. 12. 3　实验原理

1. 实验电路

图 1-12-1 所示为 OTL 低频功率放大器,其中,由晶体管 V_1 组成推动级 (也称前置放大级), V_2 和 V_3 是一对参数对称的 NPN 型和 PNP 型晶体管,它们组成互补推挽 OTL 功放电路,由于每一个晶体管都接成射极输出器,因此具有输出电阻低、带负载能力强等优点,适合于作功率输出级。

V_1 晶体管工作于甲类状态,它的集电极电流 I_{C1} 由电位器 R_{w2} 进行调节。I_{C1} 的一部分流经电位器 R_{w2} 及二极管 VD,给 V_2 和 V_3 提供偏压。调节 R_{w2},可以使 V_2 和 V_3 得到合适的静态电流而工作于甲乙类状态,以克服交越失真。静态时要求输出端中点 A 的电位 $V_A = 0.5V_{CC}$,可以通过调节 R_{w1} 来实现。又由于 R_{w1} 的一端接在 A 点,因此在电路中引入交、直流电压并联负反馈,一方面能够稳定放大器的静态工作点,同时也改善了非线性失真。

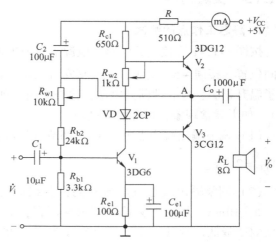

图 1-12-1　OTL 功率放大器

当输入正弦交流信号 $\dot{V}_i$ 时,经 V_1 放大、倒相后同时作用于 V_2 和 V_3 的基极。$\dot{V}_i$ 的负半周使 V_2 管导通 (V_3 管截止),有电流通过负载 R_L,同时向电容 C_0 充电;在 $\dot{V}_i$ 的正半周,V_3 管导通 (V_2 管截止),则已充好电的电容器 C_0 起着电源的作用,通过负载 R_L 放电,这样在 R_L 上就得到了完整的正弦波。

C_2 和 R 构成自举电路,用于提高输出电压正半周的幅度,以得到较大的动态范围。

2. OTL 电路的主要性能指标

(1) 最大不失真输出功率 P_{om}

在理想情况下,$P_{om} = \dfrac{V_{CC}^2}{8R_L}$。

在实验中,可通过测量 R_L 两端的电压有效值 V_o 来求得实际的 $P_{om} = \dfrac{V_o^2}{R_L}$。

(2) 效率 η

$$\eta = \frac{P_{om}}{P_V} \times 100\%$$

式中　P_V——直流电源供给的平均功率。

在理想情况下,$\eta_{max} = 78.5\%$。在实验中,可测量电源供给的平均电流 I_{DC},从而求得 $P_V = V_{CC}I_{DC}$。负载上的交流功率已用上述方法求出,因而也就可以计算实际效率了。

1.12.4 预习要求

1. 复习教材中有关互补对称功率放大电路的相关内容,理解图 1-12-1 所示实验电路的工作原理。

2. 在理想情况下,计算实验电路的最大输出功率 P_{om}、管耗 P_T、直流电源供给的功率 P_V 和效率 η 的理论值。

1.12.5 实验内容

1. 静态工作点的测试

按图 1-12-1 连接实验电路,电源进线中串入直流毫安表,电位器 R_{w2} 置最小值,R_{w1} 置中间位置。接通 +5V 电源,观察毫安表指示,同时用手触摸输出级晶体管,若电流过大或管子温升显著,应立即断开电源,检查原因(如 R_{w2} 开路,电路自激或输出晶体管性能不好等)。如无异常现象,可开始调试。

(1)调节输出端中点电位 V_A 调节电位器 R_{w1},用直流电压表测量 A 点电位,使 $V_A = \frac{1}{2}V_{CC} = 2.5V$。

(2)调整输出级静态电流及测试各级静态工作点 调节 R_{w2},使 V_2、V_3 管的 $I_{C2} = I_{C3} = 5 \sim 10mA$。从减小交越失真角度而言,应适当加大输出级静态电流,但该电流过大,会使效率降低,所以一般以 $5 \sim 10mA$ 为宜。由于毫安表是串在电源进线中的,因此测得的是整个放大器的电流。但一般 V_1 的集电极电流 I_{C1} 较小,从而可以把测得的总电流近似当作末级的静态电流。如要准确得到末级静态电流,则可从总电流中减去 I_{C1} 的值。

调整输出级静态电流的另一种方法是动态调试法。先使 $R_{w2} = 0$,在输入端接入 $f = 1kHz$ 的正弦信号 $\dot{V}_i$。逐渐加大输入信号的幅值,此时,输出波形会出现较严重的交越失真。然后缓慢增大 R_{w2},当交越失真刚好消失时,停止调节 R_{w2},恢复 $V_i = 0$,此时直流毫安表的读数即为输出级静态电流,一般数值应为 $5 \sim 10mA$,如过大,则要检查电路。

输出级电流调好以后,测量各级静态工作点,记入表 1-12-1 中。

表 1-12-1 OTL 功率放大器静态数据表($I_{C2} = I_{C3} = 5mA$,$V_A = 2.5V$)

晶体管	测　量　值				计　算　值
	V_B/V	V_C/V	V_E/V	V_{BE}/V	V_{CE}/V
V_1					
V_2					
V_3					

2. 最大输出功率 P_{om} 和效率 η 的测试

(1)测量 P_{om} 输入端接 $f = 1kHz$ 的正弦信号,输出端用示波器观察输出电压的波形。逐渐增大输入信号的有效值 V_i,使输出电压达到最大不失真幅度,用交流毫伏表测出负载 R_L 上的电压有效值 V_o,则 $P_{om} = V_o^2/R_L$。

(2)测量 η 当输出电压为最大不失真输出电压时,读出直流毫安表中的电流值,此电流即为直流电源供给的平均电流 I_{DC}（有一定误差），由此可近似求得 $P_V = V_{CC}I_{DC}$，再根据上面测得的 P_{om}，即可求出效率 η。

3. 频率响应的测试

参考 1.2 节的内容测量电路的上、下限频率 f_H、f_L，计算 $B_w = f_H - f_L$。

在测试时，为保证电路的安全，应在较低电压下进行，在整个测试过程中，应保持 V_i 为恒定值，且输出波形不得失真。

4. 研究自举电路的作用

（1）测量有自举电路，且 $P_o = P_{om}$ 时的电压增益

$$\dot{A}_v = \frac{\dot{V}_o}{\dot{V}_i}$$

（2）将 C_2 开路，R 短路（无自举），再测量 $P_o = P_{om}$ 时的 $\dot{A}_v$。

用示波器观察（1）和（2）两种情况下的输出电压波形，并将以上两项测量结果进行比较，分析研究自举电路的作用。

5. 噪声电压的测试

测量时将输入端短路（$\dot{V}_i = 0$），观察输出噪声波形，并用交流毫伏表测量输出电压，即为噪声电压 V_N。在本电路中，若 $V_N < 15\text{mV}$，即满足要求。

1.12.6 实验报告要求

1. 简述图 1-12-1 所示 OTL 功率放大器的工作原理。
2. 列表整理实验数据。
3. 比较说明实测数据偏离理论值的主要原因。
4. 分析实验中遇到的现象，简述实验体会。

1.12.7 思考题

1. 在图 1-12-1 所示的实验电路中，若将 R 短接，自举作用将发生什么变化？
2. 图 1-12-1 所示实验电路中的二极管 VD 具有什么作用？

1.12.8 注意事项

1. 在调整 R_{w2} 时，一是要注意旋转方向，不要调得过大，更不能开路，以免损坏输出晶体管。
2. 输出晶体管静态电流调好后，如无特殊情况，不能随意改变 R_{w2} 的位置。
3. 在整个测试过程中，电路不应有自激现象发生。

第2章　数字电子技术基础基本训练实验

2.1　门电路及参数测试

2.1.1　实验目的

1. 熟悉数字电路实验的基本方法。
2. 验证与非门、或非门、非门的逻辑功能。
3. 学习 TTL 与非门有关参数的测试方法。

2.1.2　实验设备与器件

1. 万用表
2. 7400 型 2 输入端 4 与非门　1 块
3. 7402 型 2 输入端 4 或非门　1 块
4. 7404 型 6 反相器　1 块

7400 引脚图如图 2-1-1 所示，7402 引脚图如图 2-1-2 所示，7404 引脚图如图 2-1-3 所示。

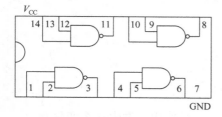

图 2-1-1　7400 引脚图

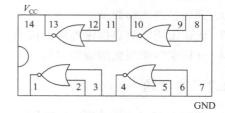

图 2-1-2　7402 引脚图

2.1.3　实验原理

本实验采用 2 输入 4 与非门 74LS00，在一块集成块内含有 4 个互相独立的与非门，每个与非门有两个输入端和一个输出端。其逻辑符号及引脚排列如图 2-1-1 所示。

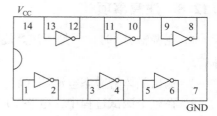

图 2-1-3　7404 引脚图

1. 与非门的逻辑功能

与非门的逻辑功能是：当输入端中有一个或一个以上是低电平时，输出端为高电平；只有当输入端全部为高电平时，输出端才是低电平。

其逻辑表达式为 $Y = \overline{AB}$。

2. TTL 与非门的主要参数

（1）TTL 电路的电源电压 V_{CC}　TTL 电路对电源电压要求较严，电源电压 V_{CC} 只允许在 $+5V\pm0.5V$ 的范围内工作，超过 5.5V 将损坏器件；低于 4.5V 器件的逻辑功能将不正常。

（2）低电平输入电流 I_{IL} 和高电平输入电流 I_{IH}　I_{IL} 是指被测输入端接地，其余输入端悬空时，被测输入端流出的电流值。在多级门电路中，I_{IL} 相当于前级门输出低电平时，后级向前级门灌入的电流，因此它关系到前级门的灌电流负载能力，即直接影响前级门电路带负载的个数，因此希望 I_{IL} 小些。

I_{IH} 是指被测输入端接高电平，其余输入端悬空，流入被测输入端的电流值。在多级门电路中，它相当于前级门输出高电平时，前级门的拉电流负载，其大小关系到前级门的拉电流负载能力，因此希望 I_{IH} 小些。由于 I_{IH} 较小，难以测量，一般免于测试。

（3）扇出因数 N　扇出因数 N 是指门电路能驱动同类门的个数。它是衡量门电路带负载能力的一个参数，TTL 与非门有两种不同性质的负载，即灌电流负载和拉电流负载，因此有两种扇出因数，即低电平扇出因数 N_{OL} 和高电平扇出因数 N_{OH}。

N_{OL} 的测试电路如图 2-1-4 所示，门的输入端全部悬空，输出端接灌电流负载 R_L，调节 R_L 使 I_{OL} 增大，V_{OL} 随之增高，当 V_{OL} 达到 V_{OLM}（手册中规定输出低电平最大值是 0.4V）时的 I_{OL} 就是允许灌入的最大负载电流，则

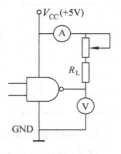

图 2-1-4　扇出因数测试电路

$$N_{OL} = \frac{I_{OL}}{I_{IL}}$$

通常 $N_{OL} \geqslant 8$。

（4）电压传输特性　门的输出电压 V_O 随输入电压 V_I 而变化的曲线 $V_O = f(V_I)$ 称为门的电压传输特性。通过它可读得门电路的一些重要参数，如输出高电平 V_{OH}、输出低电平 V_{OL} 和阈值电压 V_{TH} 等，测量电路如图 2-1-5 所示。

（5）输入端负载特性　TTL 门电路的输入电压随输入端与地之间的电阻值而变化的曲线 $V_I = f(R_w)$，称为输入端负载特性。测试电路如图 2-1-6 所示。输入端串入可变电阻 R_w 接地，门电路的输入电压随着可变电阻 R_w 的增加而变大，从而改变门电路的输出状态。

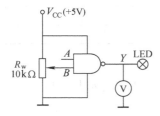

图 2-1-5　传输特性测试电路

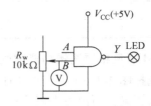

图 2-1-6　输入端负载特性测试电路

2.1.4　预习要求

1. 复习教材中有关门电路的内容，理解 TTL 集成电路的工作原理，掌握 TTL 集成电路的特性曲线和参数。

2. 查阅有关的集成电路器件手册，熟悉 7400、7402、7404 等集成电路的外形和引脚定义。

3. 根据实验内容，选择实验方案，设计实验电路，拟好实验步骤。

4. 写出预习报告，设计好记录表格。

2.1.5 实验内容

1. 7400 型与非门逻辑功能测试

1）任意选择图 2-1-1 中一个与非门进行实验。用逻辑开关给门输入端输入信号，当开关向上拨时，输入高电平（H），表示逻辑 1；当开关向下拨时，输入低电平（L），表示逻辑 0。

2）用发光二极管（即 LED）显示门的输出状态。当 LED 亮时，门输出状态为高电平（H），表示逻辑 1；当 LED 暗时，门输出状态为低电平（L），表示逻辑 0。门的输出状态也可以用电压表或逻辑笔测试。

3）将结果填入表 2-1-1 中，并判断逻辑功能是否正确，写出逻辑表达式。

表 2-1-1　与非门输入、输出电平关系数据表

输入电平		输出 Y		
A	B	LED 状态	电平（H 或 L）	电位/V
L	L			
L	H			
H	L			
H	H			

2. 7402 型或非门逻辑功能测试

任意选择图 2-1-2 中一个或非门进行实验，方法同上。将结果填入表 2-1-2 中，并判断逻辑功能是否正确，写出逻辑表达式。

表 2-1-2　或非门输入、输出电平关系数据表

输　入　电　平		输出 Y		
A	B	LED 状态	电平（H 或 L）	电位/V
L	L			
L	H			
H	L			
H	H			

3. 7404 型反相器逻辑功能测试

任意选择图 2-1-3 中一个非门进行实验，方法同上。将结果填入表 2-1-3 中，并判断逻辑功能是否正确，写出逻辑表达式。

表 2-1-3　非门输入、输出电平关系数据表

输入电平	输出 Y		
A	LED 状态	电平（H 或 L）	电位/V
L			
H			

4. 电压传输特性测试

参照图 2-1-5 所示的电路，与非门的 A 输入端悬空，B 端由 R_w 提供输入电压。改变 R_w 的值，测量 V_I 和 V_O 的电压值，填入表 2-1-4 中，画出与非门的电压传输特性曲线。

表 2-1-4　与非门电压传输特性数据表

输入 V_I/V	输出 V_O/V	输出端电平（H 或 L）	LED 状态
0.2			
0.4			
0.6			
0.8			
1.0			
1.2			
1.4			
1.6			
2.0			
2.5			
3.0			

5. 输入端负载特性的测试

参照图 2-1-6 的电路图，与非门的 A 端悬空，B 端接可变电阻 R_w。调节 R_w，用电压表测量 B 端电压，记录电压表的读数和 LED 的状态，填入表 2-1-5 中，画出与非门输入端负载特性曲线。

表 2-1-5　与非门输入端负载特性数据表

R_w/kΩ	LED 状态	输出端电平（H 或 L）	输入端电位/V
0			
1			
4			
6			
8			
12			
悬空			

6. 用与非门 7400 和非门 7404 实现逻辑函数 $Y = AB + C$

电路如图 2-1-7 所示，将实验结果填入表 2-1-6 中。

表 2-1-6　$Y = AB + C$ 逻辑函数表

输　　入			输　　出
A	B	C	Y
0	0	0	
0	0	1	
0	1	0	
0	1	1	
1	0	0	
1	0	1	
1	1	0	
1	1	1	

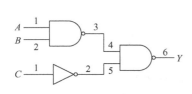

图 2-1-7　用与非门实现逻辑函数电路

2.1.6 实验报告要求

1. 简述 TTL 与非门电路的工作原理以及 TTL 门电路的参数和特性曲线。
2. 记录、整理实验结果，并对实验结果进行分析。
3. 画出实测的电压传输特性曲线，并从中读出各有关参数值。

2.1.7 思考题

1. TTL 与非门输入端悬空相当于输入什么电平？
2. CMOS 门电路输入端可以悬空吗？
3. TTL 门电路多余的输入端应该如何处理？
4. TTL 门电路的输出端可以直接连在一起吗？

2.1.8 注意事项

1. 接插集成电路时，要认清定位标记，不得插反。

2. 电源电压使用范围为 +4.5 ~ +5.5V 之间，实验中要求使用 V_{CC} = +5V。电源极性绝对不允许接错，否则会损坏器件。

3. 闲置输入端处理方法

1) 对于 TTL 与非门集成电路，数据输入端悬空，相当于输入"1"，实验时允许悬空处理，但易受外界干扰，导致电路的逻辑功能不正常，因此，可以将所有控制输入端按逻辑要求接入电路，不悬空。

2) 直接接电源电压 V_{CC}（也可以串入一只 1 ~ 10kΩ 的固定电阻）或接至具有某一固定电压（2.4 ~ 4.5V）的电源上。

3) 若前级驱动能力允许，可以与使用的输入端并联。

4. 输入端通过电阻接地，电阻值的大小将直接影响电路所处的状态。当 $R \leqslant 680Ω$ 时，输入端相当于逻辑"0"；当 $R \geqslant 4.7kΩ$ 时，输入端相当于逻辑"1"。对于不同系列的器件，此阻值有所不同。

5. 输出端不允许并联使用（集电极开路门和三态输出门除外），否则不仅会使电路逻辑功能混乱，还会导致器件损坏。

6. 输出端不允许直接接地或直接接 +5V 电源，否则将损坏器件，有时为了使后级电路获得较高的输出电平，允许输出端通过电阻 R 接至 V_{CC}，一般取 $R = 3 ~ 5.1kΩ$。

2.2 半加器、全加器

2.2.1 实验目的

1. 学习用异或门组成二进制半加器和全加器，并测试其功能。
2. 测试 7483 型 4 位二进制全加器的逻辑功能。
3. 学习用 7483 构成余 3 码加法电路。

2.2.2 实验设备与器件

1. 7400 型 2 输入端 4 与非门　1 块
2. 7404 型 6 反相器　1 块
3. 7486 型 2 输入端 4 异或门　1 块
4. 7483 型 4 位二进制加法器　2 块

7486 引脚图如图 2-2-1 所示，7483 引脚图如图 2-2-2 所示。

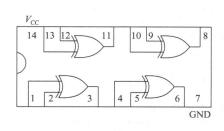

图 2-2-1　7486 引脚图

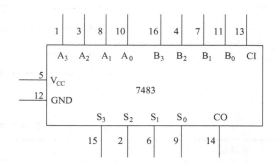

图 2-2-2　7483 引脚图

2.2.3 实验原理

1. 1 位半加器

半加器实现两个 1 位二进制数相加，并且不考虑来自低位的进位。输入是 A 和 B，输出是和 S 及进位 CO。半加器的电路图如图 2-2-3 所示。其逻辑表达式为

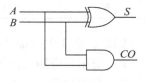

图 2-2-3　半加器电路图

$$S = A\,\overline{B} + \overline{A}\,B = A \oplus B$$

$$CO = AB$$

2. 全加器

全加器实现 1 位二进制数的加法，考虑来自低位的进位，输入是两个 1 位二进制数 A、B 和来自低位的进位 CI，输出是 S 和向高位的进位 CO。逻辑表达式为

$$S = A \oplus B \oplus CI$$

$$CO = AB + BCI + ACI$$

3. 4 位加法器

7483 是集成 4 位二进制加法器，其逻辑功能是实现两个 4 位二进制数相加。输入是 $A_3A_2A_1A_0$、$B_3B_2B_1B_0$ 和来自低位的进位 CI，输出是 $S_3S_2S_1S_0$ 和向高位的进位 CO。

4. 余 3 码加法原理

（1）余 3 码表　余 3 码是一种常见的编码，如果把每一个余三码看作 4 位二进制数，则它的数值要比它所表示的十进制数码多 3。表 2-2-1 中列出了余 3 码与 8421 码的对应关系。

（2）余 3 码加法规则　对于两位十进制数运算，2 + 5 = 7，8 + 6 = 14，若用余 3 码进行加法，应将加数、被加数用余 3 码代替，则和也应是余 3 码。运算过程如下：

$$0101 \cdots\cdots\cdots 2 \text{ 的余 } 3 \text{ 码}$$
$$+1000 \cdots\cdots\cdots 5 \text{ 的余 } 3 \text{ 码}$$
$$1101 \cdots\cdots\cdots \text{ 未修正的和}$$
$$-0011 \cdots\cdots\cdots \text{ 无进位，减 } 3$$
$$1010 \cdots\cdots\cdots 7 \text{ 的余 } 3 \text{ 码（即和数）}$$

$$1011 \cdots\cdots\cdots 8 \text{ 的余 } 3 \text{ 码}$$
$$+1001 \cdots\cdots\cdots 6 \text{ 的余 } 3 \text{ 码}$$
$$10100 \cdots\cdots\cdots \text{ 未修正的和}$$
$$+0011 \cdots\cdots\cdots \text{ 有进位，加 } 3$$
$$0111 \cdots\cdots\cdots 4 \text{ 的余 } 3 \text{ 码（即和数）}$$

表 2-2-1　余 3 码与 8421 码的关系数据表

十进制	余 3 码	8421 码	十进制	余 3 码	8421 码
0	0011	0000	5	1000	0101
1	0100	0001	6	1001	0110
2	0101	0010	7	1010	0111
3	0110	0011	8	1011	1000
4	0111	0100	9	1100	1001

因此，余 3 码的加法规则为

1）使用二进制加法规则，把余 3 码相加，得到未修正的和数。

2）若相加后未产生进位，则在未修正的和数中减去 0011（即 3），得余 3 码形式的和（减 3 即加上 3 的补码 1101）。

3）若相加后产生进位，则在未修正的和数中加上 0011（即 3），得余 3 码形式的和。

2.2.4　预习要求

1. 复习组合逻辑电路的分析方法，阅读教材中有关半加器和全加器的内容，理解半加器和全加器的工作原理。

2. 熟悉 7486、7483 等集成电路的外形和引脚定义。拟出检查电路逻辑功能的方法。

3. 熟悉 BCD 码、余 3 码和二进制码之间的转换方法。

4. 根据实验内容的要求，完成有关实验电路的设计，拟好实验步骤。

5. 写出预习报告，设计好记录表格。

2.2.5　实验内容

1. 7486 型异或门功能测试

任意选择图 2-2-1 中一个异或门进行实验，输入端接逻辑开关，输出端接 LED 显示。将实验结果填入表 2-2-2 中，并判断功能是否正确，写出逻辑表达式。

2. 用异或门构成半加器

电路如图 2-2-4 所示，输入端接逻辑开关，输出端接 LED 显示。将实验结果填入表 2-2-3 中，判断结果是否正确，写出和 S 及进位 CO 的逻辑表达式。

3. 1 位二进制全加器

表 2-2-2　异或门输入、输出电平关系数据表

输　　入		输　　出
A	B	Y
0	0	
0	1	
1	0	
1	1	

表 2-2-3　半加器输入、输出电平关系数据表

输　　入		输　　出	
A	B	S	CO
0	0		
0	1		
1	0		
1	1		

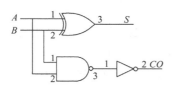

图 2-2-4　半加器

1) 将 1 位二进制全加器的真值表填入表 2-2-4 中。

2) 写出和 S 及进位 CO 的逻辑表达式。

3) 将逻辑表达式化简成合适的形式，画出用 7486 和 7400 实现的电路图。

4) 搭建电路，验证结论的正确性。

表 2-2-4　1 位二进制全加器真值表

输　　入			输　　出	
A	B	CI	S	CO
0	0	0		
0	0	1		
0	1	0		
0	1	1		
1	0	0		
1	0	1		
1	1	0		
1	1	1		

4. 7483 型 4 位二进制加法器功能测试

电路如图 2-2-5 所示，$A_3A_2A_1A_0$ 和 $B_3B_2B_1B_0$ 分别为两个 4 位二进制数，令 $B_3B_2B_1B_0 = 0110$，$A_3A_2A_1A_0$ 接逻辑开关，输出端接 LED 显示，验证 7483 的逻辑功能，将实验结果填入表 2-2-5 中。

5. 二进制加/减运算

用 7483 型二进制加法器可以实现加/减运算。运算电路如图 2-2-6 所示，它是由 7483 及 4 个异或门构成。

M 为加/减控制信号，当 $M=0$ 时，执行加法运算 $S=A+B$；当 $M=1$ 时，执行减法运算 $S=A+\overline{B}+1=A-B$。减法运算结果的正负由 FC 决定，当 $FC=1$ 时表示结果为正，反之结果为负，输出是（$A-B$）的补码。

自拟实验表格和数据，验证电路是否正确。

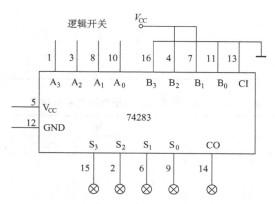

图 2-2-5 4 位二进制加法器功能测试电路

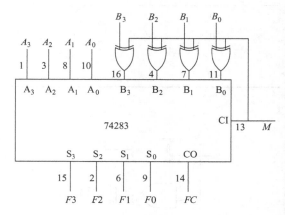

图 2-2-6 二进制加/减运算电路

表 2-2-5 4 位二进制加法器数据表

$B_3B_2B_1B_0$	$A_3A_2A_1A_0$	$S_3S_2S_1S_0$	CO
0 1 1 0	1 1 0 0		
0 1 1 0	0 1 0 1		
0 1 1 0	0 0 1 1		
0 1 1 0	1 0 1 1		

6. 余 3 码加法实验

写出用 2 块 7483 实现余 3 码相加的实验步骤，画出实验接线图，将实验结果填入表 2-2-6 中。

表 2-2-6 余 3 码加法数据表

加数（余 3 码） $A_3A_2A_1A_0$	被加数（余 3 码） $B_3B_2B_1B_0$	未修正的和 $S_3'S_2'S_1'S_0'$	进位情况 CO	如何修正	修正后的和 $S_3S_2S_1S_0$
0 1 0 1	1 0 0 0				
1 0 1 1	1 0 0 1				
0 1 1 0	1 0 0 1				
1 0 1 1	0 1 1 1				

2.2.6 实验报告要求

1. 写出 1 位半加器和 1 位全加器的逻辑表达式，画出门电路实现的电路符号图。

2. 画出用 7483 实现余 3 码加法运算的电路图，并说明电路的原理。

3. 整理实验数据、图表，并对实验结果进行分析讨论。

4. 总结组合电路的分析与测试方法。

2.2.7　思考题

1. 如何利用 7483 和门电路实现 BCD 码加法运算？

2. 如何用两片 7483 实现 8 位二进制数加法运算？

3. 如何用与非门（7400）接成非门？

2.2.8　注意事项

1. 在进行复杂电路实验时，应该先检测所用到的每个单元电路功能是否正常，确保每个单元电路能够正常工作。

2. 每个集成电路工作时都必须接电源（V_{CC}）和地（GND）。

2.3　数据选择器

2.3.1　实验目的

1. 测试 74151 型数据选择器的逻辑功能。

2. 用 74151 构成大、小月份检查电路。

3. 用 74151 构成比较两个 2 位二进制数是否相等的电路。

2.3.2　实验设备与器件

1. 74151 型 8 选 1 数据选择器　1 块

2. 7404 型 6 反相器　1 块

2.3.3　实验原理

数据选择器从多路输入数据中选择其中的一路数据送到电路的输出端。常用的数据选择器有 4 选 1 数据选择器和 8 选 1 数据选择器。74151 是 8 选 1 数据选择器，$D_0 \sim D_7$ 是 8 位二进制数输入端，$A_2 A_1 A_0$ 是地址输入端，Y 和 $\overline{Y}$ 是两个互补的数据输出端，$\overline{S}$ 是控制端。其引脚如图 2-3-1 所示，逻辑功能见表 2-3-1。

74151 的逻辑表达式为

$$Y = D_0 (\overline{A_2}\ \overline{A_1}\ \overline{A_0}) + D_1 (\overline{A_2}\ \overline{A_1} A_0) + D_2 (\overline{A_2} A_1 \overline{A_0}) + D_3 (\overline{A_2} A_1 A_0)$$

$$+ D_4 (A_2 \overline{A_1}\ \overline{A_0}) + D_5 (A_2 \overline{A_1} A_0) + D_6 (A_2 A_1 \overline{A_0}) + D_7 (A_2 A_1 A_0)$$

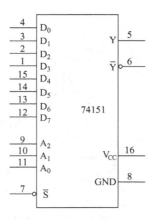

图 2-3-1　74151 引脚图

表 2-3-1　74151 功能表

输入				输出		输入				输出	
地址			控制信号	Y	$\overline{Y}$	地址			控制信号	Y	$\overline{Y}$
A_2	A_1	A_0	$\overline{S}$			A_2	A_1	A_0	$\overline{S}$		
×	×	×	H	L	H	H	L	L	L	D_4	$\overline{D_4}$
L	L	L	L	D_0	$\overline{D_0}$	H	L	H	L	D_5	$\overline{D_5}$
L	L	H	L	D_1	$\overline{D_1}$	H	H	L	L	D_6	$\overline{D_6}$
L	H	L	L	D_2	$\overline{D_2}$	H	H	H	L	D_7	$\overline{D_7}$
L	H	H	L	D_3	$\overline{D_3}$						

2.3.4　预习要求

1. 理解数据选择器的工作原理，掌握 4 选 1 数据选择器和 8 选 1 数据选择器的逻辑功能。

2. 查找 74151 型 8 选 1 数据选择器的引脚图。

3. 写出大、小月检查电路的设计方法，要求是：用 4 位二进制数 $A_3A_2A_1A_0$ 表示一年中的 12 个月，从 0001～1100 为 1 月到 12 月，其余为无关状态；用 Y 表示大小月份，$Y=0$ 为小月（二月也是小月），$Y=1$ 为大月（7 月和 8 月都是大月）。

4. 用一片 74151 设计一个判断两个 2 位二进制数是否相等的电路。

5. 根据实验内容的要求，完成有关实验电路的设计，拟好实验步骤。

6. 写出预习报告，设计好记录表格。

2.3.5　实验内容

1. 74151 逻辑功能测试

接线如图 2-3-2 所示，按表 2-3-2 输入选择信号，将结果填入表 2-3-2 内，并判断结果是否正确。

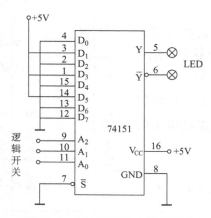

图 2-3-2　74151 逻辑功能测试图

表 2-3-2　74151 逻辑功能测试数据表

输入地址			输出	
A_2	A_1	A_0	Y	$\overline{Y}$
0	0	0		
0	0	1		
0	1	0		
0	1	1		
1	0	0		
1	0	1		
1	1	0		
1	1	1		

2. 大、小月份检查电路

接线如图 2-3-3 所示，$A_3A_2A_1A_0$ 接逻辑开关，按表 2-3-3 输入选择信号，并将结果填入表内。判断输出 Y 与大、小月份之间的关系。

3. 设计一个判断两个 2 位二进制数是否相等的电路

设 $A = A_1A_0$，$B = B_1B_0$。要求当 $A = B$ 时，Y 输出 1；当 $A \neq B$ 时，Y 输出 0。

1）根据此逻辑问题列出真值表。

2）写出逻辑表达式。

3）用 74151 型数据选择器和 7404 型反

相器组成解决此逻辑问题的电路，并验证结果是否正确。

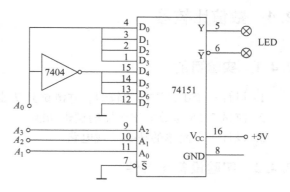

图 2-3-3　大、小月份检查电路图

表 2-3-3　大、小月份检查电路的输入、输出关系数据表

月份	A_3	A_2	A_1	A_0	Y	月份	A_3	A_2	A_1	A_0	Y
1	0	0	0	1		7	0	1	1	1	
2	0	0	1	0		8	1	0	0	0	
3	0	0	1	1		9	1	0	0	1	
4	0	1	0	0		10	1	0	1	0	
5	0	1	0	1		11	1	0	1	1	
6	0	1	1	0		12	1	1	0	0	

2.3.6　实验报告要求

1. 简述 74151 的工作原理，写出 74151 的逻辑表达式，说明使能端 $\overline{S}$ 的作用。

2. 说明大、小月检查电路的设计方法。

3. 简述判断两个 2 位二进制数是否相等的电路设计方法。

4. 整理实验数据，并对实验结果进行分析和讨论。

2.3.7　思考题

1. 用 74151 可以实现几个变量的组合逻辑函数？

2. 用 74151 实现组合逻辑函数，应将逻辑函数变换成何种形式？

3. 如果用两块 74151 实现判断两个 4 位二进制数是否相等的电路，应如何实现？

2.3.8　注意事项

1. 74151 在工作时，使能端 $\overline{S}$ 必须接低电平。

2. 74151 型 8 选 1 数据选择器的 8 路数据中每一路数据都是 1 位二进制数。如果每一路数据是多位（例如 4 位）二进制数，就可以用多个 74151 并行工作来实现。

2.4 数值比较器

2.4.1 实验目的

1. 设计一个 1 位数值比较器，并测试其功能的正确性。
2. 测试 7485 型数值比较器的逻辑功能。
3. 设计一个简单的猜数游戏电路。

2.4.2 实验设备与器件

1. 7400 型 2 输入端 4 与非门　2 块
2. 7486 型 2 输入端 4 异或门　1 块
3. 7485 型 4 位数值比较器　1 块

2.4.3 实验原理

数值比较器用来比较两个二进制数值（A 和 B）的大小，其结果有 3 种形式：$A > B$，$A = B$ 和 $A < B$。按比较数值的位数分类，可分为 1 位比较器和多位比较器。

1. 1 位数值比较器

两个 1 位二进制数 A 和 B，其比较的结果有 3 种情况，见表 2-4-1。

其表达式为

$$Y(A > B) = A \overline{B}$$

$$Y(A < B) = \overline{A} B$$

$$Y(A = B) = \overline{A}\,\overline{B} + AB = A \odot B$$

用门电路构成的 1 位数值比较器如图 2-4-1 所示。

表 2-4-1　1 位数值比较器功能表

输　　入		输出 Y		
A	B	$A > B$	$A < B$	$A = B$
0	0	0	0	1
0	1	0	1	0
1	0	1	0	0
1	1	0	0	1

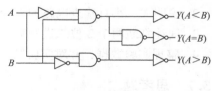

图 2-4-1　1 位数值比较器

2. 7485 型 4 位数值比较器

7485 型 4 位数值比较器完成两个 4 位二进制数大小的比较。7485 的引脚图如图 2-4-2 所示。它对两个 4 位二进制数 $A_3 \sim A_0$ 和 $B_3 \sim B_0$ 进行比较，比较的结果是：$A > B$，$A = B$ 和 $A < B$ 3 种情况。7485 可由级联扩展成任意位数的比较器，级联时，低位片的 3 个扩展输入 $I(A < B) = 0$，$I(A > B) = 0$，$I(A = B) = 1$，3 个输出分别接到高位片的扩展输入端。7485 的逻辑表达式为

$$Y(A<B) = \overline{A_3}\,B_3 + (A_3\odot B_3)\overline{A_2}\,B_2 + (A_3\odot B_3)(A_2\odot B_2)\overline{A_1}\,B_1 + (A_3$$
$$\odot B_3)(A_2\odot B_2)(A_1\odot B_1)\overline{A_0}\,B_0 + (A_3\odot B_3)(A_2\odot B_2)(A_1$$
$$\odot B_1)(A_0\odot B_0)I_{(A<B)}$$
$$Y(A=B) = (A_3\odot B_3)(A_2\odot B_2)(A_1\odot B_1)(A_0\odot B_0)I_{(A=B)}$$
$$Y(A>B) = A_3\,\overline{B_3} + (A_3\odot B_3)A_2\,\overline{B_2} + (A_3\odot B_3)(A_2\odot B_2)A_1\,\overline{B_1}$$
$$+ (A_3\odot B_3)(A_2\odot B_2)(A_1\odot B_1)A_0\,\overline{B_0}$$
$$+ (A_3\odot B_3)(A_2\odot B_2)(A_1\odot B_1)(A_0\odot B_0)I_{(A>B)}$$

逻辑功能表见表 2-4-2。

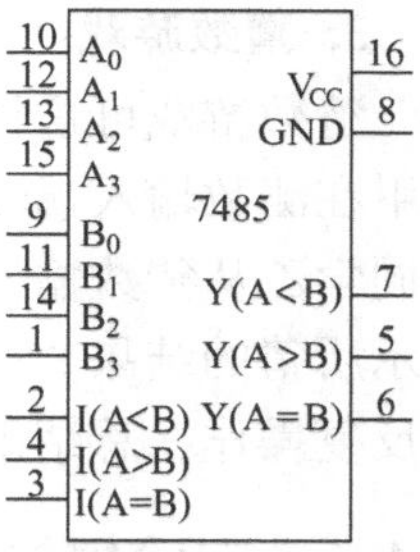

图 2-4-2 7485 引脚图

表 2-4-2 7485 逻辑功能表

比较数值输入				扩展输入 I			输出 Y		
$A_3\ \ B_3$	$A_2\ \ B_2$	$A_1\ \ B_1$	$A_0\ \ B_0$	$A>B$	$A<B$	$A=B$	$A>B$	$A<B$	$A=B$
$A_3>B_3$	×	×	×	×	×	×	H	L	L
$A_3<B_3$	×	×	×	×	×	×	L	H	L
$A_3=B_3$	$A_2>B_2$	×	×	×	×	×	H	L	L
$A_3=B_3$	$A_2<B_2$	×	×	×	×	×	L	H	L
$A_3=B_3$	$A_2=B_2$	$A_1>B_1$	×	×	×	×	H	L	L
$A_3<B_3$	$A_2=B_2$	$A_1<B_1$	×	×	×	×	L	H	L
$A_3=B_3$	$A_2=B_2$	$A_1=B_1$	$A_0>B_0$	×	×	×	H	L	L
$A_3=B_3$	$A_2=B_2$	$A_1=B_1$	$A_0<B_0$	×	×	×	L	H	L
$A_3=B_3$	$A_2=B_2$	$A_1=B_1$	$A_0=B_0$	H	L	L	H	L	L
$A_3=B_3$	$A_2=B_2$	$A_1=B_1$	$A_0=B_0$	L	H	L	L	H	L
$A_3=B_3$	$A_2=B_2$	$A_1=B_1$	$A_0=B_0$	L	L	H	L	L	H

2.4.4 预习要求

1. 复习教材中有关数值比较器的内容，理解数值比较器的工作原理，掌握 1 位数值比较器和多位数值比较器的逻辑表达式。

2. 查找 7485 型 4 位数值比较器的引脚图。

3. 根据实验内容的要求，完成有关实验电路的设计，拟好实验步骤。

4. 写出预习报告，设计好记录表格。

2.4.5 实验内容

1. 用门电路构成 1 位二进制数比较器

电路如图 2-4-1 所示，其中，输入端（A、B 信号处）接逻辑开关，输出端 [$Y(A>B)$、$Y(A<B)$ 和 $Y(A=B)$ 信号处] 接 LED 显示，验证表 2-4-1 的内容。

2. 7485 型 4 位数值比较器功能测试

自拟一个测试 7485 功能的电路，按表 2-4-2 检查其功能。

3. 猜数游戏

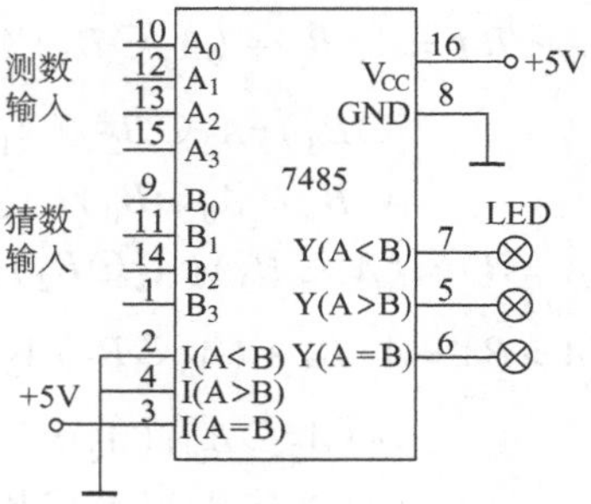

猜数游戏可这样进行：电路如图 2-4-3 所示，先由同学甲在测数输入端输入一个 0000～1111 之间的任意数，再由同学乙从猜数输入端输入所猜的数，由 3 个发光二极管显示所猜的结果。当 $Y(A = B)$ 为"1"时，表示猜中。经过反复操作，总结出又快又准的猜数方法。

图 2-4-3　猜数游戏接线图

2.4.6　实验报告要求

1. 简述数值比较器的工作原理。
2. 简述猜数游戏的工作原理。
3. 记录、整理实验结果，并对实验结果进行分析。

2.4.7　思考题

1. 数字电路的数值比较器与模拟电路中的比较器有何区别？
2. 如何用两块 7485 构成 8 位二进制数值比较器？

2.4.8　注意事项

7485 的扩展输入 $I(A = B)$、$I(A > B)$、$I(A < B)$ 必须连接正确，否则会产生逻辑错误。

2.5　译码器和 7 段字符显示器

2.5.1　实验目的

1. 测试 74138 型 3 线-8 线译码器的逻辑功能。
2. 用 3 线-8 线译码器实现组合逻辑电路。
3. 掌握 BCD - 7 段显示译码器的逻辑功能，了解 7 段字符显示器的使用方法。

2.5.2　实验设备与器件

1. 74138 型 3 线-8 线译码器　1 块
2. 7420 型 4 输入端二与非门　1 块
3. CD4511 型 BCD - 7 段显示译码器　1 块
4. 共阴极 LED 7 段字符显示器　1 块

2.5.3　实验原理

译码器将一组二进制代码翻译成对应的高低电平信号输出。常用的译码器有 3 线-8 线译码器、二—十进制译码器和 BCD - 7 段显示译码器。

1. 3 线-8 线译码器

74138 型 3 线-8 线译码器的引脚图如图 2-5-1 所示，逻辑功能见表 2-5-1。$A_2 A_1 A_0$ 是地址输入端，$\overline{Y}_0 \sim \overline{Y}_7$ 是译码器的输出端（低电平有效），S_1、$\overline{S}_2$、$\overline{S}_3$ 是 3 个控制端，用于控制译码器的工作状态。当 $S_1 = 1$，$\overline{S}_2 = \overline{S}_3 = 0$ 时，输出函数的逻辑关系式为

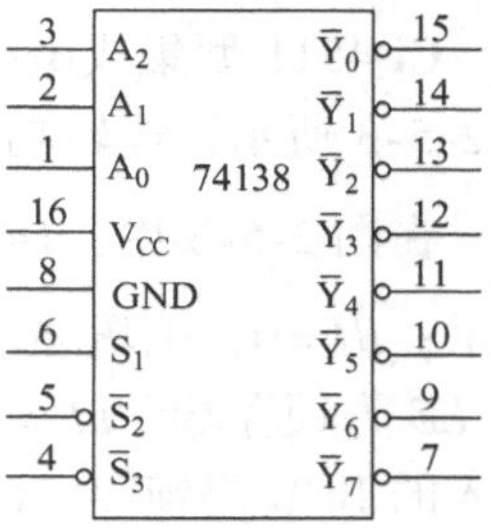

$$\overline{Y}_0 = \overline{\overline{A}_2\, \overline{A}_1\, \overline{A}_0}$$

$$\overline{Y}_1 = \overline{\overline{A}_2\, \overline{A}_1\, A_0}$$

$$\overline{Y}_2 = \overline{\overline{A}_2\, A_1\, \overline{A}_0}$$

$$\cdots$$

$$\overline{Y}_7 = \overline{A_2 A_1 A_0}$$

图 2-5-1 74138 引脚图

表 2-5-1 74138 逻辑功能表

输 入 端						输 出 端							
S_1	$\overline{S}_2$	$\overline{S}_3$	A_2	A_1	A_0	$\overline{Y}_0$	$\overline{Y}_1$	$\overline{Y}_2$	$\overline{Y}_3$	$\overline{Y}_4$	$\overline{Y}_5$	$\overline{Y}_6$	$\overline{Y}_7$
1	0	0	0	0	0	0	1	1	1	1	1	1	1
1	0	0	0	0	1	1	0	1	1	1	1	1	1
1	0	0	0	1	0	1	1	0	1	1	1	1	1
1	0	0	0	1	1	1	1	1	0	1	1	1	1
1	0	0	1	0	0	1	1	1	1	0	1	1	1
1	0	0	1	0	1	1	1	1	1	1	0	1	1
1	0	0	1	1	0	1	1	1	1	1	1	0	1
1	0	0	1	1	1	1	1	1	1	1	1	1	0
0	×	×	×	×	×	1	1	1	1	1	1	1	1
×	1	×	×	×	×	1	1	1	1	1	1	1	1
×	×	1	×	×	×	1	1	1	1	1	1	1	1

2. BCD-7 段显示译码器

BCD-7 段显示译码器也称数码管（带小数点时为 8 段），由发光二极管组成，常用的发光二极管有共阳极和共阴极两种结构。共阴极数码管的外形、等效电路如图 2-5-2 所示，其每一个字段的显示功能都是由一个发光二极管（Light Emitting Diode，LED）来实现的。

BCD-7 段显示译码器将 BCD 码翻译成 7 段显示字符码输出，驱动 7 段字符显示器。由于数码管有共阳极和共阴极两种结构，故所对应的显示译码器也不同。

使用共阳极数码管时，公共阳极接直流电压源正极，7 个阴极 a ~ g 接相应的 BCD-7 段显示译码器的输出端，选用 7 段显示译码器低电平有效。对共阴数码管来说，公共阴极接地，相应的 BCD-7 段译码器的输出驱动 a ~ g 各阳极，则选用 7 段显示译码器高电平有效。

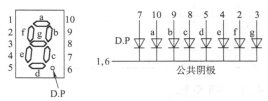

图 2-5-2 共阴极数码管及其等效电路

驱动共阴极数码管的 BCD－7 段显示译码器属于 TTL 电路的有 7448 和 7449 等，该功能的 CMOS 电路有 CD4511 和 MC14513 等。驱动共阳极数码管的显示译码器有 7446 和 7447 等。

CD4511 型集成电路是 BCD－7 段锁存/译码/驱动器，它驱动共阴极数码管，引脚图如图 2-5-3 所示，逻辑功能见表 2-5-2。

在图 2-5-3 中，DCBA 为 BCD 码 4 位二进制数输入端，$\overline{BI}$ 为消隐功能端，$\overline{BI}=1$，正常显示；$\overline{BI}=0$，七段显示器不显示。$\overline{LT}$ 为灯测试端，$\overline{LT}=1$，正常显示；$\overline{LT}=0$，显示器显示 8。LE 为锁存端，$LE=0$ 不锁存，译码器输出随输入 BCD 码变化；当 LE 上升沿到来时，将输入的 BCD 码锁存。CD4511 与数码管的连接电路如图 2-5-4 所示。根据表 2-5-2 提供的数据，当在 CD4511 的输入端输入 4 位二进制数时，数码管显示相应的字形。

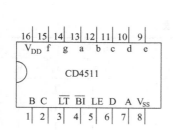

图 2-5-3　CD4511 引脚图

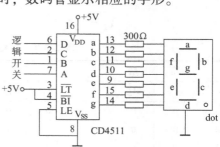

图 2-5-4　CD4511 与数码管的连接电路

表 2-5-2　CD4511 功能表

输　入　端				输　出　端	
LE	$\overline{BI}$	$\overline{LT}$	DCBA	abcdefg	工作状态
0	1	1	0000	1111110	0
0	1	1	0001	0110000	1
0	1	1	0010	1101101	2
0	1	1	0011	1111001	3
0	1	1	0100	0110011	4
0	1	1	0101	1011011	5
0	1	1	0110	0011111	6
0	1	1	0111	1110000	7
0	1	1	1000	1111111	8
0	1	1	1001	1110011	9
0	1	1	>1001	0000000	不显示
上升沿	1	1	××××	锁存	显示锁存
0	0	1	××××	0000000	不显示
0	1	0	××××	1111111	8

2.5.4　预习要求

1. 复习教材中有关译码器的内容。

2. 熟悉 74138、CD4511 等集成电路的逻辑功能，查找它们的引脚图。

3. 理解组合逻辑电路的实现方法，写出用 74138 实现 1 位全加器的逻辑表达式，画出电路图。

4. 根据实验内容的要求，完成有关实验电路的设计，拟好实验步骤。

5. 写出预习报告，设计好记录表格。

2.5.5 实验内容

1. 74138 逻辑功能测试

将译码器控制端 S_1、$\overline{S}_2$、$\overline{S}_3$ 及地址端 $A_2 A_1 A_0$ 分别接至逻辑开关上，8 个输出端 $\overline{Y}_0 \sim \overline{Y}_7$ 依次连接至 8 个 LED 显示，如图 2-5-5 所示，按表 2-5-1 测试 74138 的逻辑功能。

2. 用 74138 和 7420 构成 1 位二进制全加器

7420 的引脚图和逻辑符号如图 2-5-6 所示。

1）参见第 2.2.5 节中的实验内容 3.，写出 1 位二进制全加器真值表。

2）写出和 S 及进位 CO 的逻辑表达式。

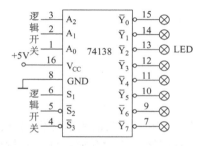

图 2-5-5 74138 逻辑功能测试电路

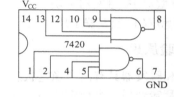

图 2-5-6 7420 引脚图

3）画出用 74138 和 7420 构成 1 位二进制全加器的电路图。

4）搭建电路，验证结论的正确性。

3. BCD 码 7 段显示验证

实验电路如图 2-5-4 所示，其中 DCBA 为 BCD 码输入端，分别接至 4 只逻辑开关上，按照表 2-5-2 的要求输入数据，观察数码管显示是否正确。

2.5.6 实验报告要求

1. 简述 74138 的逻辑功能，写出其逻辑表达式。

2. 简述用 74138 实现 1 位全加器的原理，写出逻辑表达式，画出电路图。

3. 画出 CD4511 与数码管的连接电路。

4. 对实验结果进行分析、讨论。

2.5.7 思考题

1. 用一片 74138 能够实现几个变量的组合逻辑函数？

2. 如何用两片 74138 构成 4 线-16 线译码器？

2.5.8 注意事项

1. 74138 有 3 个控制端，只有当 $S_1 = 1$，$\overline{S}_2 = \overline{S}_3 = 0$ 时，译码器才能正常工作；否则，译码器输出端全部是高电平。

2. CD4511 输出端与数码管之间必须串联限流电阻，否则会损坏器件。

2.6 锁存器和触发器

2.6.1 实验目的

1. 与非门组成的基本 SR 锁存器功能测试。
2. D 锁存器功能测试。
3. 集成 JK 触发器功能测试，并组成二进制计数器。
4. 集成 D 触发器功能测试，并组成三分频器。

2.6.2 实验设备与器件

1. 单次脉冲源、连续脉冲源各 1 只
2. 双踪示波器 1 台
3. 7400 型 2 输入端 4 与非门 1 块
4. 7402 型 2 输入端 4 或非门 1 块
5. 7476 型双 JK 触发器 1 块
6. 7474 型双 D 触发器 1 块

2.6.3 实验原理

锁存器和触发器具有两个稳定状态，即逻辑状态 1 和 0，在输入信号作用下，可以从一个稳定状态翻转到另一个稳定状态，它们是一个具有记忆功能的存储器件，是构成各种时序逻辑电路的最基本逻辑单元。锁存器按逻辑功能分 SR、D 锁存器两种，按控制方式分基本和逻辑门控两种；触发器有 JK、D、T 和 T′ 几种，按照内部结构分类，分为主从和边沿触发器。

1. 基本 SR 锁存器

图 2-6-1a 是由两个与非门构成的基本 SR 锁存器，图中 $\bar{S}_D$ 和 $\bar{R}_D$ 是两个信号输入端，Q 和 $\bar{Q}$ 是两个互补的信号输出端，称 $\bar{S}_D$ 为置 1 端，$\bar{R}_D$ 为置 0 端。图 2-6-1b 是其逻辑符号。基本 SR 锁存器具有置 0、置 1 和保持 3 种功能，工作时不需要时钟信号，其逻辑功能见表 2-6-1。

表 2-6-1　基本与非 SR 锁存器真值表

输入端		输出端	
$\bar{S}_D$	$\bar{R}_D$	Q^n	Q^{n+1}
0	0	不允许	
0	1	0	1
0	1	1	1
1	0	0	0
1	0	1	0
1	1	0	0
1	1	1	1

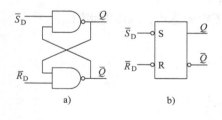

图 2-6-1　基本 SR 锁存器结构和逻辑符号

基本 SR 锁存器也可以用两个或非门组成，此时输入为高电平有效。

2. JK 触发器

7476 是双 JK 主从触发器，触发器输出状态的变化发生在时钟脉冲下降沿。CLK 是时钟脉冲输入端，J 和 K 是两个信号输入端，Q 与 $\overline{Q}$ 为两个互补的输出端。$\overline{S}_D$ 是异步置 1 端，$\overline{R}_D$ 为异步置 0 端。其逻辑符号和引脚排列如图2-6-2所示，逻辑功能见表2-6-2。

JK 触发器的状态方程为

$$Q^{n+1} = J\,\overline{Q}^n + \overline{K}Q^n$$

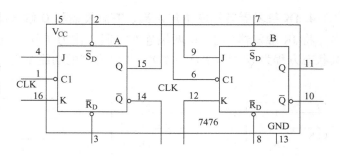

图 2-6-2　74LS76 引脚图

3. D 触发器

7474 是双 D 触发器，它是上升沿触发的边沿触发器，其逻辑符号和引脚排列如图 2-6-3 所示。D 触发器只有一个信号输入端，触发器的状态只取决于时钟上升沿到来时 D 端的输入信号。其状态方程为 $Q^{n+1} = D$，其逻辑功能见表 2-6-3。

表 2-6-2　JK 触发器的真值表

输　入　端					输　出　端	
$\overline{S}_D$	$\overline{R}_D$	J	K	CLK	Q^n	Q^{n+1}
1	1	0	0		0	0
1	1	0	0		1	1
1	1	0	1		0	0
1	1	0	1	下降沿	1	0
1	1	1	0		0	1
1	1	1	0		1	1
1	1	1	1		0	1
1	1	1	1		1	0
0	1	×	×		0	1
0	1	×	×		1	1
1	0	×	×	×	0	0
1	0	×	×		1	0

表 2-6-3　D 触发器的真值表

输　入　端				输　出　端	
$\overline{S}_D$	$\overline{R}_D$	D	CLK	Q^n	Q^{n+1}
1	1	0		0	0
1	1	0	上升沿	1	0
1	1	1		0	1
1	1	1		1	1
0	1	×		0	1
0	1	×	×	1	1
1	0	×		0	0
1	0	×		1	0

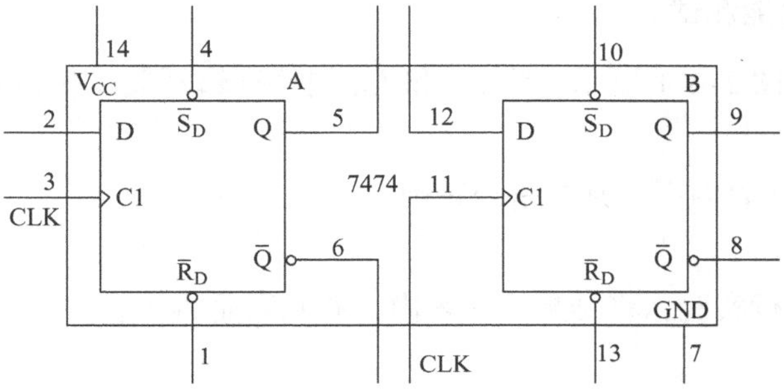

图 2-6-3　7474 引脚图

4. JK 触发器转换成 T 触发器、T′触发器和 D 触发器

将 JK 触发器的 J、K 两端连在一起，作为 T 端，就得到 T 触发器。如图 2-6-4a 所示，其状态方程为 $Q^{n+1} = T\overline{Q}^n + \overline{T}Q^n$。T 触发器的功能见表 2-6-4。

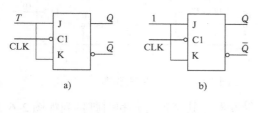

图 2-6-4 T 触发器和 T′触发器

表 2-6-4 T 触发器的真值表

输入		输出	
T	CLK	Q^n	Q^{n+1}
0		0	0
0	下降沿	1	1
1		0	1
1		1	0

由 T 触发器功能表可见，当 $T=0$，时钟脉冲到来时，触发器状态保持不变；当 $T=1$，时钟脉冲到来时，触发器状态翻转。所以，若将 T 触发器的 T 端置 1，如图 2-6-4b 所示，即得到 T′触发器。T′触发器的状态方程为 $Q^{n+1} = \overline{Q}^n$，即 CLK 端每来一个时钟脉冲信号，触发器的状态就翻转一次。

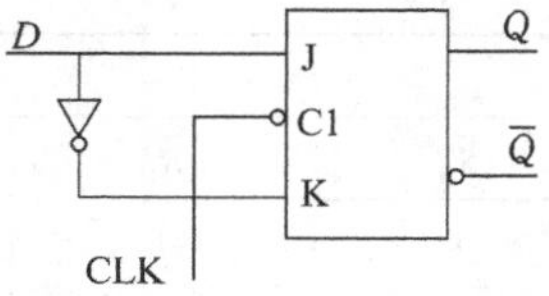

JK 触发器也可转换为 D 触发器，如图 2-6-5 所示。同样，若将 D 触发器的 $\overline{Q}$ 端与 D 端相连，便转换成 T′触发器，如图 2-6-9 所示。

图 2-6-5 JK 触发器转换构成 D 触发器

2.6.4 预习要求

1. 复习教材中有关锁存器和触发器的内容，正确理解锁存器、触发器的结构和逻辑功能。
2. 熟悉 7474、7476 等集成电路的外形和引脚定义，并且写出检查电路逻辑功能的方法。
3. 学习用触发器组成同步二进制计数器的方法。
4. 根据实验内容的要求，完成有关实验电路的设计，拟好实验步骤。
5. 写出预习报告，设计好记录表格。

2.6.5 实验内容

1. 用与非门组成的基本 SR 锁存器功能测试

1）用 7400 构成基本 SR 锁存器，如图 2-6-1 所示。将 $\overline{S}_D$ 和 $\overline{R}_D$ 端接逻辑开关，Q 和 $\overline{Q}$ 接 LED 显示。

2）按表 2-6-5 进行实验，将结果填入表内，并判断是否正确。

2. 基本 D 锁存器功能测试

接线如图 2-6-6 所示，按表 2-6-6 进行实验，将结果填入表内，并判断是否正确。

3. 集成 JK 触发器功能测试

1）从 7476 中任选一个 JK 触发器进行实验，按图 2-6-7 接线，J 和 K 端接逻辑开关，Q 和 $\overline{Q}$ 端接 LED 显示，CLK 由实验箱的单次脉冲源或频率为 1Hz 脉冲信号源提供。

2）按表 2-6-7 实验，将结果填入表内，并判断是否正确。

3）检验置位端 $\overline{S}_D$、复位端 $\overline{R}_D$ 功能，将结果填入表 2-6-7 中。

4）选择另一个 JK 触发器重复上述步骤，确认其功能的正确性。

4. 用 7476 组成二进制加法计数器

表 2-6-5　基本 SR 锁存器测试数据表

输入端		输出端	
$\overline{S}_D$	$\overline{R}_D$	Q	$\overline{Q}$
0	1		
1	1		
1	0		
1	1		

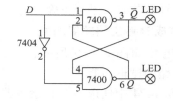

图 2-6-6　D 锁存器功能测试图

表 2-6-6　D 锁存器功能测试表

输入端	输出端	
D	Q	$\overline{Q}$
0		
1		

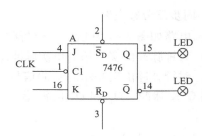

图 2-6-7　JK 触发器功能测试图

表 2-6-7　JK 触发器功能表

输　入　端					输　出　端	
$\overline{S}_D$	$\overline{R}_D$	J	K	CLK	Q^n	Q^{n+1}
1	1	0	0		0	
1	1	0	0		1	
1	1	0	1		0	
1	1	0	1	下降沿	1	
1	1	1	0		0	
1	1	1	0		1	
1	1	1	1		0	
1	1	1	1		1	
0	1	×	×		0	
0	1	×	×	×	1	
1	0	×	×		0	
1	0	×	×		1	

1）接线如图 2-6-8 所示。时钟脉冲由实验箱的手动单次脉冲源提供，记录 Q_1 和 Q_2 的显示情况，并判断是否正确。

2）时钟脉冲由实验箱的自动脉冲信号源提供，频率范围波段开关拨至 1 Hz 位置，记录 Q_1 和 Q_2 的显示情况，并判断是否正确。

3）时钟脉冲由实验箱的自动脉冲信号源提供，频率范围波段开关拨至 1kHz 位置，用示波器观察 CLK、Q_1 和 Q_2 的波形，记录下来，判断时钟脉冲触发沿、计数状态等是否正确。

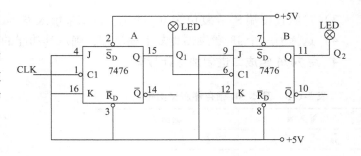

图 2-6-8　二进制加法计数器

5. 集成 D 触发器功能测试

1）电路如图 2-6-9 所示，分析此电路的逻辑功能。

2）从 7474 中任选一个 D 触发器，按图 2-6-9 接线，在时钟脉冲端加 1Hz 的连续脉冲，观察 Q 端 LED 显示情况，判断是否正确。

3）用同样方法检查另一个 D 触发器，确认其功能的正确性。

6. 同步三分频电路

1）电路如图 2-6-10 所示，分析此电路的逻辑功能。

2）时钟脉冲由实验箱的单次脉冲源提供，记录 Q_1 和 Q_2 的显示情况，判断是否正确。

3）时钟脉冲由实验箱的脉冲信号源提供，频率范围波段开关拨至 1kHz 位置，用示波器观察 CLK 脉冲、Q_1 和 Q_2 的波形，记录下来，判断时钟脉冲触发沿、计数状态等是否正确。

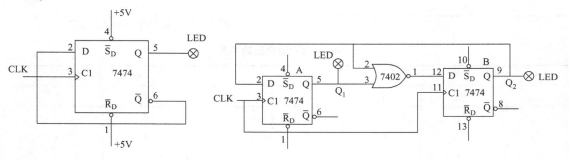

图 2-6-9　集成 D 触发器功能测试图　　　图 2-6-10　同步三分频电路

2.6.6　实验报告要求

1. 简述锁存器、触发器的定义和分类方法。
2. 画出基本 SR 锁存器的电路图，说明置 1 和置 0 的方法。
3. 写出 JK 触发器的功能表和状态方程，举例说明有关应用电路。
4. 整理实验数据、图表，并对实验结果进行分析讨论。
5. 总结锁存器和触发器的测试方法。

2.6.7　思考题

1. 利用与非门组成的基本的 SR 锁存器的约束条件是什么？
2. 主从触发器与边沿触发器在触发方式上有何区别？

3. 如何用示波器确定同步计数器的输出信号与时钟信号的分频关系？

2.6.8　注意事项

1. 基本 SR 锁存器工作时不需要时钟信号。7474 双 D 边沿触发器是在时钟上升沿触发。7476 双 JK 主从触发器在时钟下降沿到来时，从触发器的状态发生变化。

2. 带有时钟控制的触发器正常工作时，直接置位 $\overline{S}_D$ 端和复位 $\overline{R}_D$ 端应接高电平。

2.7　中规模计数器

2.7.1　实验目的

1. 学习使用 7490 型异步二–五–十进制计数器。
2. 学习使用 74161 型同步 4 位二进制计数器。

2.7.2　实验设备与器件

1. 单次脉冲源、连续脉冲源
2. 示波器
3. 7490 型异步二–五–十进制计数器　1 块
4. 74161 型同步 4 位二进制计数器　1 块
5. 7404 型 6 反相器　1 块

2.7.3　实验原理

计数器属于时序逻辑电路，在数字系统中常用于计数、定时和分频等功能。按照计数器中的触发器的时钟信号来分，计数器可分为同步计数器和异步计数器；根据计数数制的不同，计数器可分为二进制计数器、十进制计数器和任意进制计数器；根据计数值的增减趋势，计数器又可分为加法、减法和可逆计数器。

1. 异步二–五–十进制计数器

7490 是以时钟下降沿触发的异步二–五–十进制计数器，其引脚图如图 2-7-1 所示，逻辑功能见表 2-7-1。

表 2-7-1　7490 逻辑功能表

置位/复位输入端				输出端			
R_{01}	R_{02}	S_{91}	S_{92}	Q_3	Q_2	Q_1	Q_0
H	H	L	×	L	L	L	L
H	H	×	L	L	L	L	L
×	×	H	H	H	L	L	H
×	L	×	L	计数			
L	×	L	×	计数			
L	×	×	L	计数			
×	L	L	×	计数			

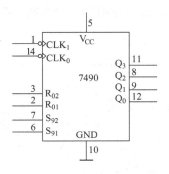

图 2-7-1　7490 引脚图

72

7490 的使用方法：

1）CLK_0 作为时钟脉冲输入端，Q_0 作为计数输出端，构成二进制计数器。

2）CLK_1 作为时钟脉冲输入端，$Q_3Q_2Q_1$ 作为计数输出端，构成五进制计数器。

3）把 Q_0 与 CLK_1 相连接，CLK_0 作为时钟脉冲输入端，$Q_3Q_2Q_1Q_0$ 作为计数输出端，构成十进制计数器。

2. 同步十六进制计数器

74161 是同步十六进制计数器，其引脚图如图 2-7-2 所示，逻辑功能见表 2-7-2。

表 2-7-2　74161 逻辑功能表

输　入　端									输　出　端				
$\overline{R_D}$	$\overline{L_D}$	EP	ET	CLK	D_3	D_2	D_1	D_0	Q_3^{n+1}	Q_2^{n+1}	Q_1^{n+1}	Q_0^{n+1}	C
0	×	×	×	×	×	×	×	×	0	0	0	0	0
1	0	×	×	上升沿	×	×	×	×	D_3	D_2	D_1	D_0	①
1	1	1	1	上升沿	×	×	×	×		计　　数			①
1	1	0	1	×	×	×	×	×	Q_3^n	Q_2^n	Q_1^n	Q_0^n	①
1	1	×	0	×	×	×	×	×	Q_3^n	Q_2^n	Q_1^n	Q_0^n	0

① 只有当 $ET=1$，$Q_3Q_2Q_1Q_0=1111$ 时，$C=1$，其余，$C=0$。

2.7.4　预习要求

1. 复习教材中有关计数器的相关内容，理解同步计数器和异步计数器的组成和工作原理。

2. 掌握用中规模计数器构成 N 进制计数器的方法。

3. 熟悉 7490 和 74161 的引脚定义和逻辑功能。

4. 根据实验内容的要求，完成有关实验电路的设计，拟好实验步骤。

5. 写出预习报告，设计好记录表格。

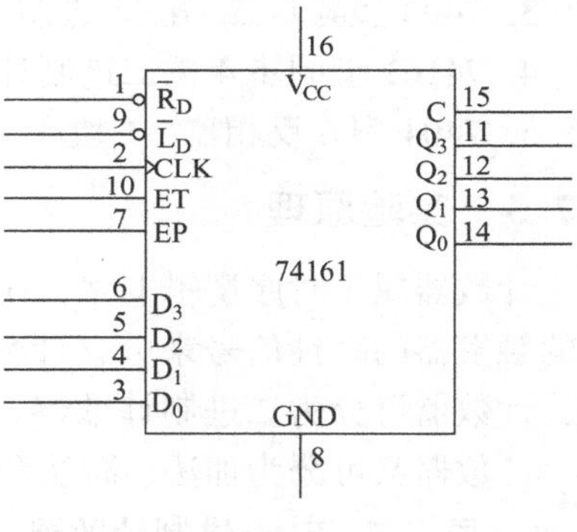

2.7.5　实验内容

1. 7490 功能测试

1）复位、置数功能测试。根据 7490 的逻辑功能表，自己设计电路，分别将 7490 复位成 $Q_3Q_2Q_1Q_0=0000$ 和置数成 $Q_3Q_2Q_1Q_0=1001$。

2）选择合适的 CLK 脉冲端和输出端，使 7490 成为二进制、五进制和十进制计数器。

2. 对称计数序列产生电路

1）电路如图 2-7-3 所示，把 CLK_0 与 Q_3 相连时，CLK_1 作为时钟脉冲输入端，$Q_0Q_3Q_2Q_1$ 作为计数输出端，构成对称计数序列产生电路。分析其逻辑功能，画出状态转换图。

2）按图 2-7-3 接线，CLK_1 接时钟脉冲源，

图 2-7-2　74161 引脚图

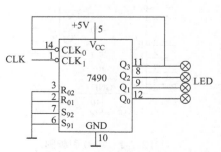

图 2-7-3　对称计数序列产生电路

$Q_0Q_3Q_2Q_1$ 接 LED 显示，验证其计数状态是否正确。用示波器观察输入时钟脉冲 CLK_1 和 Q_0 的波形，测出两者的频率关系。

3. 7490 七进制计数器实验

1）利用 R_{01}、R_{02} 或 S_{91}、S_{92} 端将 7490 设计成一个七进制计数器，画出接线图和状态转换图。

2）按设计图接线，验证计数状态是否正确。

4. 74161 功能测试

1）复位功能测试。根据 74161 的逻辑功能表，自己设计电路，将 74161 复位成 $Q_3Q_2Q_1Q_0 = 0000$。

2）置数功能测试。根据 74161 的逻辑功能表，自己设计电路，分别将 74161 置数成 $Q_3Q_2Q_1Q_0 = 0000$ 和 $Q_3Q_2Q_1Q_0 = 0111$。

3）自己接线，使 74161 走过一个计数周期，观察计数状态是否正确，进位输出端何时输出高电平。

5. 74161 七进制计数器实验

1）利用 $\overline{R_D}$ 或 $\overline{L_D}$ 端将 74161 设计成一个七进制计数器，画出接线图和状态转换图。

2）按设计图接线，验证计数状态是否正确。

2.7.6 实验报告要求

1. 列出 7490 的逻辑功能表，简述用 7490 实现二进制、五进制和十进制的方法。
2. 简述用 7490 和 74161 实现七进制计数器的方法，画出电路图。
3. 整理实验数据、图表，并对实验结果进行分析讨论。
4. 总结 N 进制计数器的实现方法。

2.7.7 思考题

1. 用 74161 的 $\overline{L_D}$ 端置 0 和 $\overline{R_D}$ 端置 0 构成的计数器有何不同？
2. 如果要设计一个九进制计数器，用 7490 如何实现？用 74161 如何实现？

2.7.8 注意事项

1. 74161 在时钟信号的上升沿触发，而 7490 是在时钟信号的下降沿触发。
2. 7490 的置 0 端和置 9 端是高电平有效，74161 的 $\overline{R_D}$ 端和 $\overline{L_D}$ 端是低电平有效。

2.8 寄存器和移位寄存器

2.8.1 实验目的

1. 学习使用 D 触发器构成寄存器和移位寄存器。
2. 学习 7495 串行输入、并行输入、串行输出和并行输出的工作模式。
3. 学习用 7495 构成环形计数器。

2.8.2　实验设备与器件

1. 7474 型双 D 触发器　2 块
2. 7495 型移位寄存器　1 块
3. 7410 型 3 输入端 3 与非门　1 块
4. 7404 型 6 反相器　1 块

2.8.3　实验原理

寄存器用于寄存一组二进制数据，由触发器组成。用 4 个 D 触发器组成的 4 位并行输入的寄存器，如图 2-8-1 所示。触发器清 0 后给数据输入端 $D_0D_1D_2D_3$ 输入数据，在 CLK 端加单脉冲，使输入数据保存到 4 个 D 触发器中。

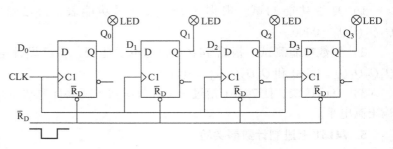

图 2-8-1　用 D 触发器组成的寄存器

移位寄存器除了具有存储数据的功能外，还具有移位功能，在时钟脉冲的作用下可实现存储数据的并行输入、并行输出、左移和右移。用 D 触发器构成的单向移位寄存器电路如图 2-8-2 所示。在触发器清 0 后把数据 1011 串行输入到 D_0 端，经过 4 个 CLK 脉冲后，数据从 $Q_0Q_1Q_2Q_3$ 并行输出；经过 8 个 CLK 脉冲后，数据从 Q_3 串行输出。

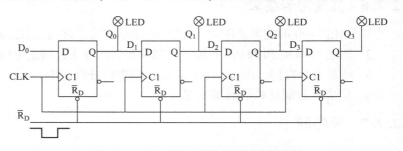

图 2-8-2　用 D 触发器构成的移位寄存器

7495 是由双时钟控制的移位寄存器，它能实现数据的并行输入、左移和右移等功能。

7495 引脚图如图 2-8-3 所示，逻辑功能见表 2-8-1 所示。

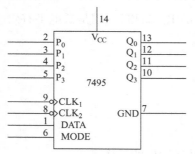

图 2-8-3　7495 引脚图

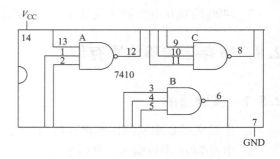

图 2-8-4　7410 引脚图

表 2-8-1　7495 逻辑功能表

| 模式 | 串行输入 | | 移位脉冲 | | 并行输入 | | | | 输出 | | | | 功　能 |
MODE	DATA	左移(P_3)	CLK_1	CLK_2	P_0	P_1	P_2	P_3	Q_0	Q_1	Q_2	Q_3	
1	×	×	×	下降沿	×	×	×	×	P_0	P_1	P_2	P_3	并行写入
0	1	×	下降沿	×	×	×	×	×	1	Q_0^n	Q_1^n	Q_2^n	右移
0	0	×	下降沿	×	×	×	×	×	0	Q_0^n	Q_1^n	Q_2^n	右移
1	×	1	×	下降沿	Q_1	Q_2	Q_3	1	Q_1^n	Q_2^n	Q_3^n	1	左移
1	×	0	×	下降沿	Q_1	Q_2	Q_3	0	Q_1^n	Q_2^n	Q_3^n	0	左移

7410 为 3 输入端 3 与非门，引脚图如图 2-8-4 所示。

2.8.4　预习要求

1. 复习教材中有关寄存器和移位寄存器的内容，理解移位寄存器的工作原理。
2. 查找 7495 的引脚定义和逻辑功能。
3. 根据实验内容设计电路，画出实验表格，写出预习报告。

2.8.5　实验内容

1. 用 D 触发器构成寄存器和移位寄存器

按图 2-8-1 接线，CLK 接时钟脉冲源，$\overline{R_D}$ 接逻辑开关，$Q_0Q_1Q_2Q_3$ 接 LED 显示，在 $D_0D_1D_2D_3$ 端用逻辑开关给 4 位 D 触发器送存多组数据，观察各触发器的输出状态，并记录实验结果。

按图 2-8-2 接线，CLK 接时钟脉冲源，$\overline{R_D}$ 接逻辑开关，$Q_0Q_1Q_2Q_3$ 接 LED 显示，在 D_0 端用逻辑开关把数据 1011 依次串行送入 D_0，观察各触发器的输出状态。数据从 $Q_0Q_1Q_2Q_3$ 并行输出时需要经过几个 CLK 脉冲？数据从 Q_3 串行输出时需要经过几个 CLK 脉冲？观察并记录实验结果。

2. 7495 功能测试

（1）右移模式功能测试　按图 2-8-5 接线，并行输入端（$P_0P_1P_2P_3$）为任意状态，模式控制（MODE）输入 0，接通电源，先将右移串行输入端（DATA）输入 1，在 CLK_1 端加时钟脉冲信号 4 次（负脉冲有效），再将右移串行输入端（DATA）输入 0，在 CLK_1 端加时钟脉冲信号 4 次，用 LED 观察移位情况。

图 2-8-5　右移工作模式

（2）并行写入功能测试　在图 2-8-5 中，模式控制端（MODE）输入 1，串行输入端（DATA）为任意状态，令并行输入端为 $P_0P_1P_2P_3 = 1010$，在 CLK_2 端加时钟脉冲，观察并行输出端 $Q_0Q_1Q_2Q_3$ 的显示情况。再令 $P_0P_1P_2P_3 = 1100$，在 CLK_2 端加时钟脉冲，观察并行输出端 $Q_0Q_1Q_2Q_3$ 的显示情况。

76

（3）左移工作模式　按图 2-8-6
接线，模式控制（MODE）输入 1，
先将左移串行输入端（P_3）输入 1，
在 CLK_2 端加时钟脉冲信号 4 次，再
将左移串行输入端（P_3）输入 0，在
CLK_2 端加时钟脉冲信号 4 次，用
LED 观察移位情况。

3. 环形计数器

1）按图 2-8-7 接线，在右移工作
方式下，此电路实现什么逻辑功能？
写出状态转换图。

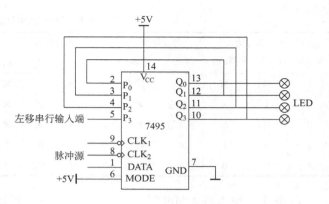

图 2-8-6　左移工作模式

2）将 7495 预置为 $Q_0Q_1Q_2Q_3 = 1000$（电路和实验步骤参见实验内容 2）。

3）将 7495 设置成右移工作模式（参见实验内容 2），在 CLK_1 端加时钟脉冲信号，使
7495 走过全部计数序列，检验状态转换图是否与理论分析一致。

4）自启动检验。仍在右移工作模式下，分别用下列状态预置 7495：$Q_0Q_1Q_2Q_3 = 1100$、
1101、0000、1111、1010，记录状态转换图，分析能否自启动。

4. 能自启动的环形计数器

按图 2-8-8 接线，重复实验内容 3 的实验步骤，画出完整的状态转换图。

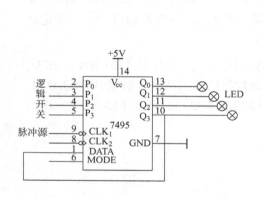

图 2-8-7　环形计数器

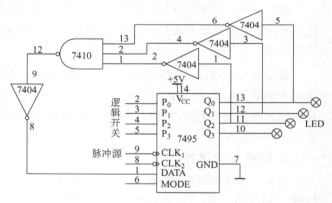

图 2-8-8　能自启动的环形计数器

2.8.6　实验报告要求

1. 简述寄存器和移位寄存器的工作原理。

2. 列出 7495 的逻辑功能表，简要说明它的工作方法。

3. 画出图 2-8-7、图 2-8-8 所示 4 位环形计数器的状态转换图及波形图。

4. 整理实验数据、图表，并对实验结果进行分析讨论。

2.8.7　思考题

1. 移位寄存器在输入数据之前必须先清零，否则会出现什么现象？

2. 使寄存器清零，能否采用右移或左移的方法？能否使用并行送数法？如果可行，如何进行操作？

2.8.8　注意事项

1. 在给寄存器送存数据时，必须先把数据加到寄存器的输入端，再加时钟脉冲。
2. 在分析移位寄存器电路时，要考虑信号在电路传输过程中的时间延迟。

2.9　555 定时器及其应用

2.9.1　实验目的

1. 熟悉 555 定时器的工作原理。
2. 学习用 555 定时器构成施密特触发器、单稳态触发器和多谐振荡器。

2.9.2　实验设备与器件

1. 555 定时器　1 块
2. 2Ω、$10k\Omega$、$100k\Omega$ 电阻各　1 只，$100k\Omega$ 可调电阻　1 只
3. $0.01\mu F$、$0.1\mu F$、$100\mu F$ 电容各　1 只
4. 单次脉冲源、连续脉冲源各 1 只
5. 信号发生器 1 台
6. 示波器 1 台
7. 数字万用电表 1 只

2.9.3　实验原理

集成 555 定时器是一种数字、模拟混合型的中规模集成电路，外加电阻和电容可以构成施密特触发器、单稳态触发器和多谐振荡器等，广泛应用于时间延时、波形整形和脉冲信号产生等电路。电路类型有双极型和 CMOS 型两大类。双极型产品型号最后的 3 位数码是 555 或 556，CMOS 产品型号最后 4 位数码都是 7555 或 7556，二者的逻辑功能和引脚排列完全相同，易于互换。555 和 7555 是单定时器，556 和 7556 是双定时器。双极型的电源电压 $V_{CC} = 5 \sim 15V$，输出的最大电流可达 200mA，CMOS 型的电源电压为 $3 \sim 18V$。555 定时器引脚图和内部电路图如图 2-9-1 所示。

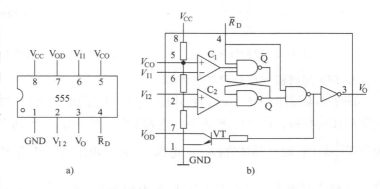

图 2-9-1　555 定时器引脚图和内部电路结构图

1. 555 电路的工作原理

555 定时器内部含有两个模拟电压比较器，一个基本 SR 锁存器，一个泄放晶体管 VT。5 端是外接控制电压输入端，不外接控制电压 V_{CO} 时，3 只 $5k\Omega$ 的电阻器对电源电压 V_{CC} 分压，使得比较器 C_1 的同相输入端参考电平为 $+\frac{2}{3}V_{CC}$，比较器 C_2 的反相输入端的参考电平为 $+\frac{1}{3}V_{CC}$。C_1 与 C_2 的输出控制基本 SR 锁存器、晶体管 VT 和输出电压 V_O。当输入电压 V_{I1} 超过参考电平 $+\frac{2}{3}V_{CC}$ 时，触发器复位，555 的 3 脚输出低电平，同时晶体管导通；当输入电压 V_{I2} 低于 $+\frac{1}{3}V_{CC}$ 时，触发器置位，555 的 3 脚输出高电平，同时晶体管 VT 截止。$\overline{R_D}$ 是复位端，当 $\overline{R_D}=0$ 时，555 的 3 脚输出低电平，正常使用时 $\overline{R_D}$ 端接电源 V_{CC}。

当 5 端外接控制电压 V_{CO} 时，改变了比较器的参考电平，使比较器 C_1 的同相输入端参考电平为 V_{CO}，比较器 C_2 的反相输入端的参考电平为 $\frac{1}{2}V_{CO}$。在不接外加电压时，通常 5 端接一个 $0.01\mu F$ 的滤波电容到地，以消除外来的高频信号干扰，确保参考电平的稳定。

2. 555 定时器构成施密特触发器

电路如图 2-9-2 所示，只要将脚 2、6 连在一起作为信号输入端，3 端作为输出端，即得到施密特触发器。当 $V_I=0$ 时，V_O 输出高电平；当 V_I 上升到 $\frac{2}{3}V_{CC}$ 时，V_O 从高电平翻转为低电平；当 V_I 从高电平下降到 $\frac{1}{3}V_{CC}$ 时，V_O 从低电平翻转为高电平。电路的电压传输特性曲线如图 2-9-3 所示。

回差电压

$$\Delta V_T = V_{T+} - V_{T-} = \frac{1}{3}V_{CC}$$

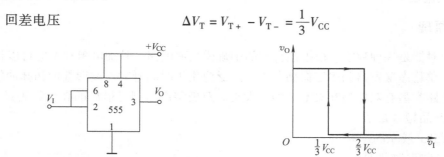

图 2-9-2　施密特触发器　　　　图 2-9-3　施密特触发器的电压传输特性图

3. 555 定时器构成单稳态触发器

图 2-9-4a 是由 555 定时器和外接 R、C 构成的单稳态触发器。稳态时，V_I 输入高电平，内部晶体管导通，V_O 输出低电平，电容上的电压为 0V。当加入负的窄脉冲触发信号 V_I（幅值小于 $\frac{1}{3}V_{CC}$）时，晶体管截止，电源 V_{CC} 通过电阻 R 给电容 C 充电，此时电路处于暂态过程，V_O 输出高电平。当电容电压 V_C 充电到 $\frac{2}{3}V_{CC}$ 时，晶体管导通，电容 C 上的电荷很快放电，此时电路恢复到稳态，输出 V_O 从高电平返回低电平。波形图如图 2-9-4b 所示。

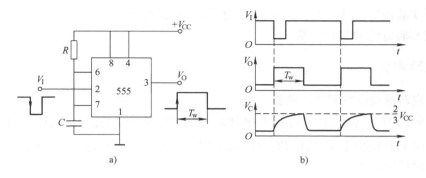

图 2-9-4　555 构成单稳态触发器和电压波形图

暂稳态的持续时间 T_w 取决于外接元件 R、C 的大小。

$$T_w = 1.1RC$$

4. 555 定时器构成多谐振荡器

由于矩形波中含有丰富的高次谐波分量，所以把矩形波发生器又称为多谐振荡器。用

555 定时器构成的多谐振荡器
如图 2-9-5a 所示，555 定时器
的 2 脚和 6 脚直接相连构成施
密特触发器，再外接电阻 R_1、
R_2 和电容 C 构成多谐振荡器。
电路的工作原理是：电路接通
电源时，晶体管 VT 处于截止
状态，电源 V_{CC} 通过 R_1、R_2
向电容 C 充电，此时 V_O 输出
高电平。当电容 C 上的电压

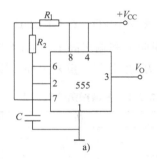

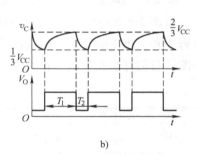

图 2-9-5　555 构成多谐振荡器和电压波形图

V_C 超过 $\frac{2}{3}V_{CC}$ 时，晶体管 VT 处于导通状态，电容 C 通过 R_2 放电，此时 V_O 输出低电平；当

电容 C 上的电压 V_C 低于 $\frac{1}{3}V_{CC}$ 时，晶体管 VT 处于截止状态，电源 V_{CC} 通过 R_1、R_2 又向电容

C 充电。如此循环，电容电压 V_C 在 $\frac{1}{3}V_{CC}$ 和 $\frac{2}{3}V_{CC}$ 之间充电和放电，使电路产生振荡。输出

电压 V_O 的波形如图 2-9-5b 所示。输出矩形波的时间参数为

振荡周期：$T = T_1 + T_2 = 0.7(R_1 + 2R_2)C$

振荡频率：$f = \dfrac{1}{T} = \dfrac{1}{0.7(R_1 + 2R_2)C}$

占空比：$q = \dfrac{T_1}{T} = \dfrac{R_1 + R_2}{R_1 + 2R_2}$

2.9.4　预习要求

1. 理解施密特触发器、单稳态触发器和多谐振荡器等概念。
2. 复习教材中有关 555 定时器的内容，理解它的工作原理及其应用电路。

3. 根据实验内容设计电路，拟定实验中所需的数据表格。

4. 写出实验方法和实验步骤。

2.9.5　实验内容

1. 555 定时器构成施密特触发器

按图 2-9-2 接线，输入电压 V_I 由 100kΩ 的可调电阻对电源 V_{CC} 分压取得，用万用表分别测量输入电压 V_I 和输出电压 V_O 的值，测出两个转换电平 V_{T+} 和 V_{T-}，算出回差电压 ΔV_T，绘制电压传输特性曲线。

2. 用 555 定时器构成单稳态触发器

按图 2-9-4 接线，取 $R = 100$kΩ，C 取 100μF，输出接 LED 显示，通过电压表观察电容 C 的电压。接通电源后，LED 显示应不亮，电容 C 的电压为 0V。在引脚 2 加负的单脉冲，观察电容 C 的充放电情况，通过 LED 显示器观察单稳态延时情况，用秒表粗测延时时间，并与理论值相比较。改变电阻、电容的值，多测几次。

3. 555 定时器构成多谐振荡器

按图 2-9-5 接线，令 $R_1 = 2$kΩ，$R_2 = 10$kΩ，$C = 0.01$μF。接通电源，用示波器同时观察引脚 2 和引脚 3 的波形，测量振荡周期 T 和输出高电平时间 T_1，填入表 2-9-1 中，并画出波形图，与估算值相比较。再将 R_1 和 R_2 相对调，重复上述步骤。

表 2-9-1　多谐振荡器数据表

元 件 参 数			估 算 值				测 量 值			
$R_1/k\Omega$	$R_2/k\Omega$	$C/\mu F$	T	T_1	$q = \dfrac{T_1}{T}$	波形	T	T_1	$q = \dfrac{T_1}{T}$	波形
2	10	0.01								
10	2	0.01								

2.9.6　实验报告要求

1. 简述施密特触发器的工作原理，画出用 555 构成的施密特触发器的电路图，画出电路的电压传输特性曲线，指出有关参数。

2. 简述单稳态触发器的工作原理，画出用 555 构成的单稳态触发器的电路图，画出电路的波形，指出有关参数。

3. 简述多谐振荡器的工作原理，画出用 555 构成的多谐振荡器的电路图，画出电路的波形，指出有关参数。

4. 绘出详细的实验线路图，定量绘出观测到的波形。

5. 分析、总结实验结果。

2.9.7　思考题

1. 用 555 构成单稳态触发器，如果 V_{CO} 外接电压，暂稳态持续时间 T_w 是否发生改变？

2. 用 555 构成多谐振荡器，如果需要得到占空比 $q = 0.5$ 的方波，电路应如何连接？

2.9.8 注意事项

1. 为了提高参考电平的稳定性，应在 5 脚接一小电容用于消除电源纹波。
2. 用 555 构成单稳态触发器时，负的触发脉冲宽度应该小于暂稳态持续时间 T_w，否则电路不能正常工作。

2.10 CMOS 集成电路实验

2.10.1 实验目的

1. 了解 CMOS 集成电路的参数以及测试方法。
2. 学习施密特触发器的特性和应用。

2.10.2 实验设备与器件

1. 4001 型 CMOS 2 输入端 4 或非门 1 块
2. 40106 型 6 施密特触发器 1 块
3. 4013 型 CMOS 边沿型双 D 触发器 1 块
4. 40192 型同步十进制可逆计数器 1 块
5. 12kΩ、10kΩ、4.7kΩ、47kΩ 电阻各 1 只
6. 10kΩ 电位器 1 只，0.1μF 电容 1 只

2.10.3 实验原理

CMOS 集成电路具有功耗低、电源电压范围宽、抗干扰能力强、输入电阻高、扇出能力强等优点，因此得到了广泛的应用。通用的 CMOS 集成电路分为 4000 和 74HC 两大类，两者的主要区别是：74HC 系列的集成电路属于高速型的，其传输延迟时间 $t_{pd} = 10ns$，电源电压范围是 $2 \sim 6V$；4000 系列的集成电路传输延迟时间 $t_{pd} = 60ns$，电源电压范围是 $3 \sim 18V$。

1. CMOS 门电路的主要参数

CMOS 非门的电压传输特性如图 2-10-1 所示。其输出高电平超过 $0.9V_{DD}$，输出低电平小于 $0.1V_{DD}$，阈值电压 $V_{TH} = 0.5V_{DD}$，输入端噪声容限超过 $0.3V_{DD}$，CMOS 电路的扇出因数大，一般为 $10 \sim 20$。

尽管 CMOS 与 TTL 电路内部结构不同，但它们的逻辑功能完全一样。本实验将对或非门 4001 进行测试，其引脚图如图 2-10-2 所示。

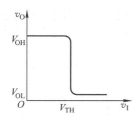

图 2-10-1　CMOS 门电路电压传输特性

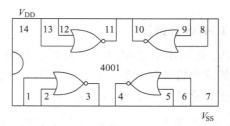

图 2-10-2　4001 或非门引脚图

2. CMOS 门电路的使用方法

1）V_{DD} 接电源正极，V_{SS} 接地，不得接反。

2）由于 CMOS 门电路有很高的输入阻抗，外来的干扰信号容易在一些悬空的输入端上感应出很高的电压，以致损坏器件，所以 CMOS 门输入端不能悬空。对闲置的输入端可按逻辑要求通过一个大电阻接电源端或地，在工作频率不高的电路中，也可将输入端并联使用。

3）输出端不允许直接与 V_{DD} 或 V_{SS} 连接，否则将损坏器件。

4）安装电路或插拔器件时，均应切断电源，严禁带电操作。

3. 40106 型 6 施密特触发器的逻辑功能和应用

图 2-10-3 所示是 40106 型 6 施密特触发器的逻辑符号及引脚功能，它可以用于波形的整形、构成单稳态触发器和多谐振荡器，也可以作为反相器使用。其电压传输特性如图 2-10-4 所示。从手册中查到：当电源电压 $V_{DD} = 10V$ 时，$V_{T+} = 5.9V$，$V_{T-} = 3.9V$。

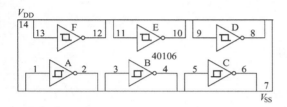

图 2-10-3　40106 功能引脚图

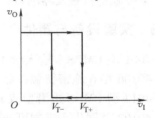

图 2-10-4　40106 的电压传输特性

4. CMOS 边沿型双 D 触发器

4013 是由 CMOS 传输门构成的边沿型双 D 触发器。它是上升沿触发的双 D 触发器，D 触发器的直接置位、复位输入 S 和 R 是高电平有效，当 $S = 1$、$R = 0$ 时，Q 置 1；当 $S = 0$、$R = 1$ 时，Q 置 0。当 $S = 0$ 和 $R = 0$ 时，D 触发器按逻辑功能工作。其逻辑功能见表 2-10-1，其引脚如图 2-10-5 所示。

表 2-10-1　4013 双 D 触发器逻辑功能表

输　　入				输　出
S	R	CP	D	Q^{n+1}
1	0	×	×	1
0	1	×	×	0
0	0	上升沿	1	1
0	0	上升沿	0	0

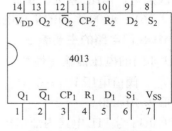

图 2-10-5　4013 引脚图

5. CMOS 计数器

40192 是同步十进制可逆计数器，具有双时钟输入，并具有清除和置数等功能，其逻辑功能见表 2-10-2，其引脚图及逻辑符号如图 2-10-6 所示。

$\overline{LD}$—异步置数端　CR—异步复位端　CP_U—加时钟输入端　CP_D—减时钟输入端

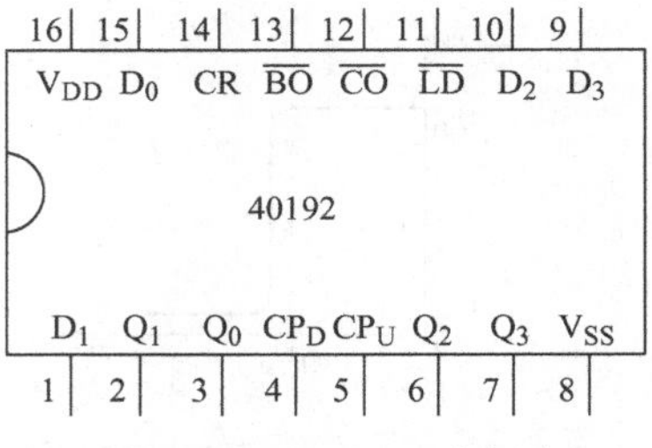

图 2-10-6　40192 引脚图

$\overline{CO}$—进位输出端　$\overline{BO}$—借位输出端　D_0、D_1、D_2、D_3　预置数输入端

Q_0、Q_1、Q_2、Q_3—计数输出端

表 2-10-2　40192 逻辑功能表

输　入								输　出			
CR	$\overline{LD}$	CP_U	CP_D	D_3	D_2	D_1	D_0	Q_3	Q_2	Q_1	Q_0
1	×	×	×	×	×	×	×	0	0	0	0
0	0	×	×	d	c	b	a	d	c	b	a
0	1	上升沿	1	×	×	×	×	加　计　数			
0	1	1	上升沿	×	×	×	×	减　计　数			

当异步复位 CR 为高电平时，计数器直接清零；CR 置低电平时，则执行其他功能。当 CR 为低电平，异步置数端 $\overline{LD}$ 也为低电平时，数据直接从预置数输入端 D_0、D_1、D_2、D_3 置入计数器。当 CR 为低电平，$\overline{LD}$ 为高电平时，执行计数功能。执行加计数时，减时钟输入 CP_D 接高电平，计数脉冲由 CP_U 输入；在计数脉冲上升沿进行十进制加法计数。执行减计数时，加时钟输入 CP_U 接高电平，计数脉冲由减时钟输入端 CP_D 输入。

2.10.4　预习要求

1. 阅读教材中有关 CMOS 门电路的内容，理解常用 CMOS 门电路的电路结构和工作原理。

2. 查找 4001 和 40106 的引脚定义和逻辑功能。

3. 了解 4013 的引脚定义和逻辑功能。

4. 了解 40192 的引脚定义和逻辑功能。

5. 根据实验内容设计电路，写出预习报告。

2.10.5　实验内容

1. 4001 或非门功能测试

任意选择图 2-10-2 中一个或非门进行实验，输入端接逻辑开关，输出端接电压表。将实验结果填入表 2-10-3 中，并判断功能是否正确，写出逻辑表达式。

表 2-10-3　4001 或非门输入、输出关系数据表

输　入		输　出 Y	
A	B	电位/V	逻辑状态
L	L		
L	H		
H	L		
H	H		

2. 测定 4001 阈值电压 V_{TH}

接线如图 2-10-7 所示，电源电压 $V_{DD} = 5V$，调节电位器 R_W（10kΩ），可使 V_I 得到 0~5V

的输入电压。当 $V_I = 0$ 时，$V_O = V_{OH}$，缓慢增加 V_I 值，直到 V_O 由高电平变成低电平时（LED 由亮变暗）停止增加输入电压，记录这点的 V_I 值，即阈值电压 V_{TH}。

改变电源电压 V_{DD}，使其分别为 10V、15V，测量电压传输特性和阈值电压 V_{TH}。

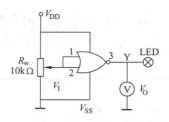

图 2-10-7　4001 电压传输特性和
阈值电压 V_{TH} 测量电路

3. 用 40106 型施密特触发器进行波形变换

接线如图 2-10-8 所示，图中，v_I 为 1kHz 正弦波信号（由信号发生器提供），用示波器观察 v_I，v_O 的波形，说明施密特触发器的波形变换原理。

4. 用施密特触发器构成多谐振荡器

接线如图 2-10-9 所示，分析其振荡原理，计算振荡周期。用示波器观察输出波形和电容电压波形，振荡周期是否与理论值相符合？

注：振荡周期估算公式为 $T = RC\ln\left(\dfrac{V_{DD} - V_{T-}}{V_{DD} - V_{T+}}\dfrac{V_{T+}}{V_{T-}}\right)$

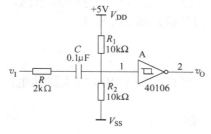

图 2-10-8　用 40106 进行波形变换

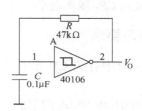

图 2-10-9　用施密特触发器
构成多谐振荡器

5. 4013 型 D 触发器的功能测试

1）从 4013 中任选一个 D 触发器进行实验，D 端接逻辑开关，Q 和 $\overline{Q}$ 端接 LED 显示，CLK 由实验箱的单次脉冲源或频率为 1Hz 的脉冲信号源提供。

2）按表 2-10-4 实验，将结果填入表内，并判断是否正确。

3）检验置位 S、复位 R 功能，将结果填入表 2-10-4 中。

表 2-10-4　4013 型 D 触发器逻辑功能表

输　　　　入				输　　　出
S	R	CP	D	Q^{n+1}
1	0	×	×	
0	1	×	×	
0	0	上升沿	1	
0	0	上升沿	0	

6. 40192 功能测试

1）复位功能测试。根据 40192 的逻辑功能表，自己设计电路，将 40192 复位成 $Q_3 Q_2 Q_1 Q_0 = 0000$。

2）置数功能测试。根据 40192 的逻辑功能表，自己设计电路，分别将 40192 置数成 $Q_3Q_2Q_1Q_0 = 0000$ 和 $Q_3Q_2Q_1Q_0 = 0111$。

3）自己接线，使 40192 走过一个计数周期，观察计数状态是否正确，进位输出端何时输出高电平。

4）利用 CR 或 $\overline{LD}$ 端将 40192 设计成一个六进制计数器，画出接线图和状态转换图。

2.10.6　实验报告要求

1. 简要说明 CMOS 门电路的主要参数和测量方法。
2. 画出用施密特触发器构成多谐振荡器的电路图，简述其工作原理。
3. 整理实验数据、图表，并对实验结果进行分析讨论。
4. 总结 CMOS 电路的使用方法。

2.10.7　思考题

1. 为什么 CMOS 门电路的输入端不能悬空？
2. 当 CMOS 门电路的输入端通过电阻接地时，不论电阻值大小，为什么总是相当于输入低电平？

2.10.8　注意事项

1. 由于 CMOS 门电路和 TTL 门电路参数和电源电压不同，在电路中一般不能混用。
2. 在 CMOS 和 TTL 门电路之间，应采用接口电路进行电平转换。

2.11　半导体存储器

2.11.1　实验目的

1. 熟悉静态 RAM 的功能。
2. 学习对 RAM 的操作：存入数据和读出数据。

2.11.2　实验设备与器件

1. 7489 型 16×4bit RAM　1 块
2. 7490 型计数器　1 块（参见 2.7 节）
3. 1kΩ 电阻　4 只

2.11.3　实验原理

半导体存储器是能够存储大量二进制数的半导体器件，其种类分为只读存储器（ROM）和随机存取存储器（RAM）两类。只读存储器又有掩膜 ROM、可编程存储器（PRAM）、可擦除可编程存储器（EPROM）和 FLASH 存储器等。

只读存储器在正常工作状态下只能从中读取数据，有的只读存储器可以修改和重新写入数据，如 EPROM 和 FLASH 等，但修改过程复杂，一般用于只读方式。ROM 的优点是电路简单，而且断电以后数据不会丢失。

随机存取存储器在正常工作状态下可以随时向存储器里写入数据和从中读出数据。RAM 有静态存储器（SRAM）和动态存储器（DRAM）之分。随机存取存储器的优点是存取数据方便，缺点是电路复杂，断电以后数据立即丢失。

存储器的电路结构包含存储矩阵、地址译码器和读写控制电路 3 个部分。存储矩阵由许多存储单元组成，每个存储单元存放一位二进制数（0 或 1）。地址译码器是将输入的地址代码翻译成相应的控制信号，利用这个控制信号从存储矩阵中选中存储单元，使存储单元通过读写控制电路与 I/O 端口接通，对这些存储单元进行读写操作。读写控制电路用于对电路的工作状态进行控制。

本实验采用的存储器是 7489，它是静态 RAM，存储矩阵的容量是 $16 \times 4 \text{bit}$。$A_0 \sim A_3$ 是地址输入端，$I_0 \sim I_3$ 是数据输入端，$D_0 \sim D_3$ 是数据输出端。$R/\overline{W}$ 是读写控制端，$\overline{CE}$ 是片选端，低电平有效。7489 引脚图如图 2-11-1 所示，逻辑功能见表 2-11-1。7489 的输出端为集电极开路形式，工作时需接上拉电阻和电源。读操作时，输出端 $D_0 \sim D_3$ 的值与存储单元的内容相反。

2. 11. 4　预习要求

1. 复习教材中有关存储器的内容，理解存储器的分类和工作原理。
2. 查找 7489 的引脚定义和逻辑功能。
3. 根据实验内容设计电路，写出预习报告。

2. 11. 5　实验内容

1. 7489 写功能测试

接线如图 2-11-2 所示，地址和数据由逻辑开关提供，先将 $R/\overline{W}$ 接 "1"，记下写入数据前地址单元 0000 ~ 1111 中的内容，填入表 2-11-2 中；再将 $R/\overline{W}$ 接 "0"，把数据写入 0000 ~ 1111 各单元，共写 16 次，把所写的数据也填入表 2-11-2 中。

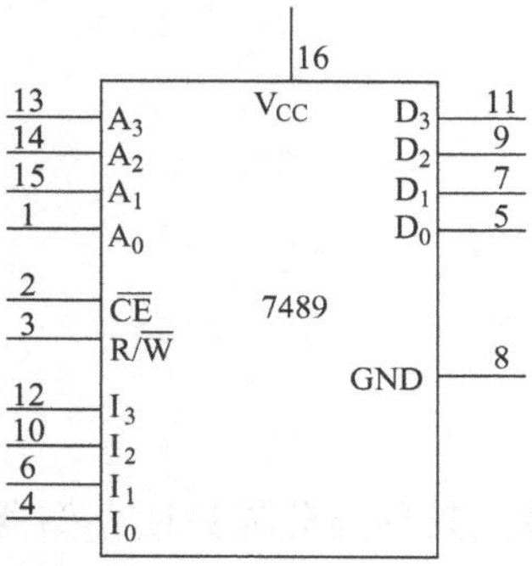

图 2-11-1　7489 引脚图

表 2-11-1　7489 逻辑功能表

$\overline{CE}$	$R/\overline{W}$	工作方式
0	1	读出被选单元内容的反码
0	0	写入
1	1	封锁
1	0	禁止写入

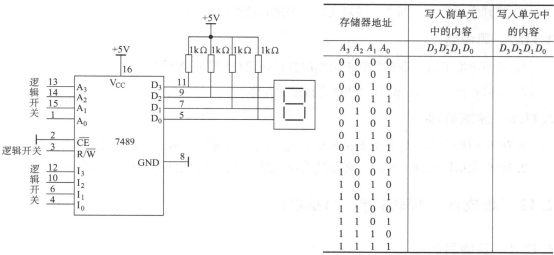

图 2-11-2　7489 功能测试

表 2-11-2　7489 读/写数据表

存储器地址	写入前单元中的内容	写入单元中的内容
$A_3\ A_2\ A_1\ A_0$	$D_3 D_2 D_1 D_0$	$D_3 D_2 D_1 D_0$
0　0　0　0		
0　0　0　1		
0　0　1　0		
0　0　1　1		
0　1　0　0		
0　1　0　1		
0　1　1　0		
0　1　1　1		
1　0　0　0		
1　0　0　1		
1　0　1　0		
1　0　1　1		
1　1　0　0		
1　1　0　1		
1　1　1　0		
1　1　1　1		

2. 7489 读功能测试

　　由逻辑开关提供地址，$R/\overline{W}$ 接"1"，依次读 0000～1111 中的数据，对照表 2-11-2，验证是否与上次写入的数据一样。

3. 断电试验

　　切断电源几秒钟后，再合上电源，检验内容是否丢失？为什么？

4. 系统实验

　　（1）将 7490 接成十进制计数器（参见 2.7 节）。

　　（2）接线如图 2-11-3 所示，将 7490 的 CLK_0 接单脉冲源，7490 的输出接 7489 的数据写入端（$I_3 I_2 I_1 I_0$），7489 的输出接 LED 显示。

　　（3）在 7489 的地址输入端（$A_3 A_2 A_1 A_0$）输入"0000"，在 7490 的 CLK_0 端给一个单脉冲，7489 的 $R/\overline{W}$ 端给一个低电平，回到高电平；再在 7489 的地址输入端（$A_3 A_2 A_1 A_0$）输入"0001"，在 7490 的 CLK_0 端给一个单脉冲，

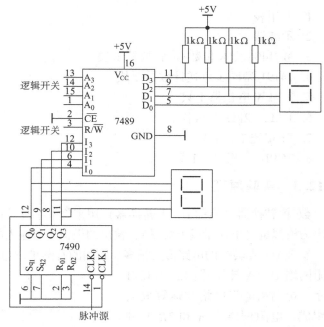

图 2-11-3　系统实验图

7489 的 $R/\overline{W}$ 端再给一个低电平，回到高电平……如此下去，观察显示是否正确。

2.11.6　实验报告要求

　　1. 简要说明存储器的分类。

2. 简要说明 RAM 的结构和工作原理。

3. 整理实验数据、图表，并对实验结果进行分析讨论。

2.11.7 思考题

1. 如何由地址输入端和数据输出端的数目确定存储器的容量？

2. 如何利用$\overline{CE}$和$R/\overline{W}$对存储器进行读写操作？

2.11.8 注意事项

1.7489 引脚中 $I_0 \sim I_3$ 是数据输入端，$D_0 \sim D_3$ 是数据输出端，不能用错。

2.7489 数据输出端工作时，必须接上拉电阻，读出的数据与存储单元的内容相反。

2.12 集成数 – 模转换器（DAC）

2.12.1 实验目的

1. 了解 MC1408 型 8 位数-模转换器的功能。

2. 学习测试数-模转换器的方法。

2.12.2 实验设备与器件

1. 万用表

2. 示波器

3. MC1408 型 8 位数-模转换器 1 块

4. 74191 型同步可逆计数器 2 块

5. 3.3kW 电位器 1 只

6. 1 kΩ、2kΩ 电阻各 1 只

7. 51pF 电容　1 只

8. 2CP18 二极管　1 只

2.12.3 实验原理

数-模转换器（简称 D – A 转换器）用来将数字量转换成模拟量。其输入为 n 位二进制数，输出为模拟量（电压量或电流量），输出的模拟量与输入的数字量成正比例关系。

实现 D – A 转换的电路形式很多。常用的有倒 T 形电阻网络和权电流型网络。4 位倒 T 形电阻网络 D – A 转换器如图 2-12-1 所示。电路由电阻网络和运算放大器组成，电阻网络由 R 和 $2R$ 两种电阻组成。运算放大器 A 是求和放大器，作用是把电流量 I_0 转换为电压量 V_0 输出。有些集成 D – A 转换器内部不含求和放大器，输出的是电流 I_0，使用时必须外接将电流量

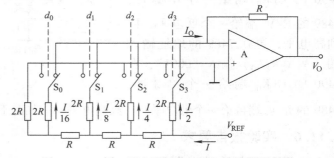

图 2-12-1　倒 T 形电阻网络 D – A 转换器原理图

转换为电压量输出的电阻或求和放大器（称电流型 D－A 转换器，MC1408 就属于这种类型）。S_3、S_2、S_1、S_0 是模拟开关，由输入的数字量 $d_3 d_2 d_1 d_0$ 控制。

电路的输出电流 I_0 与输入的数字量 $d_3 d_2 d_1 d_0$ 的关系式为

$$I_0 = d_3 \times \frac{I}{2} + d_2 \times \frac{I}{4} + d_1 \times \frac{I}{8} + d_0 \times \frac{I}{16}$$

$$= \frac{V_{\text{REF}}}{2^4 R}(d_3 \times 2^3 + d_2 \times 2^2 + d_1 \times 2^1 + d_0 \times 2^0)$$

电路的输出电压 V_0 与输入的数字量 $d_3 d_2 d_1 d_0$ 的关系式为

$$V_0 = -\frac{V_{\text{REF}}}{2^4}(d_3 \times 2^3 + d_2 \times 2^2 + d_1 \times 2^1 + d_0 \times 2^0)$$

$d_3 d_2 d_1 d_0$ 的取值范围是：0000 ~ 1111

输出电压 V_0 的范围是：$0 \sim -\frac{2^4 - 1}{2^4} V_{\text{REF}}$

对于 n 位的 D－A 转换器，输出电压的计算公式可以写成

$$V_0 = -\frac{V_{\text{REF}}}{2^n}(d_{n-1} \times 2^{n-1} + d_{n-2} \times 2^{n-2} + \cdots + d_1 \times 2^1 + d_0 \times 2^0) = -\frac{V_{\text{REF}}}{2^n} D_n$$

本实验采用的 D－A 转换器是 MC1408，其引脚图如图 2-12-2 所示。MC1408 是电流型 D－A转换器，采用 R-2R 倒 T 形电阻网络结构。$A_8 \sim A_1$ 是 8 位数据输入端，OUTPUT 是直流电流输出端。它具有功耗低、速度快（70ns）、精度高$\left(\pm \frac{1}{2} \text{LSB}\right)$等优点。

MC1408 D－A 转换器的基本参数为

电源电压：$V_{\text{CC}} = +5\text{V}$，$V_{\text{EE}} = -15\text{V}$

参考电压：$V_{\text{REF}(+)} = +5\text{V}$，$V_{\text{REF}(-)} = 0\text{V}$

参考电流：$I_{\text{REF}} = \dfrac{V_{\text{REF}(+)}}{R}$；

输出电流 I_0 的表达式为

$$I_0 = \frac{I_{\text{REF}}}{2^8}(d_7 \times 2^7 + d_6 \times 2^6 + \cdots + d_1 \times 2^1 + d_0 \times 2^0)$$

MC1408 D－A 转换器的功能测试电路如图 2-12-3 所示。当输出有自激波形时，在脚 3 和脚 16 之间接 51pF 消振电容，脚 1 悬空。

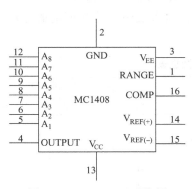

图 2-12-2　MC1408 引脚图

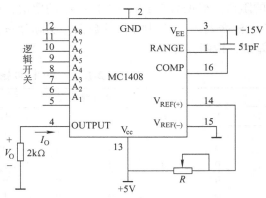

图 2-12-3　MC1408D－A 功能测试电路

74191 是同步可逆十六进制计数器，其引脚图如图 2-12-4 所示，逻辑功能见表 2-12-1。

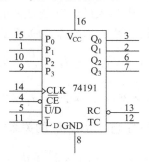

图 2-12-4　74191 引脚图

表 2-12-1　74191 逻辑功能表

$\overline{CE}$	$\overline{L}_D$	$\overline{U}/D$	CLK	$P_3P_2P_2P_0$	$Q_3^{n+1}Q_2^{n+1}Q_1^{n+1}Q_0^{n+1}$	RC	TC
0	0	×	×	××××	$P_3P_2P_1P_0$	①	②
0	1	1	上升沿	××××	减法计数	①	②
0	1	0	上升沿	××××	加法计数	①	②
1	×	×	×	××××	$Q_3^n Q_2^n Q_1^n Q_0^n$	①	②

① 加法计数至 15 时，RC 变成低电平；减法计数至 0 时，RC 变成低电平。

② 加法计数至 15 时，TC 变成高电平；减法计数至 0 时，TC 变成高电平。

2.12.4　预习要求

1. 复习教材中有关 D - A 转换器的内容，理解 D - A 转换器的工作原理和参数。
2. 查找 MC1408 的引脚定义和逻辑功能。
3. 根据实验内容设计电路，写出预习报告。

2.12.5　实验内容

1. MC1408 DAC 功能测试

1）接线如图 2-12-3 所示，$A_8 \sim A_1$ 接逻辑开关，用万用表测量 V_0 电压值。

2）数字输入端 $A_8 \sim A_1$ 全部输入 1，调节电位器 R，使 $V_0 = -4\text{V}$。固定电位器不动，测量 R 的阻值。根据表 2-12-2 中 $A_8 \sim A_1$ 的取值，计算 V_0 的理论值，填入表中。

3）根据表 2-12-2 中提供的数据，实际测量 V_0 的值，填入表中，并与理论值比较，看有无差别，说明为什么？

表 2-12-2　MC1408 输入、输出数据表

数字量输入								模拟量输出 V_0	
A_8	A_7	A_6	A_5	A_4	A_3	A_2	A_1	理论值	测量值
1	1	1	1	1	1	1	1		
0	0	0	0	0	0	0	0		
0	0	0	0	0	0	0	1		
0	0	0	0	0	0	1	0		
0	0	0	0	0	1	0	0		

（续）

数字量输入								模拟量输出 V_O	
A_8	A_7	A_6	A_5	A_4	A_3	A_2	A_1	理论值	测量值
0	0	0	0	1	0	0	0		
0	0	0	1	0	0	0	0		
0	0	1	0	0	0	0	0		
0	1	0	0	0	0	0	0		
1	0	0	0	0	0	0	0		

2. 观察 D – AC 的阶梯波输出

1）按图 2-12-5 搭建电路，先将 2 片 74191 接成 8 位加/减计数器，用 LED 检验其计数状态的正确性。

2）8 位加/减计数器 CLK 脉冲接 1kHz 脉冲，输出接 MC1408 的数字量输入端，用示波器观察 MC1408 的 v_O 波形，并变换计数方向（加或减），观察波形变化。

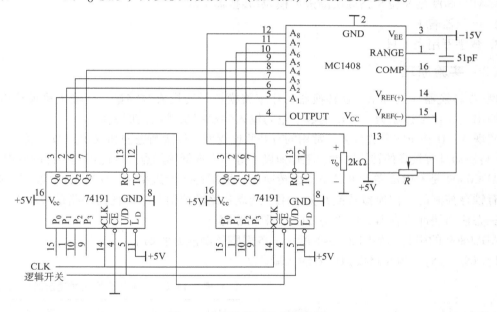

图 2-12-5　阶梯波输出实验图

2.12.6　实验报告要求

1. 简述 D – A 转换器的工作原理。
2. 根据表 2-12-2 中提供的数据，计算模拟量的理论值。
3. 整理实验数据、图表，并对实验结果进行分析讨论。

2.12.7　思考题

1. D – A 转换器的分辨率是什么？MC1408 的分辨率是多少？
2. D – A 转换器的输出误差由哪些主要因素引起？

2.12.8 注意事项

MC1408 是电流型 D - A 转换器，其参考电流由电源电压 V_{cc} 和电阻 R 决定，在实验过程中，应保证电阻 R 不变。

2.13 逐次渐进型模-数转换器（ADC）

2.13.1 实验目的

1. 了解 ADC0809 型逐次渐进型模-数转换器的功能。
2. 学习测试模-数转换器的方法。

2.13.2 实验设备与器件

1. ADC0809 型 8 位 8 路逐次渐进型模-数转换器 1 块
2. 电阻器若干
3. 数字万用表 1 只

2.13.3 实验原理

模-数转换器（简称 A - D 转换器）用来将模拟量转换成数字量。其输入是模拟电压信号，输出是 n 位二进制数。输出的数字量与输入的模拟量成正比例关系。

实现 A - D 转换的方法很多。常用的有并联比较型、逐次渐进型和双积分型。逐次渐进型 A - D 转换器具有较高的转换精度、工作速度中等、成本低等优点，因此得到广泛的应用。

ADC0809 是 CMOS 单片 8 位 A - D 转换器，采用逐次渐进型 A - D 转换原理。其内部带有具有锁存控制的 8 位模拟转换开关，用于选通 8 路模拟信号中的任何一路信号输入。输出采用三态输出缓冲寄存器，电平与 TTL 电平相兼容。

ADC0809 的引脚图如图 2-13-1 所示。各引脚的功能说明如下：

1）$IN_0 \sim IN_7$ 为 8 路模拟信号输入端。

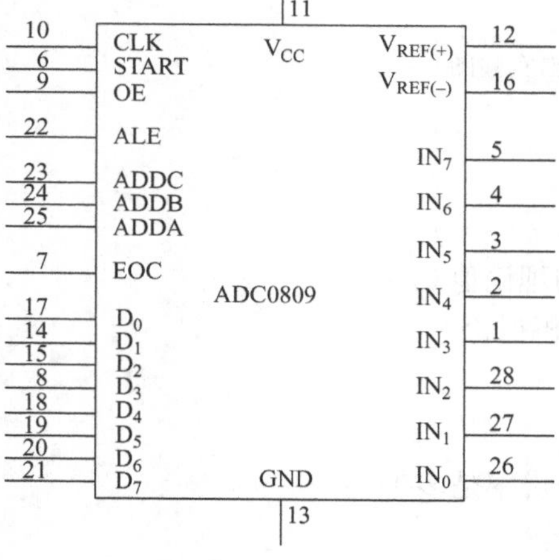

图 2-13-1 ADC0809 引脚图

表 2-13-1 地址与模拟信号通道对应关系

ADDC	ADDB	ADDA	被选模拟通道
0	0	0	IN_0
0	0	1	IN_1
0	1	0	IN_2
0	1	1	IN_3
1	0	0	IN_4
1	0	1	IN_5
1	1	0	IN_6
1	1	1	IN_7

2）ADDC、ADDB、ADDA　地址输入端，用于选通 8 路模拟信号中的一路进行 A - D 转换。地址译码与模拟输入通道的选通关系见表 2-13-1。

3）ALE　地址锁存允许信号输入端。上升沿有效，锁存地址码到地址寄存器中。

4）START　启动 A - D 转换信号输入端，当上升沿到达时，内部逐次逼近寄存器复位，在下降沿到达后，开始 A - D 转换过程。

5）EOC　A - D 转换结束输出信号，高电平有效。

6）OE　输出允许信号，高电平有效。

7）CLK　时钟信号输入端，时钟的频率决定 A - D 转换的速度，外接时钟频率范围是 10 ~ 1280kHz。一次 A - D 转换的时间是 64 个时钟周期。当时钟脉冲频率是 640kHz 时，A - D 转换时间是 100μs。

8）V_{CC}　电源电压，接 +5V 直流电压源。

9）$V_{REF(+)}$、$V_{REF(-)}$　基准电压输入端。它们决定输入模拟电压的最大值和最小值。通常 $V_{REF(+)}$ 接 +5V 电源，$V_{REF(-)}$ 接地。

10）$D_0 \sim D_7$　8 位数据输出端。OE 高电平时，输出数据有效。

图 2-13-2 是 ADC0809 的工作时序图。输出数字量 D 与输入模拟电压 V_I 的关系为

$$D = \frac{V_I}{V_{REF}} \times 2^8$$

其中，$V_{REF} = V_{REF(+)} - V_{REF(-)} = 5V$

输出数字量的最低位所表示的输入电压值为 $\dfrac{5V}{2^8} = 19.53mV$

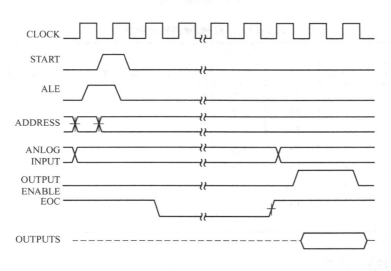

图 2-13-2　ADC0809 的时序图

2.13.4　预习要求

1. 复习教材中有关 A - D 转换器的内容，理解 A - D 转换器的工作原理。

2. 查找 ADC0809 的引脚定义和逻辑功能。

3. 根据实验内容设计电路，写出预习报告。

2.13.5 实验内容

接线如图 2-13-3 所示，选择电阻 $R=1k\Omega$，使 8 路模拟输入电压为表 2-13-2 中的数值，CLK 接频率为 1kHz 的时钟脉冲，转换结果和 EOC 接 LED 显示，ADDC、ADDB、ADDA、START、OE、ALE 接逻辑开关，测量各路模拟信号转换结果，填入表 2-13-2 中，并分析产生误差的原因。

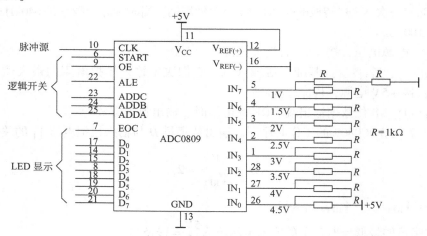

图 2-13-3　模-数转换实验图

表 2-13-2　模-数转换实验数据表

地址			通道	模拟量	数字量								
ADDC	ADDB	ADDA	IN	V_I/V	D_7	D_6	D_5	D_4	D_3	D_2	D_1	D_0	十进制
0	0	0	IN_0	4.5									
0	0	1	IN_1	4.0									
0	1	0	IN_2	3.5									
0	1	1	IN_3	3.0									
1	0	0	IN_4	2.5									
1	0	1	IN_5	2.0									
1	1	0	IN_6	1.5									
1	1	1	IN_7	1.0									

2.13.6 实验报告要求

1. 简要说明逐次渐进型 A－D 转换器的工作原理。

2. 根据表 2-13-2 提供的参数，计算数字量的理论值

3. 整理实验数据、图表，并对实验结果进行分析讨论。

2.13.7 思考题

1. ADC0809 的分辨率是多少？说明测量分辨率的方法。
2. 当输入模拟电压高于 5V 时，数字量输出如何？

2.13.8 注意事项

1. 在 A－D 转换过程中，输入的模拟电压量应保持不变。
2. EOC 由低变高表示 A－D 转换结束。此时，在 OE 端输入高电平，$D_0 \sim D_7$ 输出数据才有效。

第3章　模拟电路综合性实验

3.1　线性直流稳压电源

3.1.1　实验目的

稳压电源是电子电路最基本的组成部分，在电子电路的设计中占有非常重要的地位。直流稳压电源分两种：线性直流稳压电源和开关直流稳压电源。

线性直流稳压电源具有电路简单、输出电压稳定度高、输出电压可调、工作可靠等优点，是目前应用广泛的稳压电源。但这种稳压电源的调整管总是工作在放大状态，一直有电流流过，所以，管子的功耗较大，电路的效率低，效率一般只能达到30% ~50%。

线性直流稳压电源根据调整管与负载之间的连接关系，分串联型和并联型两种。

本节主要介绍由稳压管和三端集成稳压器构成的线性直流稳压电源。

1. 掌握直流稳压电源的基本构成。
2. 掌握单相桥式整流电路、电容滤波电路的特性。
3. 掌握稳压管稳压电路和三端集成稳压器稳压电路的工作原理。
4. 掌握稳压电路的主要技术指标及其测试方法。

3.1.2　实验设备与器件

1. 可调工频电源
2. 示波器
3. 交流毫伏表
4. 直流电压表
5. 直流毫安表
6. 二极管 IN4007　8 只
7. 稳压管 IN4735　1 只
8. 三端稳压器 W7805　1 块
9. 可调稳压器 W117　1 块
10. 电阻器、滑动变阻器、电容器若干

3.1.3　实验原理

直流稳压电源由电源变压器、整流、滤波和稳压电路四部分组成，其原理框图如图 3-1-1 所示。电网供给的交流电压 v_1（220V、50Hz）经电源变压器降压后，得到符合电路需要的交流电压 v_2，然后由整流电路变换成方向不变、大小随时间变化的脉动电压 v_3，再用滤波器滤去其交流分量，就可得到比较平直的直流电压 V_I。但这样的直流输出电压，还会随交流电网电压的波动或负载的变动而变化，在对直流供电要求较高的场合，还需要使用稳压电路，以保证输出的直流电压 V_O 更加稳定。

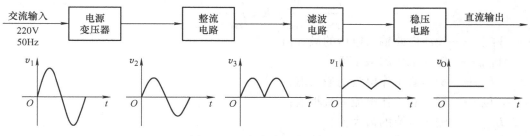

图 3-1-1　直流稳压电源框图

1. 稳压电源主要性能指标的定义

（1）输出电阻 R_O　输出电阻 R_O 的定义为：输入电压 V_I（稳压电路输入）保持不变，由于负载变化而引起的输出电压变化量与输出电流变化量之比，即

$$R_O = \frac{\Delta V_O}{\Delta I_O}\bigg|_{V_I = 常数}$$

（2）稳压系数 S_r 和电压调整率　稳压系数定义为：负载保持不变，输出电压相对变化量与输入电压相对变化量之比，即

$$S_r = \frac{\Delta V_O / V_O}{\Delta V_I / V_I}\bigg|_{R_L = 常数}$$

由于工程上常把电网电压波动 ±10% 作为极限条件，因此也可将此时输出电压的相对变化 $\dfrac{\Delta V_O}{\Delta V_I}$ 作为衡量指标，称为电压调整率，即

$$电压调整率 = \frac{\Delta V_O}{\Delta V_I} \times 100\%$$

（3）最大负载电流 I_{om}　指流过负载 R_L 的最大电流。

（4）纹波电压 $\tilde{V}_L$　指在额定负载条件下，输出电压中所含交流分量的有效值或峰值。

2. 稳压管稳压电路

图 3-1-2 是由稳压管组成的稳压电源，由单相桥式整流电路、电容滤波电路、稳压电路等几部分构成。由于稳压管 VZ 与负载相并联，所以这个电路又称为并联式稳压电路。

在图 3-1-2 中，稳压电路由稳压管 VZ 和限流电阻 R 组

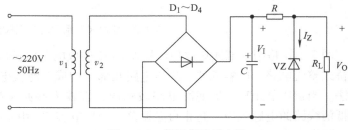

图 3-1-2　稳压管稳压电路

成。其稳压过程为：当电网电压波动或负载变动引起输出直流电压发生变化时，都会使得稳压管的电流 I_Z 发生急剧的变化，限流电阻 R 的电压随之发生改变而补偿输出电压的变化，

从而达到稳定输出电压的目的。

为了保证稳压管工作在稳压区，限流电阻的取值范围为

$$\frac{V_{\mathrm{Imax}} - V_Z}{I_{\mathrm{ZM}} + I_{\mathrm{Omin}}} < R < \frac{V_{\mathrm{Imin}} - V_Z}{I_{\mathrm{Zm}} + I_{\mathrm{Omax}}} \tag{3-1-1}$$

式中　V_{Imax}——稳压电路输入电压的最大值；

　　　V_{Imin}——输入电压的最小值；

　　　I_{ZM}——稳压管工作电流的最大值；

　　　I_{Zm}——稳压管工作电流的最小值；

　　　I_{Omax}——输出电流的最大值；

　　　I_{Omin}——输出电流的最小值；

　　　V_Z——稳压管的稳压值。

3. 输出电压固定的三端集成稳压器

集成稳压器由于具有体积小、外接线路简单、使用方便等优点，在各种电子设备中应用十分普遍，在这种类型的器件中，三端式集成稳压器应用最为广泛。

W78××、W79××系列三端式集成稳压器的输出电压是固定的，在使用中不能进行输出电压的调整。W78××系列三端式稳压器输出正极性电压，一般有 5V、6V、9V、12V、15V、18V、24V 七个档次，输出电流最大可达 1.5A（加散热片），同类型的 W78M×× 系列稳压器的输出电流为 0.5A，W78L×× 系列稳压器的输出电流为 0.1A。W79×× 系列稳压器输出负极性电压。

图 3-1-3 为 W78×× 系列稳压器的外形和引脚图，图 3-1-3a 为金属封装的外形图，图 3-1-3b 为塑料封装的外形图，图 3-1-3c 为电路符号，引脚有三个：1—输入端（不稳定电压输入端），2—输出端（稳定电压输出端），3—公共端。

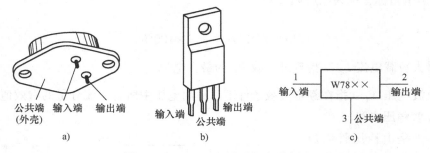

图 3-1-3　W78×× 系列芯片引脚图

图 3-1-4 是用三端式集成稳压器 W7805 构成的单电源电压输出、串联型稳压电源电路，由桥式整流电路、电容滤波、稳压电路几部分构成。滤波电容 C_1、C_2 一般选取几百～几千微法。当稳压器距离整流滤波电路较远时，在输入端必须接入电容 C_I（数值为 0.33μF），以抵消线路的电感效应，防止自激振荡。输出电容 C_O 用来抑止输出端的高频信号，改善电路的暂态响应。如果 C_O 的容量较大，一旦输入端断开，C_O 将从稳压器输出端向稳压器放电，造成稳压器损坏，所以，可在稳压器输入端和输出端之间跨接一个二极管 D，如图中虚线所示，起保护作用。

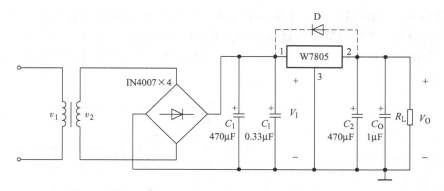

图 3-1-4 W7805 构成的串联型稳压电源

4. 输出电压可调的三端集成稳压器

当需要扩大输出电压调节范围时，可以使用三端可调式集成稳压器。W117、W217、W317 系列三端集成稳压器有三个引出端，分别是输入端、输出端和调整端。其外部封装形式和电路图形符号与 W78×× 系列相同，如图 3-1-3 所示。

W117、W217、W317 系列三端集成稳压器最大输出电流分别为 1.5A、0.5A 和 0.1A；输出端和调整端之间的输出电压 V_{REF} 是 1.2～1.3V 中的某一个值，在分析估算时取典型值 1.25V；输出电压和输入电压的压差为 3～40V，压差过低时不能保证调整管工作在放大区，不能稳压，过高时调整管可能因管压降过大而被击穿。

三端集成稳压器的基准电压源电路如图 3-1-5a 所示（以 W117 为例），稳压器有最小输出电流 I_{Omin} 的限制，即在空载时必须有电流通道，所以，外接电阻 R_1 必不可少，根据最小输出电流 I_{Omin} 可以求出 R_1 的最大值。W117 电路输出端和调整端之间的输出电压是非常稳定的，其值为 1.25V，输出电流可达 1.5A。取最小负载电流为 5mA，可以计算 R_1 的最大值为 $R_{1max} = 1.25V/0.005A = 250\Omega$。

W117 的典型应用电路如图 3-1-5b 所示，由于调整端的电流可忽略不计，输出电压为

$$V_O = \left(1 + \frac{R_2}{R_1}\right) \times 1.25V \qquad (3\text{-}1\text{-}2)$$

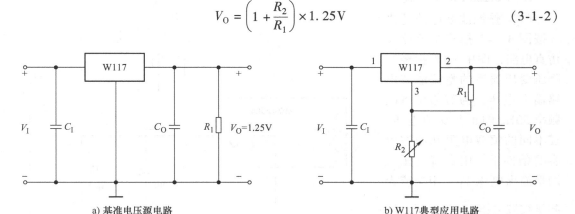

a) 基准电压源电路   b) W117典型应用电路

图 3-1-5 W117 应用电路

为了减小 R_2 上的纹波电压，可在其上并联一个电容 C_2，但是在输出开路时，C_2 将向稳压器调节端放电，并使调整管发射结反偏，为了保护稳压器，可加二极管 D_2，提供一个放电回路，如图 3-1-6 所示。其中 D_1、C_1、C_I 和 C_O 的作用与图 3-1-4 中的 D、C_1、C_I 和 C_O 相同。

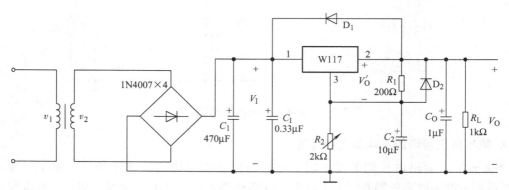

图 3-1-6　外加保护电路的 W117 应用电路

3.1.4　预习要求

1. 复习教材中直流电源的相关内容，了解整流、滤波的工作原理。

2. 复习教材中有关稳压管稳压电路的内容，掌握限流电阻的估算方法。

3. 了解整流、滤波、稳压各部分电路输出电压的性质，在实验中能选择合适的仪表测量它们。

4. 复习教材中有关集成稳压器的相关内容，理解由集成稳压器构成的串联型稳压电源的工作原理，理解图 3-1-4 和图 3-1-6 电路的工作原理。

3.1.5　实验内容

1. Multisim 仿真实验

（1）整流滤波电路仿真

按图 3-1-7 搭建整流滤波仿真电路，图中 v_2 模拟经过降压变压器后的整流滤波电路输入电压，为有效值 5V、频率 50Hz 的正弦交流电压。在不同的负载电阻和滤波电容的条件下，用直流电压表测量输出电压 V_L、用交流表测量纹波电压 $\tilde{V}_L$，并用示波器观察 v_2 和 R_L 两端的电压波形，填入表 3-1-1 中。

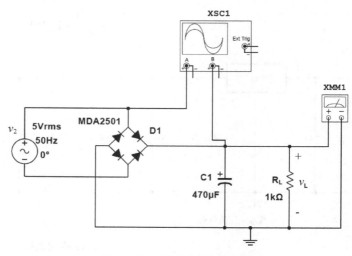

图 3-1-7　整流滤波仿真电路

表 3-1-1　整流滤波电路仿真数据表

电 路 参 数	V_L/V	$\tilde{V}_L/mV$	v_2 和 v_L 波形
$R_L = 1k\Omega$ 不接 C_1			
$R_L = 1k\Omega$ $C_1 = 470\mu F$			
$R_L = 300\Omega$ $C_1 = 470\mu F$			

（2）稳压管稳压电路仿真　按图 3-1-8 搭建稳压管稳压仿真电路。

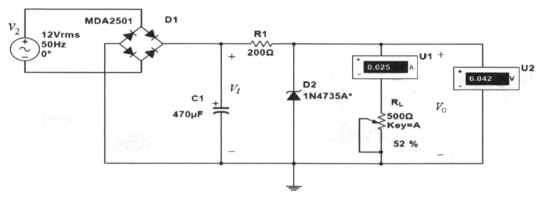

图 3-1-8　稳压管稳压电路的仿真电路

① 稳压系数 S_r 测试。取 $I_O = 20mA$，按表 3-1-2 改变整流电路输入电压 V_2（模拟电网电压波动），用直流电压表分别测稳压电路输入电压 V_I 和输出电压 V_O，填入表 3-1-2，计算相应的稳压系数。

表 3-1-2　稳压系数仿真数据表

	仿真值			计算值
	V_2（有效值）/V	V_I/V	V_O/V	S_r
1	11			$S_{12} =$
2	12			
3	13			$S_{23} =$

② 测量输出电阻 R_O。取 $V_2 = 12V$（有效值），改变 R_L 值，使输出电流 I_O 为表 3-1-3 中的数值，测量相应的 V_O 值，填入表 3-1-3，计算相应的输出电阻 R_O。

表 3-1-3　输出电阻仿真数据表

	仿真值		计算值
	I_O/mA	V_O/V	R_O/Ω
1	0		$R_{O12} =$
2	10		
3	20		$R_{O23} =$

③ 测量纹波电压。取 $V_2 = 12V$（有效值），$I_O = 20mA$，用交流毫伏表测量输出电压的纹波值 $\tilde{V}_L$。

（3）W7805 稳压电路仿真　按图 3-1-9 搭建集成稳压器仿真电路，图中 v_2 模拟经过降压变压器后的整流滤波电路输入电压（有效值 12V、50Hz），其电压值的选择应保证稳压器的输入电压 V_I 比 V_O（5V）大 3～13V。用示波器观察 v_2、整流滤波电路输出电压（稳压器输入电压）V_I 和集成稳压器输出电压 V_O 的波形，应该符合图 3-1-1 中的情形，否则说明电路出现了故障，设法查找故障并加以排除，直至正常工作。

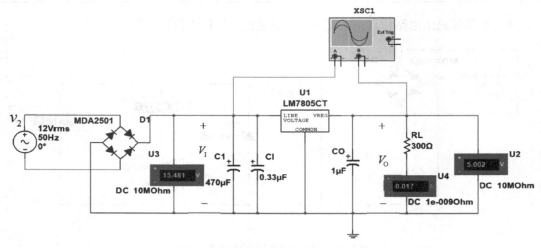

图 3-1-9　集成稳压器 W7805 仿真电路

电路正常工作后，在不同的 R_L 取值下，测量集成稳压器输入直流电压 V_I 和集成稳压器输出电压 V_O，用示波器观察 v_2、V_I 和 V_O 的波形，把测量的数据及波形记入表 3-1-4 中。

表 3-1-4　集成稳压器 7805 仿真数据表

电路参数	V_I/V	V_O/V	I_O/mA	v_2、V_I 和 V_O 波形
$R_L = \infty$				
$R_L = 1k\Omega$				
$R_L = 300\Omega$				

① 稳压系数 S_r 测试。取 $R_L = 300\Omega$，按表 3-1-5 改变整流电路输入电压 V_2（模拟电网电压波动），用直流电压表分别测稳压电路输入电压 V_I 和输出电压 V_O，填入表 3-1-5 中，计算相应的稳压系数。

表 3-1-5　稳压系数仿真数据表

	仿真值/V			计算值
	V_2（有效值）	V_I	V_O	S_r
1	11			$S_{12} =$
2	12			
3	13			$S_{23} =$

② 测量输出电阻 R_O。取 $V_2 = 12V$（有效值），改变 R_L 值，使输出电流 I_O 为表 3-1-6 中的数值，测量相应的 V_O 值，填入表 3-1-6 中，计算相应的输出电阻 R_O。

表 3-1-6　输出电阻仿真数据表

	仿真值		计算值
	I_O/mA	V_O/V	R_O/Ω
1	0		$R_{O12} =$
2	20		
3	50		$R_{O23} =$

③ 测量纹波电压。取 $V_2 = 12V$（有效值），$R_L = 300\Omega$，用交流毫伏表测量输出电压的纹波值 $\tilde{V}_L$。

（4）W117 稳压电路仿真　按照图 3-1-10 搭建仿真电路图，图中 v_2 模拟经过降压变压器后的整流滤波电路输入电压（有效值 20V、50Hz），其电压值的选择应保证稳压器的输入电压 V_I 比 V_O'（1.25V）大 3~40V。调节电阻 R_2 的值，用直流电压表观察 V_O 和 V_O' 的数值，此时 V_O' 的数值应该保持为 1.25V 不变，V_O 的值随 R_2 的变化而变化，否则说明电路出现了故障，设法查找故障并加以排除，直至正常工作。

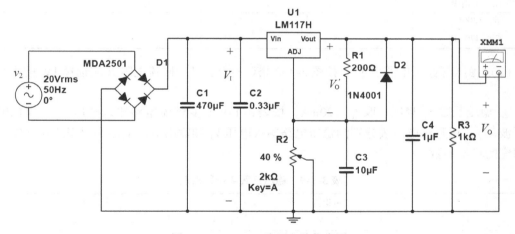

图 3-1-10　W117 稳压电路仿真图

根据表 3-1-7 调节电阻 R_2 的大小，用直流电压表测量稳压器输出电压 V_O'、稳压电路输出电压 V_O，填入表 3-1-7 中，并分析是否与理论值符合。

表 3-1-7　输出电压可调的稳压电路仿真数据表

$R_2/\text{k}\Omega$	V_O'/V	V_O/V	
		理论值	仿真值
0			
0.4			
0.8			
1.2			
1.6			
2.0			

2. 稳压电源实验

（1）整流滤波电路实验　用元器件搭建图 3-1-11 的整流滤波电路，用可调的工频电压源取出有效值为 5V、50Hz 的电压作为整流滤波电路的输入电压 v_2，在不同的负载电阻和滤波电容的条件下，用直流电压表测量输出电压 V_L、用交流毫伏表测量纹波电

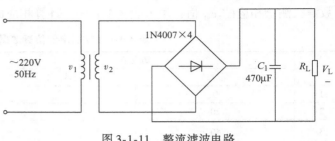

图 3-1-11　整流滤波电路

压 $\tilde{V}_L$，并用示波器观察 v_2 和 V_L 波形，填入表 3-1-8 中。

表 3-1-8　整流滤波电路实验数据表

电路参数	V_L/V	$\tilde{V}_L/mV$	v_2 和 V_L 波形
$R_L = 1k\Omega$ 不接 C_1			
$R_L = 1k\Omega$ $C_1 = 470\mu F$			
$R_L = 300\Omega$ $C_1 = 470\mu F$			

（2）稳压管稳压电路实验　按图 3-1-2 搭建电路，其中限流电阻 R 应选择 1W 的大功率电阻。

① 稳压系数 S_r 测试。取 $I_O = 20mA$，按表 3-1-9 改变整流电路输入电压 V_2（模拟电网电压波动），用直流电压表分别测稳压电路输入电压 V_I 和输出电压 V_O，填入表 3-1-9 中，计算相应的稳压系数。

表 3-1-9　稳压系数实验数据表

	实验值			计算值
	V_2（有效值）/V	V_I/V	V_O/V	S_r
1	11			$S_{12} =$
2	12			
3	13			$S_{23} =$

② 测量输出电阻 R_O。取 $V_2 = 12V$（有效值），改变 R_L 值，使输出电流 I_O 为表 3-1-10 中的数值，测量相应的 V_O 值，填入表 3-1-10 中，计算相应的输出电阻 R_O。

表 3-1-10　输出电阻实验数据表

	实验值		计算值
	I_O/mA	V_O/V	R_O/Ω
1	0		$R_{O12} =$
2	10		
3	20		$R_{O23} =$

③ 测量纹波电压。取 $V_2 = 12V$（有效值），$I_O = 20mA$，用交流毫伏表测量输出电压的纹波值 $\tilde{V}_L$。

（3）W7805 稳压电路实验　按图 3-1-4 搭建实验电路，在不同的 R_L 取值下，接通工频电源，取整流电路输入电压 $V_2 = 12V$（有效值），测量集成稳压器输入直流电压 V_I 和集成稳压器输出电压 V_O，用示波器观察 v_2、V_I 和 V_O 的波形，把测量的数据及波形记入表 3-1-11 中。

表 3-1-11　集成稳压器 W7805 实验数据表

电 路 参 数	V_I/V	V_O/V	I_O/mA	v_2、V_I 和 V_O 波形
$R_L = \infty$				
$R_L = 1k\Omega$				
$R_L = 300\Omega$				

① 稳压系数 S_r 测试。取 $R_L = 300\Omega$，按表 3-1-12 改变整流电路输入电压 V_2（模拟电网电压波动），用直流电压表分别测量稳压电路输入电压 V_I 和输出电压 V_O，填入表 3-1-12 中，计算相应的稳压系数。

表 3-1-12　稳压系数实验数据表

	实验值			计算值
	V_2（有效值）/V	V_I/V	V_O/V	S_r
1	11			$S_{12} =$
2	12			
3	13			$S_{23} =$

② 测量输出电阻 R_O。取 $V_2 = 12V$（有效值），改变 R_L 值，使输出电流 I_O 为表 3-1-13 中的数值，测量相应的 V_O 值，填入表 3-1-13 中，计算相应的输出电阻。

表 3-1-13　输出电阻实验数据表

	实验值		计算值
	I_O/mA	V_O/V	R_O/Ω
1	0		$R_{O12} =$
2	20		
3	50		$R_{O23} =$

③ 测量纹波电压。取 $V_2 = 12V$（有效值），$R_L = 300\Omega$，用交流毫伏表测量输出电压的纹波值 $\tilde{V}_L$。

（4）W117 稳压电路实验　根据图 3-1-6 搭建输出电压可调的稳压电路，调节电阻 R_2 的大小，用直流电压表测量稳压器输出电压 V_O'、稳压电路输出电压 V_O，填入表 3-1-14 中，并分析是否与理论值符合。

表 3-1-14　输出电压可调的稳压电路实验数据表

$R_2/k\Omega$	V_O'/V	V_O/V	
		理论值	实验值
0			
0.4			
0.8			
1.2			
1.6			
2.0			

3.1.6　实验报告要求

1. 简述稳压管稳压电源的工作原理及主要元件在电路中的作用。

2. 整理实验中记录的数据,对 Multisim 仿真结果和硬件电路实验结果进行比较,分析误差造成的原因。

3. 计算稳压系数和输出电阻,并进行分析。

4. 分析讨论实验中出现的问题及排除方法。

3.1.7　思考题

1. 在稳压管稳压电源电路中,整流滤波电路输入电压、稳压电路输入电压、输出电压、纹波电压各是什么性质的电压?应该用哪种实验仪器来测量?

2. 在稳压管稳压电路中,限流电阻的作用是什么?其值过大或者过小将有什么现象发生?

3. 如何提高电路的性能指标(减小 S_r 和 R_o)?

3.1.8　注意事项

1. 每次改接电路时,必须切断工频电源。

2. 桥式整流电路中的各二极管必须正确连接。

3. 注意在稳压管稳压电路中的限流电阻需要使用大功率电阻;整流滤波电路中 v_2 的电压值不可太大,否则当负载电阻阻值较小时会超过电阻的功率而被烧毁。

4. 注意集成稳压器 W7805、W117 的引脚的正确连接。

3.2　串联型开关稳压电源

3.2.1　实验目的

开关稳压电源以其效率高、体积小、重量轻等优点在航空航天、计算机、通信和功率较大的电子设备中得到了广泛使用。

在开关型稳压电源中,调整管工作在开关状态,管子交替工作于饱和区和截止区,当管子饱和导通时，虽然流过调整管的电流大，但管压降很小；当管子工作于截止区时，管压降大，但流过的电流几乎为零。所以，开关状态下的调整管功耗很低。在输出功率相同的情况下，开关型稳压电源比线性稳压电源的效率高，一般可达 80% ~ 90%。由于调整管的功耗小，有时连散热片都不需要，所以电路的体积小、重量轻。

按调整管与负载的连接方式，开关型稳压电源也可分为串联型和并联型两类；按稳压管的控制方式，开关型稳压电源可分为脉冲宽度调制型（PWM）、脉冲频率调制型（PFM）和混合调制（即脉冲-频率调制）型三类；按调整管是否参与振荡，开关型稳压电源可分为自激式和他激式两种；按使用开关管的类型，开关型稳压电源又有晶体管、VMOS 管和晶闸管型之分。

本节主要介绍串联型直流开关稳压电源。

1. 掌握串联型开关稳压电源的工作原理及其控制电路的实现方法。

2. 掌握串联型开关稳压电源主要技术指标的测试方法。

3.2.2 实验设备与器件

1. 可调直流电源
2. 数字示波器
3. 直流电压表
4. 直流电流表
5. NE555　1 块
6. MCP6002　1 块
7. LM393　1 块
8. IPP040N06N 绝缘栅型场效应晶体管 1 只
9. BC817 - 40W 晶体管 1 只
10. ACPL - 312 栅极驱动器 1 只
11. 1N5822 二极管 1 只
12. 电阻器、可变电阻器、电感、电容器若干

3.2.3 实验原理

串联型直流开关稳压电源主要由控制电路、开关管、滤波和取样电路组成，其原理图如图 3-2-1 所示。

图中，V_I 是未经稳压的输入电压，即整流滤波电路的输出电压；V_O 为开关电源的输出电压；晶体管 VT 为调整管，即开关管；R_1 和 R_2 组成取样电路并接在输出两端，R_L 为负载电阻；电感 L、电容 C 和续流二极管 D 构成换能电路。其中，PWM 电路为脉宽调制电路，如图 3-2-2 所示。

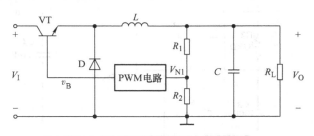

图 3-2-1　直流开关稳压电源原理图

图 3-2-2 中，V_{REF} 是基准电压，V_{N1} 是取样电路产生的反馈电压，V_{P2} 是误差放大器的输出电压，v_B 是比较器的输出电压，v_{N2} 是三角波电压信号。当 $V_{P2} > v_{N2}$ 时，v_B 为高电平，调整管 VT 饱和导通，D 因承受反向电压而截止，导通的调整管向电感 L 存储能量，并给电容 C 充电；当 $V_{P2} < v_{N2}$ 时，v_B 为低电平，VT 截止，发射极电流为零，L 的感生电动势使 D 导通，L 和 C 向负载释放能量。只要 L 和 C 足够大，输出电压 V_O 就是连续的，且输入和输出电压之间的关系可以表示为

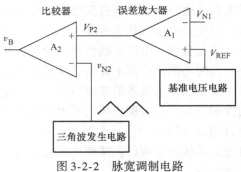

图 3-2-2　脉宽调制电路

$$V_O = \frac{T_{on}}{T} V_I \tag{3-2-1}$$

式中　T_{on}——一个开关周期内开关管 VT 的导通时间，T 为开关周期，T_{on}/T 为 v_B 的占空比。

3.2.4　预习要求

1. 复习教材中有关开关电源的相关内容。

2. 复习教材中有关串联型直流开关稳压电源的工作原理，掌握输出电压 V_o 调节范围的估算方法。

3. 了解直流开关稳压电源关键参数的意义和测量方法，在实验中能选择合适的仪表测量它们。

3.2.5　实验内容

1. Multisim 仿真实验

（1）三角波发生器仿真　按照图 3-2-3 搭建三角波发生器仿真电路，使用 LM555CN 搭建方波发生器，后接滤波和放大电路，参数设置如图 3-2-3 所示，调试电路使其输出电压幅值为 $0.5 \sim 4.5V$、频率为 36kHz 的三角波信号 v_{N2}。

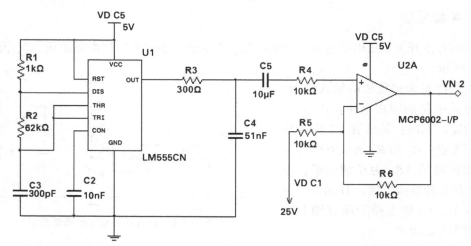

图 3-2-3　三角波发生器仿真电路

（2）误差放大器仿真　按照图 3-2-4 搭建误差放大器仿真电路，用稳压管产生稳定的直流电压，再通过电位器调节基准电压值 V_{REF}；误差放大器为反向比例积分放大器，具体参数如图 3-2-4 所示。将 V_{N1} 连接到参考电位 0，然后调节 R_{17}，使 $V_{REF}=200mV$，此时 $V_{P2}=4.2V$。

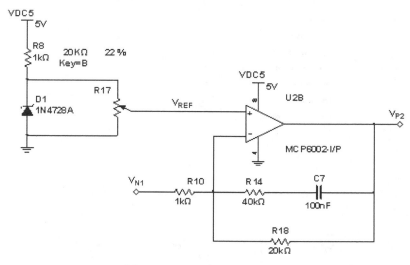

图 3-2-4　误差放大器仿真电路

（3）串联型直流开关稳压电源仿真　搭建串联型直流开关稳压电源仿真电路如图 3-2-5 所示。为了简化仿真电路，比较电路使用理想比较器实现，其参数设置如图 3-2-6 所示。V_I 取 12V，三角波发生器的输出 v_{N2} 和误差放大器的输出电压 V_{P2} 为比较器的输入信号，V_{N1} 来自功率电路的取样电阻。连接完成后调节 R_{17}，使 $V_{REF}=2.5V$。

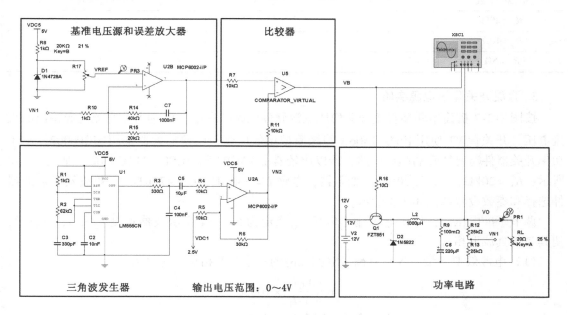

图 3-2-5　串联型直流开关稳压电源仿真电路

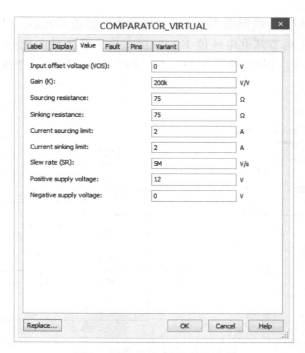

图 3-2-6　理想比较器参数设置

调整负载电阻 R_L 的阻值，用示波器观察比较器输出电压 v_B 和稳压电源输出电压 V_O 的波形，计算 v_B 的占空比 T_{on}/T 和输出电压 V_O 的值填入表 3-2-1 中，与仿真值进行比较。

表 3-2-1　串联型直流开关稳压电源仿真数据表

电路参数	T_{on}/T	V_O/V	V_O 和 v_B 波形
$R_L = 20\Omega$			
$R_L = 10\Omega$			
$R_L = 5\Omega$			

2. 直流开关稳压电源实验

按图 3-2-7 搭建串联型直流开关稳压电源硬件电路，图中，V_I 为可调直流电源输出的直流电压，开关管 VT 使用 IPP040N06N 绝缘栅型场效应管，误差放大器采用 MCP6002；由于功率开关器件需要特殊的驱动电路，所以比较器由 LM393 和 ACPL–312U 构成，如图 3-2-8 所示；$R_1 = 20\text{k}\Omega$，R_W 为 $20\text{k}\Omega$ 的变阻器，电感 $L = 330\mu\text{H}$，$C = 470\mu\text{F}$，三角波发生器的器件选择和参数设置如图 3-2-3 所示。

调节基准电压源，使得电源输出电压 V_O 稳定为 5V。使用示波器观测 v_B 和 V_O 的波形，使其与仿真波形相符。

（1）电源效率测量　效率是衡量电源性能的一个重要指标，定义为

$$\eta = \frac{V_O I_O}{V_I I_I} \times 100\%$$

式中　V_I、V_O——分别为电源的输入电压和输出电压；

I_I、I_O——分别为电源的输入电流和输出电流。

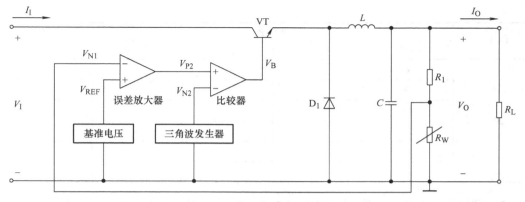

图 3-2-7　开关稳压电源硬件连接图

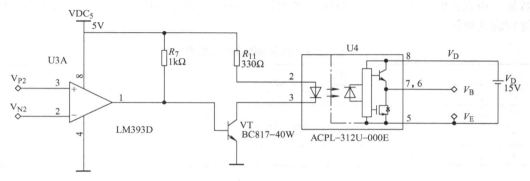

图 3-2-8　比较驱动器电路图

在输入电压 V_I 分别为 10V、15V、20V 的条件下调节 R_L，使得其阻值如表 3-2-2 所示，使用直流电压表测量 V_O，使用直流电流表测量 I_I、I_O，并将所测结果填入表 3-2-2，然后计算相应的效率，并绘出效率曲线。

表 3-2-2　电源效率实验数据表

V_I/V	实验值				效率
	R_L/Ω	V_O/V	I_I/A	I_O/A	$\eta/\%$
10	∞				
	25				
	20				
	15				
	10				
	5				
15	∞				
	25				
	20				
	15				
	10				
	5				

（续）

V_I/V	实验值				效率
	R_L/Ω	V_O/V	I_I/A	I_O/A	η/%
20	∞				
	25				
	20				
	15				
	10				
	5				

（2）测量稳压系数 S_r 取 $R_L = 10Ω$，在 $10 \sim 20V$ 之间调节输入电压 V_I 使其为表 3-2-3 中的数值，用直流电压表分别测量稳压电源的输入电压 V_I 和输出电压 V_O，填入表 3-2-3 中，计算相应的稳压系数。

表 3-2-3   稳压系数实验数据表

实验次数	实验值		计算值
	V_I/V	V_O/V	稳压系数 S_r
1	10		$S_{12} =$
2	15		
3	20		$S_{23} =$

（3）测量输出电阻 R_O 取 $V_I = 12V$，改变 R_L 值，使输出电流 I_O 为表 3-2-4 中的数值，测量相应的 V_O 值，填入表 3-2-4，并计算相应的输出电阻。

表 3-2-4   输出电阻实验数据表

实验次数	实验值		计算值
	I_O/mA	V_O/V	R_O/Ω
1	0		$R_{O12} =$
2	500		
3	1000		$R_{O23} =$

（4）测量纹波电压   取 $V_I = 12V$，$V_O = 5V$，$I_O = 1000mA$，用交流毫伏表测量输出电压的纹波值 $\tilde{V}_L$。

3.2.6   实验报告要求

1. 简述开关稳压电源的工作原理及主要元件在电路中的作用。
2. 计算稳压系数和输出电阻，并进行分析。
3. 分析表 3-2-2 的数据，总结电源的效率与输入电源电压、负载功率的关系。
4. 分析讨论实验中出现的问题及排除方法。

3. 2. 7　思考题

1. 开关稳压电源电路的效率为什么能比线性稳压电源高？
2. 为了使稳压电源的输出电压 $V_O = 12V$，应该调整电路中哪个器件的参数？
3. 当输出电压 V_O 不随取样电阻 R_w 变化时，应如何检查电路查找故障所在？
4. 如何减小电路输出电压的纹波？

3. 2. 8　注意事项

1. 每次改接电路之前，必须切断所有电源。
2. 确保电路各个连接点的连接坚固可靠。

3. 3　集成开关稳压器

3. 3. 1　实验目的

集成开关稳压器具有体积小、外接线路简单、转换效率高等优点，在各种电子设备中应用十分普遍，其中，LM2575 系列的应用较为广泛。

LM2575 系列集成开关稳压器有固定输出和可调整输出两类，固定输出稳压器有四种输出电压等级，分别为 3. 3V、5V、12V、15V，输出可调式稳压器电压范围为 1. 23 ~ 37V，最高输入电压可达 40V，最大输出电流可达 1A。

图 3-3-1 为不同封装的 LM2575 芯片外形图。图示引脚从左到右有五个：1—输入端（不稳定电压输入），2—输出端（稳定电压输出端），3—公共端（散热片的表面与端子 3 相连），4—反馈端，5—控制端（接公共端时，稳压电路工作；接高电平时，稳压电路停止工作）。

本节主要介绍输出固定和可调式集成开关稳压器的应用电路。

图 3-3-1　不同封装的 LM2575 芯片外形图

1. 了解集成开关稳压器的工作原理。
2. 掌握集成开关稳压器的应用电路和性能指标的测试方法。

3. 3. 2　实验设备与器件

1. 可调直流电源
2. 数字示波器
3. 直流电压表
4. 直流电流表
5. 集成开关稳压器 LM2575 - 5V　1 块，LM2575 - ADJ　1 块
6. 二极管 1 只
7. 电阻器、可变电阻器、电感、电容器若干

3.3.3 实验原理

图 3-3-2 是用固定输出稳压器 LM2575 – 5V 构成的单电压输出、开关型稳压电路，其输出直流电压 V_O = +5V，输入电压 V_I 的范围为 8 ~ 40V。

为了防止输入端出现较大的电压波动，引脚 1 和引脚 3 之间需要接一个铝电解电容器 C_{in}，该电容器应靠近集成芯片并使用短引线连接；输出电容 C_O 用来抑止输出端的高频信号，改善电路的暂态响应，起到储能滤波稳定电压的作用；在开关稳压器接地端和输出端之间跨接一个二极管 D_1，释放掉电感 L_1 的感应电流。

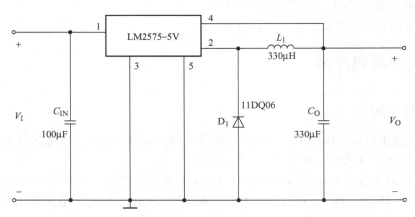

图 3-3-2   固定输出集成开关稳压器 LM2575 – 5V 稳压电路

当固定输出稳压器的输出电压或输出电流不能满足要求时，可以使用可调节输出的集成稳压器 LM2575 – ADJ 来实现，应用电路如图 3-3-3 所示，其输出电压为

$$V_O = V_{REF}\left(1 + \frac{R_2}{R_1}\right) \tag{3-3-1}$$

式中，$V_{REF} = 1.23V$，R_1 可以选择 1kΩ 到 5kΩ 之间的值，所以

$$R_2 = R_1\left(\frac{V_O}{V_{REF}} - 1\right) \tag{3-3-2}$$

当 R_1 确定后，可以通过改变可变电阻 R_2 的值，实现输出电压的调节。

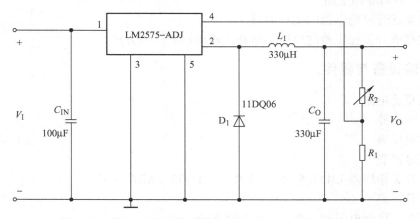

图 3-3-3   输出可调式集成稳压器 LM2575 – ADJ 稳压电路

3.3.4 预习要求

1. 复习教材中有关开关稳压电路的相关内容，了解设计稳压电路时应该注意的问题。

2. 复习教材中有关集成稳压器的相关内容，理解由集成稳压器构成的稳压电路的工作原理，理解图 3-3-2、图 3-3-3 电路的工作原理。

3.3.5 实验内容

1. 集成开关稳压电路实验

按图 3-3-4 搭建集成稳压器电路，图中将电流表、电压表接入了电路，$R_1 = 2\text{k}\Omega$，电位器 R_2 取值范围为 $0 \sim 10\text{k}\Omega$。调节可调直流电源的输出直流电压，使开关稳压器的输入电压在 $10 \sim 30\text{V}$ 之间变化，观测输出电压是否稳定，如果不稳定说明电路出现了故障，查找故障并加以排除，直至电路正常工作。

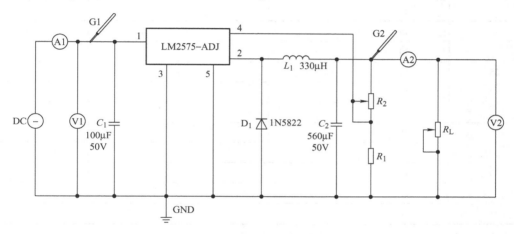

图 3-3-4　集成开关稳压器电路实验

2. 电源效率测量

在输入电压 V_I 分别为 10V、15V、20V、25V 和 30V 的条件下，调节负载电阻值，使其阻值为表 3-3-1 中的数值，记录稳压电路的输出电压 V_O、输入电流 I_I 和输出电流 I_O，填入表 3-3-1 中，计算相应的效率，并绘出效率曲线。

表 3-3-1　电源效率实验数据表

V_I/V	实验值				效率
	R_L/Ω	V_O/V	I_I/A	I_O/A	η/%
10	25				
	20				
	15				
	10				
	5				

（续）

V_I/V	实验值				效率
	R_L/Ω	V_O/V	I_I/A	I_O/A	$\eta/\%$
15	25				
	20				
	15				
	10				
	5				
20	25				
	20				
	15				
	10				
	5				
25	25				
	20				
	15				
	10				
	5				
30	25				
	20				
	15				
	10				
	5				

3. 测量稳压系数 S_r

取 $R_L = 10\Omega$，在 $10 \sim 30V$ 之间调节输入电压使其为表 3-3-3 中的数值，用直流电压表分别测量稳压电路的输入电压 V_I 和输出电压 V_O，填入表 3-3-2 中，计算相应的稳压系数。

表 3-3-2　稳压系数值实验数据表

实验次数	实验值		计算值
	V_I/V	V_O/V	S_r
1	10		$S_{12} =$
2	20		
3	30		$S_{23} =$

4. 测量输出电阻 R_O

取输入电压 $V_I = 24V$，改变负载电阻 R_L 值，使输出电流 I_O 分别为 $0.3A$、$0.5A$ 和 $0.8A$，测量相应的输出电压 V_O，填入表 3-3-3 中，计算相应的输出电阻。

表 3-3-3 输出电阻实验数据表

实验次数	实验值		计算值
	I_O/A	V_O/V	R_O/Ω
1	0.3		$R_{O12} =$
2	0.5		
3	0.8		$R_{O23} =$

5. 测量纹波电压

取 $V_I = 24\text{V}$，$R_L = 5\Omega$，用交流毫伏表测量输出电压的纹波值 $\tilde{V}_L$。

6. 正负双电源电路实验

按图 3-3-5 搭建正负双输出集成开关稳压器电路，接线前，请仔细比较正输出电路和负输出电路的异同。调节可调直流电源的输出直流电压，使开关稳压器的输入电压稳定在 12V，观测 V_{OP} 和 V_{ON} 输出电压是否分别稳定为 $+5\text{V}$ 和 -5V，如果不稳定说明电路出现了故障，查找故障并加以排除，直至电路正常工作。

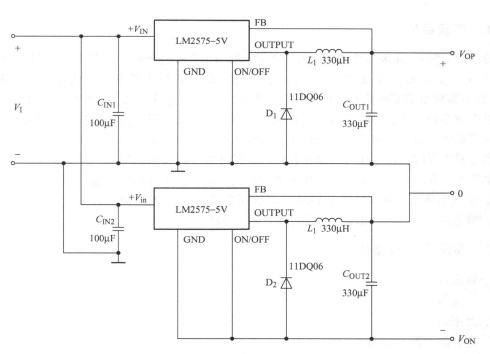

图 3-3-5 正负双输出集成开关稳压器实验电路

3.3.6 实验报告要求

1. 简述集成开关稳压器的工作原理及主要元件在电路中的作用。
2. 整理实验中记录的数据，将实验的测量值和理论计算值进行比较，分析产生误差的原因。
3. 计算稳压系数和电压调整率，并进行分析。
4. 分析讨论实验中出现的问题及排除方法。

3.3.7 思考题

1. 在集成稳压器电路中，LM2575 是用什么拓扑来实现 DC/DC 变换的？并进行分析。
2. 输入输出的电解电容值大小该怎么选择？
3. 输出端电感值的大小该如何选择？
4. 图 3-3-5 中的输入电压 V_I 的范围是多少？

3.3.8 注意事项

1. 在每次改接电路之前，必须切断所有电源。
2. 电路中的二极管和电解电容必须正确连接。
3. 注意集成开关稳压器 LM2575 的引脚的正确连接。
4. 注意输入可调直流电源的正负极性，防止极性接反造成相关器件的损坏。

3.4 压控方波 – 三角波信号发生器

3.4.1 实验目的

简单的方波-三角波发生器已经在第 1 章的 1.10 节有过介绍，压控方波-三角波信号发生器（Voltage Controlled Oscillator）是一种将电压信号转换为频率信号的电路（*V/F* 变换器），发生器输出的频率信号与输入的电压大小之间有一定的关系。压控信号发生器的输入电压可以有多种形式，当输入电压是直流电压时，可制成频率可方便调节的信号源；当输入电压是正弦电压时，可制成调频振荡器；当输入电压是三角波电压时，可制成扫频振荡器。压控信号发生器的输出电压可以是正弦信号、脉冲信号或其他信号。

本节主要介绍在输入直流电压控制下方波或三角波频率可调的电路。

1. 掌握由集成运算放大器 LM324 组成压控方波-三角波发生器的方法。
2. 掌握压控方波-三角波发生器的频率调节方法。

3.4.2 实验设备与器件

1. 直流稳压电源
2. 示波器
3. 万用表
4. 运算放大器 LM324   1 块
5. 二极管 1N4148   2 只
6. 电阻器、电容器若干

3.4.3 实验原理

由集成运算放大器组成的压控方波-三角波发生器电路如图 3-4-1 所示。图中，去除 A_1 的电路部分，A_2、A_3 组成与图 1-10-3 相似的方波-三角波发生器电路，其振荡频率与图 1-10-3 相同，即

$$f_0 = \frac{R_2}{4R_1(R_3 + R)C}$$

但方波的输出幅度和三角波的输出幅度与图 1-10-3 不同，这里方波的输出幅值为 A_2 的输出饱和电压 $\pm V_{o2max}$，三角波的输出幅值为 $V_{omax} = \left| \pm \dfrac{R_1}{R_2} V_{o2max} \right|$。

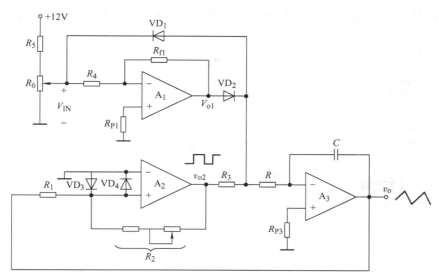

图 3-4-1　由集成运算放大器组成的压控方波−三角波发生器

A_1 为反相比例放大器，其电压增益为 $\dot{A}_v = \dfrac{V_{o1}}{V_{IN}} = -\dfrac{R_{f1}}{R_4}$，当 $R_{f1} = R_4$ 时，$\dot{A}_v = \dfrac{V_{o1}}{V_{IN}} = -1$，为反相器。增加此反相器后，与图 1-10-3 相比，被积分的电压由 v_{o2} 变为直流控制电压 V_{IN}，但由于 A_2 的最大输出电压 $|V_{o2max}|$ 为定值，所以三角波的输出幅值不变，仍然为 $V_{omax} = \left| \pm \dfrac{R_1}{R_2} V_{o2max} \right|$，但随着控制电压 V_{IN} 的变化，三角波的上升、下降斜率发生变化，即振荡频率变化，从而达到了电压控制信号发生器输出信号频率的目的。

在图 3-4-1 电路中，有

$$V_{omax} = \frac{R_1}{R_2}|V_{o2max}| = \frac{1}{RC}\int_0^{T/4} V_{IN}dt = \frac{V_{IN}T}{4RC} \tag{3-4-1}$$

所以振荡频率为

$$f = \frac{1}{T} = \frac{R_2}{4R_1RC}\frac{V_{IN}}{|V_{o2max}|} \tag{3-4-2}$$

因此，改变输入直流电压 V_{IN} 的大小，可以实现方波或三角波频率的可调。

3.4.4　预习要求

1. 复习教材中由集成运算放大器构成的运算电路的相关内容。
2. 理解由集成运算放大器组成的压控信号发生器的工作原理。

3.4.5 实验内容

1. Multisim 仿真实验

按图 3-4-2 搭建由集成运算放大器组成的压控方波-三角波发生器仿真电路，图中，集成运算放大器选择 LM324，其正负电源均接正负 12V 直流电源，R_5 和 R_6 分别为 10kΩ 的固定电阻和 10kΩ 的可变电阻，为使 A_1 成为反相器，R_4 和 R_{f1} 取相等，都为 100kΩ。

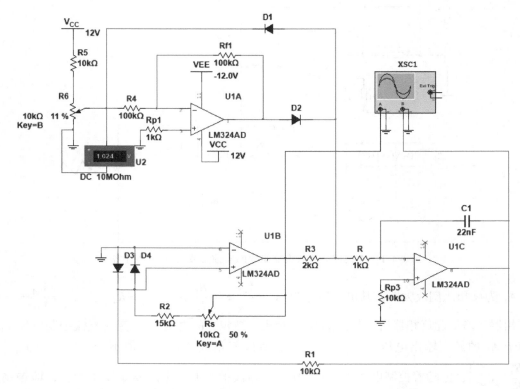

图 3-4-2　由集成运算放大器组成的压控方波-三角波发生器仿真电路

由式(3-4-1) 和式(3-4-2) 可知，正反馈回路的电阻 R_1 与 R_2 的取值不仅与输出三角波的幅值有关，还与振荡频率有关，而振荡频率又与积分时间参数 R、C 有关，选取参数时应兼顾这几方面的因素，在图 3-4-2 中，C_1 取 22nF，R_1 为 10kΩ，R_2 为 10～20kΩ，R 为 1kΩ。

电路搭建完成后，调节 R_6，使控制电压 V_{IN} 变化，在 v_{o2} 和 v_o 端会有不同频率的方波、三角波产生。将 R_2 固定在 20kΩ 时，理论计算振荡频率与输入电压之间的关系，并在不同输入控制电压下用示波器测量三角波的频率和幅值，填入表 3-4-1 中，与理论值进行比较。

表 3-4-1　由集成运算放大器组成的压控方波-三角波发生器仿真数据表

V_{IN}/V	仿真值			理论值	
	V_{o2max}/V	V_{omax}/V	振荡频率/Hz	V_{omax}/V	振荡频率/Hz
1					
2					
3					

2. 用实际元器件搭建电路

将 R_2 固定在 $20\text{k}\Omega$ 时，理论计算振荡频率与输入电压之间的关系，并在不同输入控制电压下用示波器测量三角波的频率和幅值，填入表 3-4-2 中，与理论值进行比较。

表 3-4-2　由集成运算放大器组成的压控方波-三角波发生器实验数据表

V_{IN}/V	实验值			理论值	
	$V_{\text{o2max}}/\text{V}$	V_{omax}/V	振荡频率/Hz	V_{omax}/V	振荡频率/Hz
1					
2					
3					

3.4.6　实验报告要求

1. 简述图 3-4-1 的工作原理及主要元件在电路中的作用。
2. 记录并整理实验数据，画出振荡频率 f 与控制电压 V_{IN} 之间的关系曲线，得出结论。
3. 画出 V_{IN} 为 1V、2V、3V 时的方波、三角波信号波形，标明幅值、周期及相位关系，分析结果，得出结论。
4. 分析讨论实验中出现的问题及排除方法。

3.4.7　思考题

1. 在图 3-4-1 中，当 VD_1、VD_2 的正向压降不同或 $R_4 \neq R_{\text{f1}}$ 时，对 v_o 的波形有何影响？VD_1、VD_2 的管压降对频率有何影响？VD_1、VD_2 其中一只接反会产生什么影响？一只或两只断开又有什么影响？
2. 在图 3-4-1 中，若 A_2 的"＋""－"端接反会怎样？

3.4.8　注意事项

1. 电路中各运放、芯片引脚要正确连接，特别注意二极管的正负方向不能接反。
2. 运放的正负电源端不能接反。

3.5　LM324 单电源供电方式的应用电路

3.5.1　实验目的

LM324 系列是低成本的四路运算放大器芯片，具有真正的差分输入。四路运算放大器可以工作于低至 3.0 V 或高达 32 V 的电源电压，静态电流很小。

LM324 的供电方式有单电源和双电源两种。一般情况下，LM324 使用双电源供电方式，但当系统只有一个电源时，单电源供电不可避免。所以，本节对 LM324 在双电源和单电源供电情况下的典型应用电路进行介绍。

1. 掌握 LM324 在双电源和单电源供电情况下的工作原理。
2. 掌握 LM324 在单电源供电情况下的典型偏置方法。
3. 掌握由 LM324 在单电源供电情况下的几个典型应用电路。

3.5.2 实验设备与器件

1. 直流稳压电源
2. 示波器
3. 万用表
4. 运算放大器 LM324AD　1 块
5. 电阻器、电容器若干

3.5.3 实验原理

LM324 的内部电路简化结构如图 3-5-1 所示。

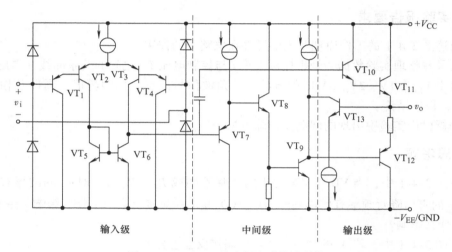

图 3-5-1　LM324 的内部电路简化结构

可见，输出级是 VT_{10}、VT_{11} 与 VT_{12} 构成的互补对称功率放大电路，其推挽输出级等效电路如图 3-5-2 所示：当 v_i 为正半周时，VT_1 工作，电流 i_{c1} 流经 VT_1、R_L，v_o 输出正半周波形；当 v_i 为负半周时，VT_2 工作，电流 i_{c2} 流经 VT_2、R_L，v_o 输出负半周波形。输出电压 v_o 的幅值最大可达（$V_{CC} - V_{CES}$），V_{CES} 为晶体管的饱和压降。

在单电源供电时，基本思路是要设法对运放加一个偏置电压，使输出电压以 $V_{CC}/2$ 为中心，期望输出波形如图 3-5-3 所示，此时输出电压 v_o 的幅值最大可达 $V_{CC}/2 - V_{CES}$。

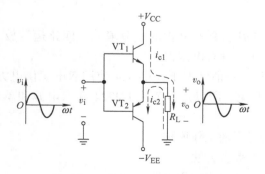

图 3-5-2　推挽输出级等效电路

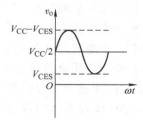

图 3-5-3　单电源供电时的期望输出波形

通常使用的偏置方法有如下几种：

1. 输入端直流偏置自举方法

此方法适用于输入信号不带直流分量的场合。例如，图 3-5-4 的比例加法电路，在同相输入端加入一定的直流偏置自举电压 V_{REF}。

由叠加定理可得

$$v_o = -R_f\left(\frac{v_{i1}}{R_1} + \frac{v_{i2}}{R_2}\right) + V_{REF}\frac{R_f + R_1 /\!/ R_2}{R_1 /\!/ R_2}$$

使

$$V_{REF}\frac{R_f + R /\!/ R_2}{R /\!/ R_2} = \frac{1}{2}V_{CC}$$

即可使输出电压以 $V_{CC}/2$ 为中心。例如，取 $R_1 = R_2 = R_f = 10\text{k}\Omega$，且 $V_{REF} = V_{CC}/6$，则 v_o 的直流偏置量为 $V_{CC}/2$。

V_{REF} 可以直接从 V_{CC} 用大电阻分压得到。

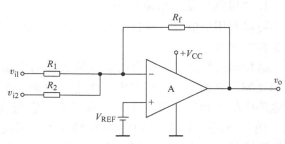

图 3-5-4　输入端直流偏置自举的比例加法电路

图 3-5-5 是输入信号中包含交直流分量的反向比例电路，输入端直流偏置自举电压 V_{REF} 的设置原则也是使输出电压以 $V_{CC}/2$ 为中心。

由叠加定理可得

$$v_o = -\frac{R_f}{R_1}v_i + \left(1 + \frac{R_f}{R_1}\right)V_{REF} - \frac{R_f}{R_1}V_{CC_1}$$

调整电路参数，使

$$\left(1 + \frac{R_f}{R_1}\right)V_{REF} - \frac{R_f}{R_1}V_{CC1} = \frac{1}{2}V_{CC}$$

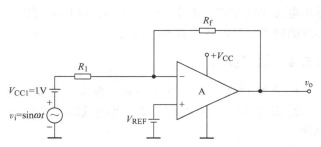

图 3-5-5　输入端交直流耦合的反向比例电路

即可满足要求。例如，$R_1 = R_f = 10\text{k}\Omega$ 时，取 $V_{REF} = \left(\frac{1}{4}V_{CC} + \frac{1}{2}V_{CC1}\right)$。

这种方法的缺点是 V_{REF} 的计算复杂，有时候难以取整。

2. 输入端交流耦合方法

当不关心直流信号时，可以在输入端加隔直传交的电容，并配合自举电压的设置，例如在图 3-5-6 的反向比例电路中，在信号输入端加电容 C，并在同相输入端加直流偏置自举电压 V_{REF}。

由于电容 C 的隔直作用，有

$$v_o = -\frac{R_f}{R_1}v_i + V_{REF}$$

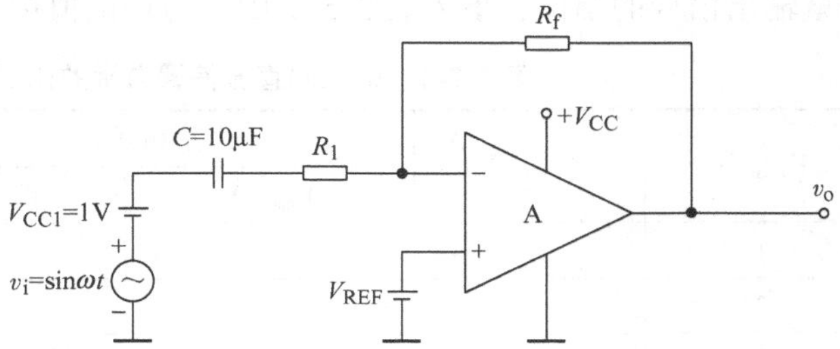

图 3-5-6　输入端交流耦合的反向比例电路

直接取 $V_{REF} = V_{CC}/2$ 即可。

值得注意的是：上述两种方法的本质都是将图 3-5-1 中运算放大器推挽输出级的 VT_{10}、

VT_{11}静态工作点偏置在$V_{CC}/2$，也就是说，此时推挽输出级的VT_{10}、VT_{11}变为甲类工作方式，VT_{12}不工作。同时，如图3-5-3所示，由于晶体管饱和压降V_{CES}的存在，输出电压中心点抬高后，输出波形的最大幅值小于$V_{CC}/2$，所以，在电路应用中要特别注意这个问题，避免出现削波现象，造成波形失真。

3. "设置"正负双电源法

可以利用单电源，通过大电阻分压的方式，"设置"一个虚拟地，获得正负双电源，如图3-5-7所示。

这样做的好处是：所有的运算放大器的应用电路都可以不加处理，直接实现正负双电源供电。但是，必须注意，这时电路中的"地"只是一个电位参考点，它与真正电源V_{CC}的"地"不是一个点，当电路规模较小时可以使用；但如果系统规模较大，还是不希望有太多的参考点，以免造成系统电压混乱。

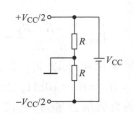

图3-5-7 "设置"正负双电源

另外，如果在电路中除了运算放大器外，还存在原本就是单电源供电方式的芯片，应该了解，这样处理以后，哪些芯片的输出信号的幅值将相应损失一半。

3.5.4 预习要求

1. 查阅LM324AD的相关资料，理解LM324AD的工作原理。
2. 复习教材中有关运算放大器构成的相关内容，理解LM324在单电源供电时的工作原理。

3.5.5 实验内容

1. Multisim仿真实验

（1）输入端直流偏置自举的比例加法电路 在图3-5-4的电路中，取$V_{CC} = +12V$，$R_1 = R_2 = R_f = 10k\Omega$，$V_{REF} = V_{CC}/6 = 2V$（由$V_{CC}$经过两个大电阻分压获得），$v_{i1}$、$v_{i2}$都是正弦信号，频率都为1kHz。

仿真电路搭建如图3-5-8所示，调节v_{i1}、v_{i2}的幅度，并在不同输入信号幅度下用示波器测量输出信号的幅值，填入表3-5-1中，与理论值进行比较。

表3-5-1 输入端直流偏置自举的比例加法电路仿真数据表

V_{i1max}/V	V_{i2max}/V	仿真值		理论值
		V_{omax}/V	波形情况	V_{omax}/V
1	1			
2	2			
3	3			

（2）输入端交直流耦合的反向比例电路 搭建图3-5-5所示的输入端交直流耦合的反向比例仿真电路如图3-5-9所示，取$V_{CC} = +12V$，$R_1 = R_f = 10k\Omega$，$V_{REF} = \left(\dfrac{1}{4}V_{CC} + \dfrac{1}{2}V_{CC1} \right) =$

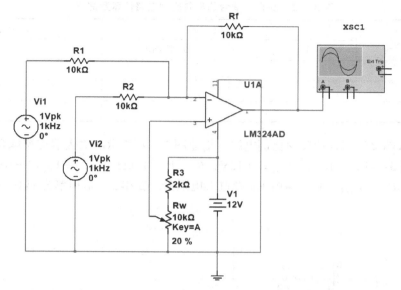

图 3-5-8 输入端直流偏置自举的比例加法仿真电路

3.5V，$V_{CC1} = 1V$（从 R_3 上端获取），V_{REF}、V_{CC1} 均由 V_{CC} 经过大电阻分压获得，v_i 是频率为 1kHz 的正弦信号。

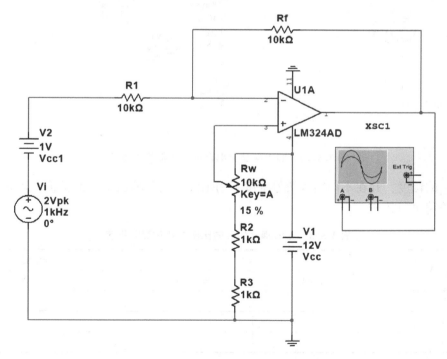

图 3-5-9 交直流耦合的反向比例仿真电路

调节 v_i 的幅度，并在不同输入信号幅度下用示波器测量输出信号的幅值，填入表 3-5-2 中，与理论值进行比较。

126

表 3-5-2　交直流耦合的反向比例电路仿真数据表

V_{imax}/V	仿真值		理论值
	V_{omax}/V	波形情况	V_{omax}/V
2			
4			
6			

（3）输入端交流耦合的反向比例电路　搭建图 3-5-6 所示的输入端交流耦合的反向比例仿真电路如图 3-5-10 所示，取 $V_{CC} = +12V$，$R_1 = R_f = 10k\Omega$，$V_{REF} = V_{CC}/2 = 6V$，$V_{CC1} = 1V$（从 R_3 上端获取），V_{REF}、V_{CC1} 均由 V_{CC} 经过大电阻分压获得，v_i 是频率为 1kHz 的正弦信号。

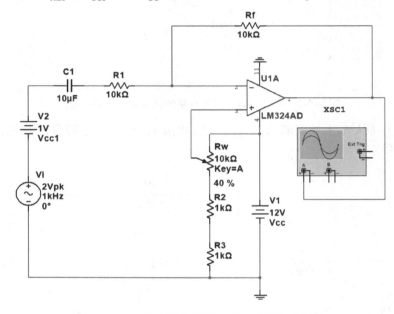

图 3-5-10　输入端交流耦合反向比例仿真电路

调节 v_i 的幅度，并在不同输入信号幅度下用示波器测量输出信号的幅值，填入表 3-5-3 中，与理论值进行比较。

表 3-5-3　交流耦合的反向比例电路仿真数据表

V_{imax}/V	仿真值		理论值
	V_{omax}/V	波形情况	V_{omax}/V
2			
4			
6			

（4）LM324 单电源供电时的方波-三角波发生器　图 1-10-3 的方波、三角波发生器，如果运算放大器只能单电源供电，则可以采用大电阻分压的方法获得运算放大器需要的正负供电电源。

搭建图 3-5-11 所示的方波、三角波发生器仿真电路（占空比可调），$V_{CC} = +12V$，电阻电容取值如表 3-5-4 所示，观察电容电压 v_c 和运算放大器输出电压 v_o 的波形，将相关结果填入表 3-5-4 中，与理论值进行比较。

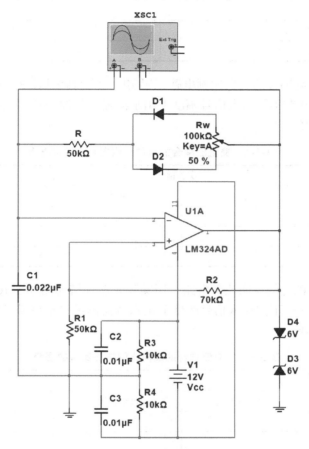

图 3-5-11　方波、三角波发生器仿真电路

表 3-5-4　方波-三角波发生器仿真数据表

R_w（Key 值）	$C/\mu F$	$R_1/k\Omega$	$R_2/k\Omega$	仿真值					理论值				
				V_{T+}/V	V_{T-}/V	V_{om}/V	T/s	f/Hz	V_{T+}/V	V_{T-}/V	V_{om}/V	T/s	f/Hz
80%	0.022	70	50										
80%	0.022	50	70										
20%	0.01	70	50										
20%	0.01	50	70										

2. LM324 单电源供电的应用电路实验

（1）输入端直流偏置自举的比例加法电路　用实际元器件搭建图 3-5-8 所示的比例加法电路，调节 v_{i1}、v_{i2} 的幅度，并在不同输入信号幅度下用示波器测量输出信号的幅值，填入表 3-5-5 中，与理论值进行比较。

表 3-5-5　输入端直流偏置自举的比例加法电路实验数据表

V_{i1max}/V	V_{i2max}/V	实验值		理论值
		V_{omax}/V	波形情况	V_{omax}/V
1	1			
2	2			
3	3			

（2）输入端交直流耦合的反向比例电路　用实际元器件搭建图 3-5-9 所示的反向比例电路，调节 v_i 的幅度，并在不同输入信号幅度下用示波器测量输出信号的幅值，填入表 3-5-6 中，与理论值进行比较。

表 3-5-6　交直流耦合的反向比例电路实验数据表

V_{imax}/V	实验值		理论值
	V_{omax}/V	波形情况	V_{omax}/V
2			
4			
6			

（3）输入端交流耦合的反向比例电路　用实际元器件搭建图 3-5-10 所示的反向比例电路，调节 v_i 的幅度，并在不同输入信号幅度下用示波器测量输出信号的幅值，填入表 3-5-7 中，与理论值进行比较。

表 3-5-7　交流耦合的反向比例电路实验数据表

V_{imax}/V	实验值		理论值
	V_{omax}/V	波形情况	V_{omax}/V
2			
4			
6			

（4）LM324 单电源供电时的方波-三角波发生器　用实际元器件搭建图 3-5-11 所示的方波-三角波发电路，电阻电容取值见表 3-5-8，观察电容电压 v_c 和运算放大器输出电压 v_o 的波形，将相关结果填入表 3-5-8 中，与理论值进行比较。

表 3-5-8　方波三角波发生器实验数据表

R_w（Key 值）	$C/\mu F$	$R_1/k\Omega$	$R_2/k\Omega$	实验值					理论值				
				V_{T+}/V	V_{T-}/V	V_{om}/V	T/s	f/Hz	V_{T+}/V	V_{T-}/V	V_{om}/V	T/s	f/Hz
80%	0.022	70	50										
80%	0.022	50	70										
20%	0.01	70	50										
20%	0.01	50	70										

3.5.6 实验报告要求

1. 简述图3-5-4、3-5-5、3-5-6电路的工作原理，说明 V_{REF} 在电路中的作用，以及它的取值方法。

2. 记录并整理实验数据，观察每个电路输出电压的波形和幅值情况，与理论分析相比较。

3. 分析讨论实验中出现的问题及排除方法。

3.5.7 思考题

1. 在图3-5-4和图3-5-5的电路中，如果 V_{REF} 的取值过大或者过小，会发生什么现象？

2. 当LM324工作于单电源方式时，构成的电路的输出电压最大幅值是多少？

3. 在图3-5-11的电路中，为了使电容上的电压更加接近三角波，电路参数应该如何选取？

4. 在图3-5-11的电路中，为了获得锯齿波，电路应作如何改变？

3.5.8 注意事项

1. 图3-5-11所示的电路用实际元器件搭建后，用示波器观察实验结果时，注意此时的系统"地"（电位参考点）是分压电阻的中间点，示波器的负表棒应该指向这个点，而不是电源电压的"地"。

2. 任何直流电压用电源电压分压的方式获得时，分压电阻都要尽量取得大一些，本实验中的参考值取的是千欧级电阻，实际电路中可以取得更大些，甚至到兆欧级。

3.6 典型集成低通滤波芯片的应用

3.6.1 实验目的

有源滤波器常用于信号调理电路，它实际上是一种具有特定频率响应的放大器。简单的二阶低通、带通、带阻滤波器的原理和电路在1.11节已经有边介绍，当需要高阶滤波时，可利用多个一阶或二阶滤波器级联而成，但采用级联的方法在设计时计算较为复杂，所以，工程上常利用集成滤波芯片搭建高阶滤波器。本节将介绍几种典型的集成低通滤波芯片及其应用电路。

1. 了解四阶低通滤波芯片 LTC14 – 100、LT6600 – 10、LTC1563 – 2 的功能及特点。

2. 了解五阶低通滤波芯片 LTC1560 – 1 的功能及特点。

3. 了解数字量控制的八阶低通滤波器 LTC1564 的功能及特点。

4. 掌握用以上芯片构成低通滤波器的方法。

5. 进一步掌握滤波器幅频特性的测量方法。

3.6.2 实验设备与器件

1. 直流稳压电源

2. 信号发生器

3. 示波器

4. 万用表

5. TLC14 – 100、LT6600 – 10、LTC1563 – 2、LTC1560 – 1、LTC1564 各 1 块

6. 电阻器、电容器若干

3.6.3 实验原理

1. TLC14 – 100 四阶低通滤波器

TLC14 – 100 是一款经典的低通滤波集成芯片，其引脚排列如图 3-6-1 所示。它包含了一个具有巴特沃斯频率响应的四阶低通滤波器，其上限频率由外部时钟控制，外部时钟与上限频率的比为 100∶1，上限频率的范围为 0.05Hz ~ 30kHz，可以单电源或双电源工作。

引脚 1 为与 CMOS 电平兼容的时钟输入端或自身产生的时钟输入端，若需要自身产生时钟，可将引脚 1 和引脚 2 通过一个电阻相连，并通过一个旁路电容接地。

引脚 2 为与 TTL 电平兼容的时钟输入端。

引脚 3 为电平位移控制端，对与 CMOS 电平兼容的时钟或者芯片自身产生的时钟，引脚 3 接引脚 4 的负电源；对与 TTL 电平兼容的时钟，引脚 3 接电源电压中间值。

引脚 4 为负电源输入端。

引脚 5 为滤波器模拟信号输出端。

引脚 6 为模拟地。

引脚 7 为正电源输入端。

引脚 8 为滤波器模拟信号输入端。

图 3-6-2 为用 TTL 外部时钟驱动时，利用 TLC14 – 100 构成的四阶低通滤波器典型电路。此时，滤波器的上限频率由外部时钟决定，即

$$f_H = 外部时钟频率/100 \tag{3-6-1}$$

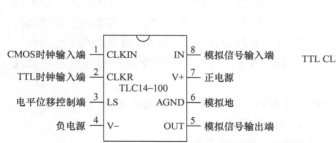

图 3-6-1　TLC14 – 100 引脚图

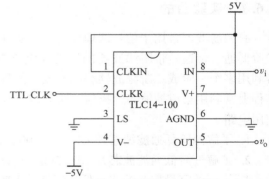

图 3-6-2　TLC14 – 100 TTL 外部时钟驱动典型电路

图 3-6-3 为用自身时钟驱动时，利用 TLC14 – 100 构成的四阶低通滤波器典型电路。此时，自身产生的时钟频率 f_{clock} 计算方法见式(3-6-2)，滤波器的上限频率与时钟频率的关系见式(3-6-3)。

$$f_{clock} = \frac{1}{RC \times \ln\left[\left(\dfrac{V_{CC} - V_{IT-}}{V_{CC} - V_{IT+}}\right)\left(\dfrac{V_{IT+}}{V_{IT-}}\right)\right]} \tag{3-6-2}$$

其中，V_{IT+} 和 V_{IT-} 的取值与 V_{CC} 有关，详见芯片手册。

$$f_H = f_{clock}/100 \qquad (3\text{-}6\text{-}3)$$

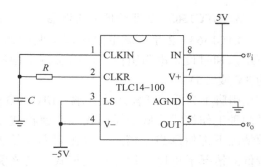

图 3-6-3　TLC14-100 自身时钟驱动典型电路

2. LT6600-10 四阶低通滤波器

LT6600-10 是一款常用的低通滤波器集成芯片，它集成了一个全差分放大器与一个近似切比雪夫频率响应的四阶低通滤波器，可对差分信号进行放大滤波，差分增益可以通过两个外部电阻进行调节，上限频率为 10MHz，工作电压为 3V、5V 或 ±5V。其引脚排列如图 3-6-4 所示。

引脚 1、引脚 8 为差分信号输入端，可通过等值的外部电阻 R_{in} 将信号加到一个或两个输入引脚上。

引脚 2 用于提供滤波器级的直流共模基准电压，其大小决定滤波器差分输出的共模电压。引脚 2 可以与外部基准电压相连，也可以与引脚 7 相连，除非引脚 2 接地，否则应通过一个 0.01μF 的陶瓷电容将其旁路。

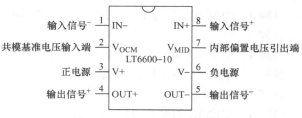

图 3-6-4　LT6600-10 引脚图

引脚 3、引脚 6 为正负电源端。当用 3.3V/5V 单电源供电时，需要将引脚 6 接地，并在正电源引脚 3 与负电源引脚 6 之间布设一个 0.1μF 的陶瓷旁路电容。

引脚 4、引脚 5 为输出差分信号端。

引脚 7 为在内部施加了大小为电源电压一半的偏置电压。对于单电源供电，应采用一个 0.01μF 的陶瓷电容将引脚 7 旁路至引脚 6；对于双电源供电，引脚 7 则应该直接接地或者通过旁路电容接地。

图 3-6-5 为单电源供电情况下，利用 LT6600-10 构成的四阶低通滤波器典型电路。图中，输入信号为直流耦合的差模信号。由于引脚 7 与引脚 6 相连，所以共模输出电压为电源电压的一半，即 2.5V。因为输出电压增益为 402Ω/R_{in}，当 R_{in} 取 402Ω 时，该滤波器的通带增益为 1。

图 3-6-6 为双电源供电情况下，利用 LT6600-10 构成的四阶低通滤波器典型电路。图中，输入信号为单端交流耦合信号，0.1μF 的耦合电容和 R_{in} 形成了一个高通滤波器，衰减了低频信号，输出电压增益为 402Ω/2R_{in}。

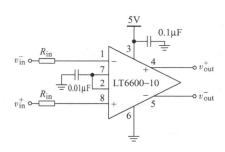

图 3-6-5　LT6600-10 单电源供电典型电路

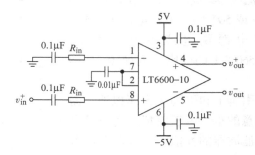

图 3-6-6　LT6600-10 双电源供电典型电路

3. LTC1563-2 四阶低通滤波器

LTC1563-2 是一款上限频率可调的四阶低通滤波集成芯片，其引脚排列如图 3-6-7 所示。通过设置电阻阻值，可以实现上限频率在 265Hz~256kHz 范围内可调。工作电压为 3V 或 ±5V。

引脚 1 为低功耗模式选择端。LTC1563-2 提供两种工作模式：低功耗模式或高速模式。大多数情况下都使用高速模式，但在频率较低、增益较低的情况下可以使用低功耗模式。当该引脚为低电平时，芯片工作在低功耗模式；当该引脚为高电平或开路时，芯片工作在高速模式。

引脚 2、引脚 11 为求和端，是前后反馈信号的求和点。

引脚 3、引脚 5、引脚 10、引脚 12、引脚 14 为空引脚。

引脚 4、引脚 13 为信号输入端。

引脚 6、引脚 15 为信号输出端。

引脚 7 为模拟地。

引脚 8、引脚 16 为电源引脚。

引脚 9 为使能端，当该引脚为高电平或开路时，LTC1563-2 将进入关机状态，滤波器停止工作。

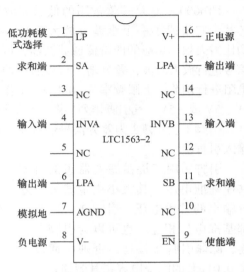

图 3-6-7　LTC1563-2 引脚图

图 3-6-8 为利用 LTC1563-2 构成的上限频率为 256Hz~256kHz 的四阶低通滤波器典型电路。

该电路为 5V 单电源供电，滤波器上限频率 f_H 的计算方法为

$$f_H = 256\text{kHz} \times \left(\frac{10\text{k}\Omega}{R}\right)$$

$$(3\text{-}6\text{-}4)$$

4. LTC1560-1 五阶低通滤波器

LTC1560-1 是一款五阶低噪声低通滤波器集成芯片，其上限频率为 1MHz 或 500kHz，工作电压为 ±5V，可双电源供电或单电源供电。LTC1560-1 的引脚排列如图 3-6-9 所示。

引脚 1 和引脚 3 为模拟地。需要注意的是，由于模拟地的质量会影响滤波器的性能，在双电源供电

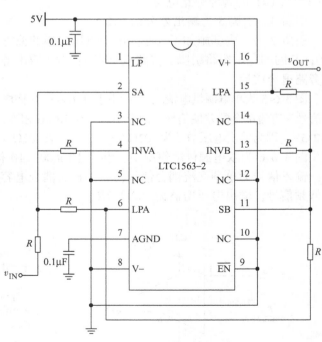

图 3-6-8　LTC1563-2 典型电路

时，模拟接地引脚应连接到封装周围的模拟接地层，如果有数字地，模拟接地层应连接到数字接地层上，并在其间加装磁珠；在单电源供电时，引脚1和引脚3应该偏置在电源电压的一半（如图3-6-10所示），模拟地平面应该连接到引脚4。

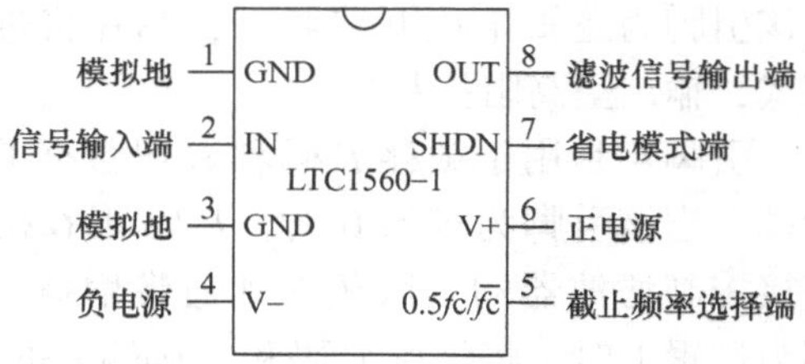

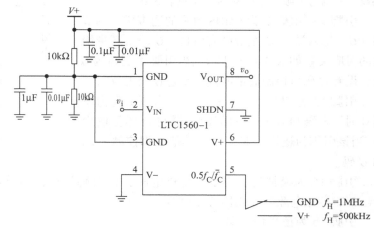

图 3-6-9　LTC1560 − 1 引脚图

引脚2为信号输入端。

引脚4、引脚6为正、负电源端。

引脚5为上限频率选择端：当该引脚接高电平时，滤波器上限频率为500kHz，当该引脚接低电平时，上限频率为1MHz，该引脚不可悬空。

引脚7为省电模式控制端，在滤波器正常工作时，该引脚应短接至模拟地或负电源端，如果该引脚拉高至正电源电压，则滤波器将停止工作，进入省电模式，逻辑阈值为2.5V。

引脚 8 为滤波信号输出端。

图 3-6-10 为 LTC1560 − 1 单电源供电时的典型电路。

图 3-6-11 为 LTC1560 − 1 双电源供电时的典型电路。

图 3-6-10　LTC1560 − 1 单电源供电时的典型电路

需要注意的是，在实际电路设计中，电源的正极和负极使用的 0.1μF 和 0.01μF 并联电容应尽可能靠近滤波器的电源引脚放置。

5. LTC1564 八阶低通滤波器

LTC1564 是一款可由数字量控制的八阶低通滤波器，其引脚排列如图 3-6-12 所示。它的上限频率和通带增益可分别由 4 位数字量控制。上限频率的调节范围为 10 ~ 150kHz，步进值为 10kHz；通带增益的调节范围为 1 ~ 16，步进值为 1。最大工作电压差为 11V。

引脚1为滤波器信号输出端。当 F = 0000 或 $\overline{RST}$ = 0 时，输出工作方式与正常滤波相同，但增益为 1 （V/V）。

引脚2、引脚14为正负电源端。

引脚3为 CMOS 电平数字使能端，

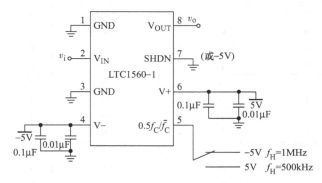

图 3-6-11　LTC1560 − 1 双电源供电时的典型电路

当该引脚为逻辑 1 或开路状态，芯片将进入关断模式，输出呈高阻抗状态。

引脚 4 是用于锁存 F 码和 G 码数据的数字使能端。当该引脚为逻辑 0 时，F 码和 G 码的数据直接控制滤波器的上限频率和通带增益。当该引脚为逻辑 1 时，将保持 F 码和 G 码输入的最后值；该引脚开路时等效为逻辑 0。

引脚 5 ~ 引脚 8 为 CMOS 电平的上限频率调节码（F）输入端，$F3$ 是最高有效位（引脚 5）。当引脚 4 逻辑为 0 时，设置 F 码可控制上限频率，反之 F 码无效。F 码与上限频率的对应关系见表 3-6-1。

引脚 9 ~ 引脚 12 为 CMOS 电平的通带增益调节码（G）输入端，$G3$ 是最高有效位。G 码与通带增益的对应关系如表 3-6-1 所示。当引脚 4 逻辑为 0 时，设置 G 码可控制通带增益，反之 G 码无效。

引脚 13 为调节码异步复位端。当该引脚为逻辑 0 时，F 码和 G 码的内部锁存器将全部复位为 0；当该引脚为逻辑 1 时，允许其他引脚控制 F 码和 G 码。

引脚 15 为模拟地。当双电源供电时，该引脚接地；当单电源供电时，该引脚应接入 $V+/2$ 的参考电源，并连接旁路电容。

引脚 16 为信号输入端。

LTC1564 真值表见表 3-6-2。

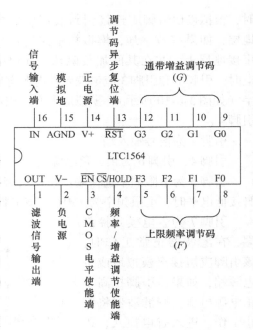

图 3-6-12　LTC1564 引脚图

表 3-6-1　频率调节码与增益调节码

$F3$	$F2$	$F1$	$F0$	上限频率 f_H/kHz	$G3$	$G2$	$G1$	$G0$	通带增益（V/V）
0	0	0	0	0	0	0	0	0	1
0	0	0	1	10	0	0	0	1	2
0	0	1	0	20	0	0	1	0	3
0	0	1	1	30	0	0	1	1	4
0	1	0	0	40	0	1	0	0	5
0	1	0	1	50	0	1	0	1	6
0	1	1	0	60	0	1	1	0	7
0	1	1	1	70	0	1	1	1	8
1	0	0	0	80	1	0	0	0	9
1	0	0	1	90	1	0	0	1	10
1	0	1	0	100	1	0	1	0	11
1	0	1	1	110	1	0	1	1	12
1	1	0	0	120	1	1	0	0	13
1	1	0	1	130	1	1	0	1	14
1	1	1	0	140	1	1	1	0	15
1	1	1	1	150	1	1	1	1	16

表 3-6-2　LTC1564 真值表

$\overline{EN}$	$\overline{RST}$	$\overline{CS/HOLD}$	F3	F2	F1	F0	G3	G2	G1	G0	工作状态
1	1	1	×	×	×	×	×	×	×	×	关机模式。滤波器不工作，锁存最后一组 F 码/G 码
1	1	0	×	×	×	×	×	×	×	×	关机模式。滤波器不工作，可设置 F 码/G 码
1	0	×	×	×	×	×	×	×	×	×	关机模式。滤波器不工作，F 码/G 码复位为 0
0	0	×	×	×	×	×	×	×	×	×	滤波器激活，增益为 1，F 码/G 码复位为 0
0	1	1	除 0000 以外的 F 码				×	×	×	×	正常滤波模式。锁存最后一组 F 码/G 码
0	1	0	×	×	×	×	×	×	×	×	正常滤波模式。F 码/G 码可直接控制滤波器

　　图 3-6-13 为利用 LTC1564 构成的上限频率可调的八阶低通滤波器典型电路。根据表 3-6-2 可知，此时滤波器工作在正常滤波模式，设置频率调节码、增益调节码可直接控制滤波器的上限频率和通带增益。

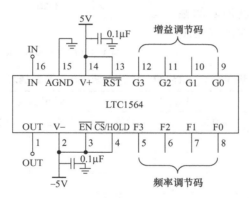

图 3-6-13　LTC1564 典型电路

以上各种低通滤波性能的比较见表 3-6-3。

表 3-6-3　低通滤波芯片性能比较表

型　　号	阶数	上限频率 f_H	通带增益（V/V）	供电电源
TLC14 - 100	四阶	0.05Hz ~ 30kHz	1	正负极电压差 5 ~ 10V
LT6600 - 10	四阶	10MHz	可调	3V、5V、±5V
LTC1563 - 2	四阶	256Hz ~ 265kHz 可调	1	3V、±5V
LTC1560 - 1	五阶	1MHz/500kHz 可选	1	±5V
LTC1564	八阶	10 ~ 150kHz 步进可调	1 ~ 16 步进可调	正负极电压差 2.7 ~ 10V

3.6.4 预习要求

1. 复习教材中有关滤波电路的相关内容，理解低通滤波器的工作原理。

2. 查找 TLC14 – 100、LT6600 – 10、LTC1563 – 2、LTC1560 – 1、LTC1564 芯片手册，了解它们的工作原理及典型应用电路。

3.6.5 实验内容

1. LT6600 – 10 四阶低通滤波器

（1）Multisim 仿真实验　用一块 LT6600 – 10 搭建双电源供电的四阶滤波器，如图 3-6-14 所示。其中，$R_1 = R_2 = 402\Omega$，耦合电容 $C_1 = C_2 = 0.1\mu F$，旁路电容 $C_3 = 0.01\mu F$，$C_4 = C_5 = 0.1\mu F$，单端输入正弦信号，幅值为 1V。改变输入信号的频率，用示波器观察引脚 5、引脚 6 输出信号的幅值 V_{omax}，填入表 3-6-4 中。分析电路的通带增益和上限频率，与理论值进行比较；并用波特图仪观察该滤波器的幅频特性曲线，再次验证电路的通带增益和上限频率。

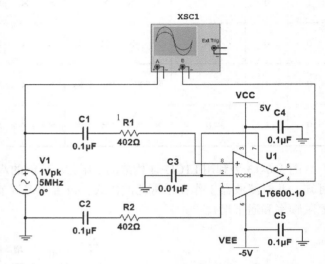

图 3-6-14　LT6600 – 10 双电源供电仿真图

表 3-6-4　LT6600 – 10 双电源供电仿真数据表

f/MHz	V_{imax}/V	V_{omax}/V		通带增益/（V/V）		上限频率 f_H/Hz	
		仿真值	理论值	仿真值	理论值	仿真值	理论值
1.0	1						
3.0	1						
5.0	1						
7.0	1						
8.0	1						
9.0	1						
10.0	1						
11.0	1						
12.0	1						
15.0	1						
20.0	1						

（2）实验测试　用实际元器件搭建图 3-6-14 所示电路，用幅值为 1V 的单端正弦信号作为输入信号。改变输入信号频率，用示波器观察差分输出电压的幅值，记录相关数据，填入表 3-6-5 中，分析电路的通带增益和上限频率，与理论值进行比较。

表 3-6-5　LT6600 – 10 双电源供电实验数据表

f/MHz	$V_{\mathrm{imax}}/\mathrm{V}$	$V_{\mathrm{omax}}/\mathrm{V}$		通带增益/(V/V)		上限频率 $f_{\mathrm{H}}/\mathrm{Hz}$	
		实验值	理论值	实验值	理论值	实验值	理论值
1.0	1						
3.0	1						
5.0	1						
7.0	1						
8.0	1						
9.0	1						
10.0	1						
11.0	1						
12.0	1						
15.0	1						
20.0	1						

2. LTC1563 – 2 四阶低通滤波器

（1）Multisim 仿真实验　用一块 LTC1563 – 2 搭建四阶低通滤波器的仿真电路，如图 3-6-15 所示。其中，$R_1 = R_2 = R_3 = R_4 = R_5 = R_6 = 10\mathrm{k}\Omega$，输入信号为幅值 1V、耦合 1.5V 直流分量的正弦信号。改变输入信号的频率 f，用示波器观察输出信号的幅值，填入表 3-6-6 中。分析电路的通带增益和上限频率，与理论值进行比较；并用波特图仪观察该滤波器的幅频特性曲线，再次验证电路的通带增益和上限频率。

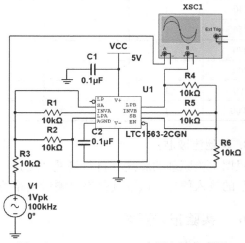

图 3-6-15　LTC1563 – 2 应用电路仿真图

表 3-6-6　LTC1563 – 2 仿真数据表

f/kHz	$V_{\mathrm{imax}}/\mathrm{V}$	$V_{\mathrm{omax}}/\mathrm{V}$		通带增益/(V/V)		上限频率 $f_{\mathrm{H}}/\mathrm{Hz}$	
		仿真值	理论值	仿真值	理论值	仿真值	理论值
1	1						
50	1						
100	1						
150	1						
200	1						
230	1						
240	1						
256	1						
270	1						
300	1						
500	1						
1000	1						

（2）实验测试　用实际元器件搭建图 3-6-15 所示的电路，输入信号为幅值 1V、耦合 1.5V 直流分量的正弦信号。改变输入信号频率，用示波器观察输出信号的幅值，记录相关数据，填入表 3-6-7 中，分析电路的通带增益和上限频率，与理论值进行比较。

表 3-6-7　LTC1563－2 实验数据表

f/kHz	V_{imax}/V	V_{omax}/V		通带增益/（V/V）		上限频率 f_H/Hz	
		实验值	理论值	实验值	理论值	实验值	理论值
1	1						
50	1						
100	1						
150	1						
200	1						
230	1						
240	1						
256	1						
270	1						
300	1						
500	1						
1000	1						

3. 其他滤波芯片

根据实验原理的叙述，自行搭建 TLC14－100、LTC1560－1、LTC1564 的实验电路，选择合适的输入信号，改变其频率，测量电路的通带增益和上限频率。

3.6.6　实验报告要求

1. 简述本节使用的各种集成滤波芯片的工作原理及主要性能指标，并进行比较。
2. 整理实验中记录的数据，根据实验数据绘制仿真或实验电路的幅频特性曲线。
3. 对 Multisim 仿真结果和硬件电路实验结果进行比较，分析产生误差的原因。
4. 分析讨论实验中出现的问题及排除方法。

3.6.7　思考题

1. 如何滤除滤波器输出信号中的直流分量？
2. 如何利用 LT6600－10 设计五阶低通滤波器？

3.6.8　注意事项

1. 注意电路中各芯片引脚的正确连接。
2. LTC1563－2 在单电源工作的情况下，当输入信号波形有正有负时，滤波器将无法输出信号的负半周部分。

3.7 低频函数信号发生器

3.7.1 实验目的

第1章的1.10节介绍了简单的方波-三角波发生器，本章的3.4节介绍了用LM324组成的压控方波-三角波发生器，本节将介绍一种能产生低频多功能函数信号的芯片——ICL8038。它是一种可以输出多种波形的精密振荡集成电路芯片，具有电源电压范围宽、稳定度高、精度高、易于应用等优点，只需调整外部电阻、电容值，就能产生 0.001Hz ~ 300kHz 的频率和占空比可变的低失真正弦波、三角波、矩形波信号，频率调节还可以由外部电压控制完成，可被应用于压控振荡器、FSK 调制器和锁相环电路。

1. 了解 ICL8038 的功能及特点。
2. 进一步掌握波形参数的测试方法。

3.7.2 实验设备与器件

1. 直流稳压电源
2. 示波器
3. 万用表
4. ICL8038　1 块
5. LM324　1 块
6. 电位器、电阻器、电容器若干。

3.7.3 实验原理

ICL8038 的引脚图和内部框图如图 3-7-1 所示。

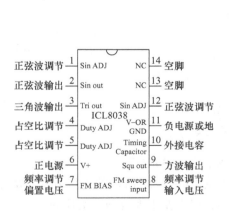
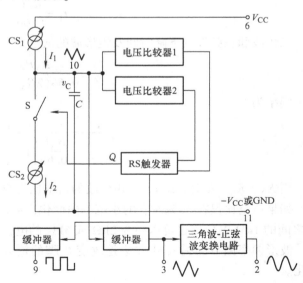

图 3-7-1　ICL8038 引脚图和内部框图

ICL8038 由恒流源 CS_1、CS_2、比较器 1、比较器 2、触发器、三角波—正弦波变换电路、缓冲器等组成。外接电容 C 由两个恒流源及开关控制进行充电和放电，产生三角波：若 S 断开，仅有电流 I_1 向 C 充电，当 v_C 上升到比较器 1 的门限电压 $2/3V_{CC}$ 时，触发器输出 $Q=1$，使开关 S 接通，电流 I_2 被加到 C 上，C 反向充电，v_C 逐渐下降，当下降到比较器 2 的门限电压 $1/3V_{CC}$ 时，SR 锁存器被复位，$Q=0$，于是 S 断开，由 I_1 向 C 进行充电……，如此反复。v_C 近似为三角波，从 3 脚输出，幅值为 $V_{CC}/3$，而 SR 锁存器输出则为方波。

当两个电流源 CS_1、CS_2 的电流分别设定为 I、$2I$ 时，电容 C 的充电、放电时间相等，则 3 脚的三角波以及 2 脚变换的正弦波就是对称的，9 脚的方波占空比是 50%；若恒流源 CS_1、CS_2 的电流不满足上述关系，则 3 脚输出非对称的锯齿波，2 脚输出非对称的正弦波，9 脚输出占空比为 2% ~ 98% 的脉冲波形。

波形的对称性可以通过外部电阻进行调整，有两种实现方法，如图 3-7-2 所示。

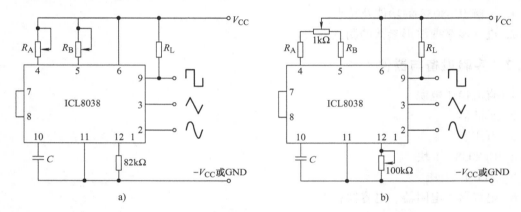

图 3-7-2　两种形式的外部电阻连接

图 3-7-2a 中，三角波和正弦波的上升时间以及矩形波的高电平时间为

$$t_1 = \frac{R_A C}{0.66} \tag{3-7-1}$$

三角波和正弦波的下降时间及矩形波的低电平时间为

$$t_2 = \frac{R_A R_B C}{0.66(2R_A - R_B)} \tag{3-7-2}$$

频率为

$$f = \frac{1}{t_1 + t_2} = \frac{1}{\dfrac{R_A C}{0.66}\left(1 + \dfrac{R_B}{2R_A - R_B}\right)} \tag{3-7-3}$$

当 $R_A = R_B = R$ 时，$t_1 = t_2$，矩形波的占空比为 50%，$f = 0.33/RC$。

如果占空比仅在 50% 左右的小范围内变化，可以使用图 3-7-2b 所示的连接方式。R_A 和 R_B 之间的 1kΩ 电位器也可以换为 2kΩ 或 5kΩ 的电位器，以方便更大范围占空比的调节。

波形频率调节的另一种方法是改变 8 脚的输入电压的大小，输出信号的频率会随之变化。

图 3-7-2 中，8 脚必须与 7 脚相连。12 引脚的 82kΩ 电阻和 100kΩ 电位器是为了降低

正弦波的失真配置的，如果要进一步降低失真，可以在 1 脚和 12 脚之间接两个电位器，如图 3-7-3 所示，调节这两个电位器可以将正弦波的失真减小至 0.5%。

2 脚的正弦波输出阻抗较高，一般为 1kΩ，可以后接一个运放构成的电压跟随器或放大器进行缓冲或幅度调节。

ICL8038 可以单电源供电（10 ～ 30V），或双电源供电（ –15 ～ –5V，5 ～ 15V）。

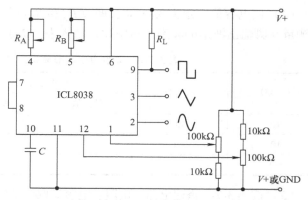

图 3-7-3　外接电位器降低正弦波失真

3.7.4　预习要求

查阅 ICL8038 的有关资料，熟悉它的工作原理及其应用电路。

3.7.5　实验内容

1. 外部电阻、电容调节频率实验

（1）按图 3-7-2a 搭建电路，取 $R_A = R_B = 10$kΩ，$C = 3300$pF，其余电阻取值如图 3-7-4 所示。调整电路，使其处于振荡状态，观察记录引 2 脚、引 3 脚、引 9 脚的输出波形，直到输出稳定的正弦波、三角波和方波。

（2）改变电容值，使 C 为表 3-7-1 中的数值，用示波器测量输出信号的频率，填入表中，与理论值进行比较。

表 3-7-1　改变电容调节频率实验数据表

C/pF	频率/Hz	
	理论值	测量值
1000		
3300		
4700		

（3）使电容值固定为 3300pF，调节 $R_A = R_B$ 的值，使它们为表 3-7-2 中的数值，用示波器测量输出信号的频率，填入表 3-7-2 中，与理论值进行比较。

表 3-7-2　改变电阻调节频率实验数据表

$R_A = R_B/\text{k}\Omega$	频率/Hz	
	理论值	测量值
20		
10		
5.1		

（4）使电容值固定为3300pF，调节 R_A 和 R_B 的值，使它们为表3-7-3中的数值，用示波器测量9脚输出波形的频率和占空比，填入表3-7-3中，与理论值进行比较。

表3-7-3　改变电阻调节频率、占空比的实验数据表

R_A/kΩ	R_B/kΩ	占空比		频率/Hz	
		理论值	测量值	理论值	测量值
10	10				
10	5.1				
5.1	10				

（5）按图3-7-4搭建电路，电阻、电容等取值见表3-7-4，改变 R_A、R_B 和 C 的值，使它们为表3-7-4中的数值，用示波器测量输出正弦波的频率，填入表3-7-4中，与理论值进行比较。

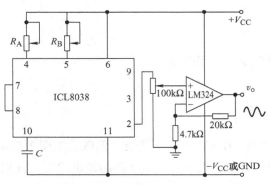

图 3-7-4　正弦波输出缓冲放大电路

表 3-7-4　改变电阻电容调节正弦波频率的实验数据表

R_A/kΩ	R_B/kΩ	C/pF	频率/Hz	
			理论值	测量值
20	20	1000		
10	10	3300		
4.7	4.7	4700		

2. 外部电压调节频率实验

按照图3-7-5搭建电路，电阻、电容等取值如图所示，改变 V_{in} 的值，使它为表3-7-5中的数值，用示波器测量输出信号的频率，填入表中，分析输出信号频率与 V_{in} 的关系。

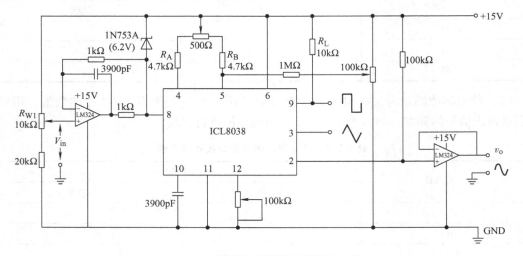

图 3-7-5　外部电压调节频率实验电路

表 3-7-5　外部电压调节频率实验数据

V_{in}/V	频率/Hz	V_{in}/V	频率/Hz
	测量值		测量值
15		13	
14.5		12.5	
14		12	
13.5		11.5	

3.7.6　实验报告要求

1. 简述 ICL8038 的工作原理。
2. 绘制频率与 10 脚电容的关系曲线，分析结果，得出结论。
3. 绘制 $R_A = R_B = R$ 与频率的关系曲线，分析结果，得出结论。
4. 绘制 R_A（R_B）与占空比的关系曲线，分析结果，得出结论。
5. 绘制图 3-7-5 中 V_{in} 与输出信号频率的关系曲线，分析结果，得出结论。
6. 分析讨论实验中出现的问题及排除方法。

3.7.7　思考题

1. ICL8038 中使用何种电路将三角波转换成正弦波？
2. 输出的方波和三角波需要后接运放电路进行缓冲吗？

3.7.8　注意事项

1. ICL8038 可以单电源供电也可以双电源供电，注意电源接法。
2. 图 3-7-2 中 8 脚悬空或不与 7 脚相连将不会有振荡波形输出。

3.8　宽带放大器

3.8.1　实验目的

普通运算放大器的带宽是有限的，LM324 的带宽只有 1.2MHz。当需要宽带放大的场合，必须使用特殊的运算放大器芯片。

带宽和压摆率是宽带放大器的两个重要指标，带宽决定了小信号时放大器的频率范围，而压摆率决定了运算放大器输出电压的转换速率。OPA695 是一款具有非常高带宽的电流反馈型运算放大器，空载时可以设置为 1~40 倍的放大倍数（50Ω 负载时增益降低一半）。在 1 倍电压放大倍数下带宽可达 1.7GHz；在 2 倍放大倍数时带宽为 1.4GHz；在 8 倍放大倍数时带宽为 450MHz；在 20 倍以上放大倍数时，带宽开始降低，但在高达 40 倍放大倍数时带宽仍超过 180MHz。OPA695 还具有 4300V/μs 的压摆率和低输入电压噪声，是宽带放大电路设计中常用的低成本、高动态范围的运算放大器。

1. 掌握 OPA695 的工作原理及性能。
2. 掌握由 OPA695 组成宽带放大器的典型应用电路。

3.8.2 实验设备与器件

1. 直流稳压电源
2. 示波器
3. 万用表
4. 宽带运算放大器 OPA695　1 块
5. 电阻器、电容器若干

3.8.3 实验原理

OPA695 的引脚图如图 3-8-1 所示。

图中，引脚 8 $\overline{\text{DIS}}$ 为禁用控制线，该引脚电平为 1 时运放工作，为 0 时运放禁用。
OPA695 的供电方式为 ±5V 或 +5V 单电源。

图 3-8-2 为直流耦合、8 倍电压放大倍数、双电源供电的同相放大电路。输入输出 50Ω 电阻是为了测试目的加上的，所以，电路中放大器的总有效负载是 $100\Omega /\!/ (402 + 56.2)\Omega = 82\Omega$。

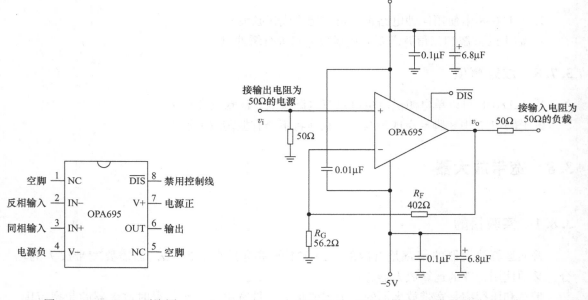

图 3-8-1　OPA695 引脚图　　　　　　图 3-8-2　双电源供电 8 放大倍数典型电路

图 3-8-3 为直流耦合、-8 倍电压放大倍数、双电源供电的反相放大电路。R_T 和 R_G 的并联用来设置输入阻抗，使其等于 50Ω。

在图 3-8-2 和图 3-8-3 中，可以在不同增益下，通过 R_F 和 R_G 的选择获得最佳带宽，然后根据期望的输入阻抗设置 R_T。不同增益下同相放大和反相放大电路的电阻推荐值见表 3-8-1 和表 3-8-2 所示。

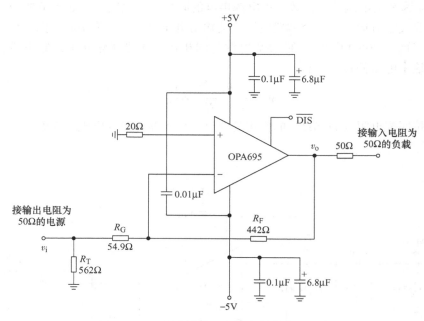

图 3-8-3　双电源供电 −8 放大倍数典型电路

表 3-8-1　图 3-8-2 同相放大电路的推荐电阻

增益/dB	R_F/Ω	R_G/Ω	增益/dB	R_F/Ω	R_G/Ω
6	478	159	14	363	40
7	468	134	15	340	33
8	458	113	16	314	27
9	446	96	17	284	21
10	433	81	18	252	16
11	419	68	19	215	12
12	402	57	20	174	9
13	384	48			

表 3-8-2　图 3-8-3 反相放大电路的推荐电阻

增益/dB	R_F/Ω	R_G/Ω	R_T/Ω	增益/dB	R_F/Ω	R_G/Ω	R_T/Ω
6	463	116	87	14	501	50	无穷
7	455	101	98	15	562	50	无穷
8	445	88	114	16	631	50	无穷
9	434	77	142	17	708	50	无穷
10	422	66	199	18	794	50	无穷
11	408	57	380	19	891	50	无穷
12	398	50	无穷	20	1000	50	无穷
13	447	50	无穷				

图3-8-4为8倍电压放大倍数、单电源供电的同相放大电路。如3.5节所叙述，在单电源供电时，要设法对运放加一个偏置电压，使输出电压以 $V_{CC}/2$ 为中心。图中使用一个简单的电阻分压（两个806Ω电阻）在 +5V 电源与同相输入端之间建立了偏置电压，输入信号交流耦合到这个电压偏置点，有

$$v_o = \frac{R_G}{R_G + R_F} v_i + \frac{V_{CC}}{2}$$

输入阻抗匹配电阻（57.6Ω）的作用是使整个放大器的输入电阻为50Ω。

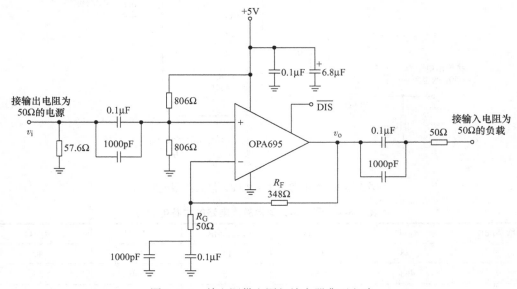

图3-8-4　单电源供电同相放大器典型电路

图3-8-5为 -8 倍电压放大倍数、单电源供电的反相放大电路，同样有

$$v_o = -\frac{R_F}{R_G} v_i + \frac{V_{CC}}{2}$$

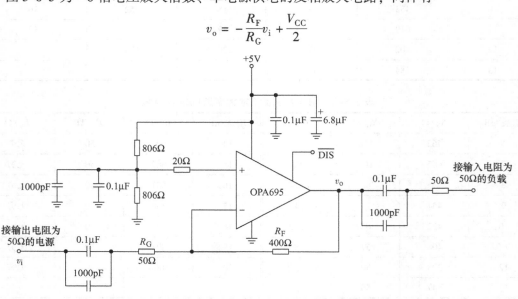

图3-8-5　单电源供电 -8 放大倍数典型电路

3.8.4　预习要求

1. 查阅电流型运算放大器相关资料，理解其工作原理。
2. 查阅 OPA695 的相关资料，了解 OPA695 的工作原理及应用。
3. 复习 3.5 节相关内容，了解单电源供电时运算放大器工作点的"偏置"方法。

3.8.5　实验内容

1. 按照图 3-8-2 搭建双电源供电的 OPA695 同相放大电路，电阻和电容取值如图 3-8-2 所示，信号源 v_i 采用 $f = 10\text{MHz}$、峰-峰值为 0.5V 的正弦信号，R_F、R_G 值见表 3-8-3，在不同电压增益时用示波器测量输出信号的峰-峰值，填入表 3-8-3 中，与理论值进行比较。

表 3-8-3　双电源的同相输入放大电路实验数据表

电 阻 取 值		$V_{i(p-p)}/\text{V}$	$V_{o(p-p)}/\text{V}$	
R_F/Ω	R_G/Ω	$(f = 10\text{MHz})$	理论值	实验值
478	159	0.5		
468	134	0.5		
458	113	0.5		
446	96	0.5		
433	81	0.5		
419	68	0.5		
402	57	0.5		
384	48	0.5		
363	40	0.5		
340	33	0.5		
314	27	0.5		
284	21	0.5		
252	16	0.5		
215	12	0.5		
174	9	0.5		

2. 图 3-8-2 的电路中，输入信号 v_i 的峰-峰值固定在 0.5V，按表 3-8-4 的数值调节 v_i 的频率，测量输出信号的峰-峰值，填入表 3-8-4 中，根据测量数据绘制电路的频率特性曲线，求出电路的带宽。

表 3-8-4　双电源的同相输入放大电路带宽测量数据表

f_{vi}/MHz	$V_{o(p-p)}$ 测量值/V	f_{vi}/MHz	$V_{o(p-p)}$ 测量值/V
1		300	
10		350	
20		400	
80		420	
100		440	
150		460	
200		480	
250		500	

3. 按照图 3-8-3 搭建双电源供电的 OPA695 反相放大电路，电阻和电容取值如图 3-8-3 所示，信号源 v_i 采用 $f=10MHz$、峰-峰值为 0.5V 的正弦信号，取 R_F、R_G、R_T 值如表 3-8-5 所示，在不同电压增益时用示波器测量输出信号的峰-峰值，填入表 3-8-5 中，与理论值进行比较。

表 3-8-5　双电源的反相输入放大电路实验数据表

电 阻 取 值			$V_{i(p-p)}$/V	$V_{o(p-p)}$/V	
R_F/Ω	R_G/Ω	R_T/Ω	($f=10MHz$)	理论值	实验值
463	116	87	0.5		
455	101	98	0.5		
445	88	114	0.5		
434	77	142	0.5		
422	66	199	0.5		
408	57	380	0.5		
400	50	无穷	0.5		
447	50	无穷	0.5		
501	50	无穷	0.5		
562	50	无穷	0.5		
631	50	无穷	0.5		
708	50	无穷	0.5		
794	50	无穷	0.5		
891	50	无穷	0.5		
1000	50	无穷	0.5		

4. 在图 3-8-3 的电路中，输入信号 v_i 的峰-峰值固定在 0.5V，按表 3-8-6 的数值调节 v_i 的频率，测量输出信号的峰-峰值，填入表 3-8-6 中，根据测量数据绘制电路的频率特性曲线，求出电路的带宽。

表 3-8-6　双电源的反相输入放大电路带宽测量数据表

f_{v_i}/MHz	$V_{o(p-p)}$ 测量值/V	f_{v_i}/MHz	$V_{o(p-p)}$ 测量值/V
1		300	
10		350	
20		400	
80		420	
100		440	
150		460	
200		480	
250		500	

5. 按照图 3-8-4、图 3-8-5 搭建单电源供电的 OPA695 同相、反相放大电路，自行设计实验步骤与数据表格，选择输入信号，测量两个电路的带宽。

3.8.6 实验报告要求

1. 简述图 3-8-2、图 3-8-3、图 3-8-4、图 3-8-5 电路的工作原理。

2. 记录并整理实验数据，观察每个电路输出电压的波形和幅值情况，与理论分析相比较。

3. 绘制每个电路的幅频特性曲线，分析其带宽情况。

4. 分析讨论实验中出现的问题及排除方法。

3.8.7 思考题

1. 在图 3-8-3 的电路中，为什么 $R_G = 50\Omega$ 时，R_T 可以取无穷大？

2. 在 OPA695 工作于单电源方式时，构成的电路的输出电压最大幅值是多少？

3.8.8 注意事项

1. 电阻的选取一定要参照表 3-8-1、表 3-8-2 所提供的推荐阻值，实在无法完全满足时，也要尽量取相近的阻值。

2. 多个放大模块级联时要注意阻抗匹配问题。

3.9 增益可调放大器

3.9.1 实验目的

当放大电路的增益需要步进可调时，有多种方法可以选择：要求不高的场合，可在反馈网络采用选通不同阻值电阻的方式，此方法原理简单，但精度和稳定性都不高；程控增益放大器，在低频段可以满足精度和稳定性的要求，但由于这种放大器的带宽和压摆率往往不高，在信号频率较高时，不能满足需要。

增益可调放大器 VCA824 是一款可在较高频率范围内实现增益可调的运算放大器，它具有 2500V/μs 的压摆率，具有大于 40dB 的增益调整范围，在两倍增益时带宽可以达到 710MHz，0.1dB 增益时带宽为 135MHz。在 100Ω 负载情况下，VCA824 具有较大的输出电流能力和输出电压幅度（典型值 ±3.9V），是一款具有较高增益线性度、增益调节范围广的高精度压控增益放大器。

1. 掌握 VCA824 的工作原理及性能。

2. 掌握由 VCA824 组成的典型应用电路。

3.9.2 实验设备与器件

1. 直流稳压电源

2. 示波器

3. 万用表

4. 增益可调放大器 VCA824　1 块

5. 电阻器、电容器若干

3.9.3　实验原理

VCA824 的引脚如图 3-9-1 所示。其内部结构和 10 倍放大倍数测试电路如图 3-9-2 所示，由输入级、乘法器和反馈输出级构成。乘法器完成可变增益放大功能。输入级将跨导单元置于两个输入缓冲器之间，利用其输出电流 I_{RG} 作为反馈信号；当差分电压增加时，由增益模块产生的电流反映了到达乘法器的一个信号的大小，乘法器的另一端接增益控制电压输入端 V_G；乘法器将电流两倍后提供给跨阻输出级；跨阻输出级是一个可提供稳定输出电流的反馈放大级。

图 3-9-1　VCA824 引脚图

放大器的最大增益可以由两个外部电阻 R_F 和 R_G 在 2 倍和 40 倍之间设定，最大增益

$$A_{v\max} = 2 \times \frac{R_F}{R_G} \tag{3-9-1}$$

R_F 和 R_G 确定后，$A_{v\max}$ 随之确定，在 ±5V 电源下供电时，可由增益控制电压输入引脚 V_G 的电压（$-1 \sim 1V$）线性调整增益值。例如，设置最大增益为 $A_{v\max} = 10$，$V_G = 1V$ 时，放大电路提供 10 倍增益；当 $V_G = -1V$ 时，放大电路提供 0.1 倍增益。利用 V_G 的控制作用，使得 VCA824 具有非常出色的增益线性调整度。

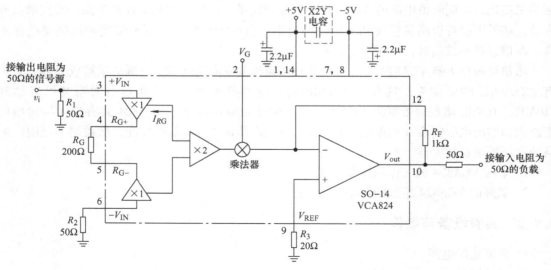

图 3-9-2　10 倍增益原理电路

VCA824 分别有两个电源正和电源负引脚，在实际使用中，可以将它们分别并接。

图 3-9-2 为 VCA824 直流耦合、双电源供电、同相放大的原理电路，图中的 R_F 和 R_G 的取值可以获得 10 倍增益。为了测试性能，输入阻抗以一个接地的电阻设置为 50Ω，输出阻抗以一个串联的电阻设置为 50Ω。由于输出线是匹配的 50Ω 负载，所以在图 3-9-2 的电路中，总有效负载为 $100\Omega/\!/1\mathrm{k}\Omega$。要注意的是：在 SO－14 封装的 VCA824 中，引脚 9 的参考电压 V_{REF} 输入端必须通过一个 20Ω 电阻连接到地，以避免输出级产生振荡。在 MSOP－10 封装中，该引脚是内部连接的，不需要这样的预防措施。

当增益控制电压输入设置为 $V_G = +1\mathrm{V}$ 时，R_F 和 R_G 在不同取值下将获得此增益档的最大增益值 $A_{v\max}$，此时，R_G 必须设置成使得 I_{RG} 的值小于 $\pm2.6\mathrm{mA}$，并且必须遵循式(3-9-2)。

$$|I_{RG}| = \frac{V_{\mathrm{OUT}}}{A_{v\max} \times R_G} < 2.6\mathrm{mA} \qquad (3\text{-}9\text{-}2)$$

一旦确定了输出电压的动态范围和最大增益，增益电阻 R_G 范围就可确定，进而根据最大增益和 R_G 确定输出级放大器的反馈电阻 R_F。由于输出级是负反馈级，反馈深度又会影响放大器的带宽，所以，这些电阻的确定应该综合考虑 $A_{v\max}$、I_{RG}、V_{OUT}、带宽等综合因素。

VCA824 的输出电压在空载时动态范围可以达到 $1\mathrm{V}$；在最小测试负载 15Ω 下，其输出电流 $>160\mathrm{mA}$、$<-160\mathrm{mA}$。

由于 I_{RG} 的值必须在 $-2.6\sim2.6\mathrm{mA}$ 内，所以，VCA824 的输入电压动态范围必须限制在 $-1.6\sim1.6\mathrm{V}$（$3.2V_{\mathrm{PP}}$）以内。

表 3-9-1 给出了图 3-9-2 的电阻推荐设置，在使用中，也可以选择其他电阻取值配合，只要满足式(3-9-1)、式(3-9-2)即可。

表 3-9-1　图 3-9-2 的电阻推荐设置

	2 倍增益	10 倍增益	40 倍增益
R_F/Ω	470	390	390
R_G/Ω	470	80	18

更多 VCA824 的详细技术指标请参考其芯片资料。

3.9.4　预习要求

1. 查阅 VCA824 的芯片资料，了解其基本结构和主要技术指标。
2. 了解 VCA824 的工作原理及基本应用电路。

3.9.5　实验内容

1. 按照图 3-9-3 搭建电路，电阻和电容的取值如图所示，使 $V_G = 1\mathrm{V}$，信号源 v_i 采用 $f = 10\mathrm{MHz}$、峰-峰值 $50\mathrm{mV}$ 的正弦信号，R_F、R_G 取值见表 3-9-2，在不同电压增益时用示波器测量输出信号的峰-峰值，填入表 3-9-2 中，与理论值进行比较。

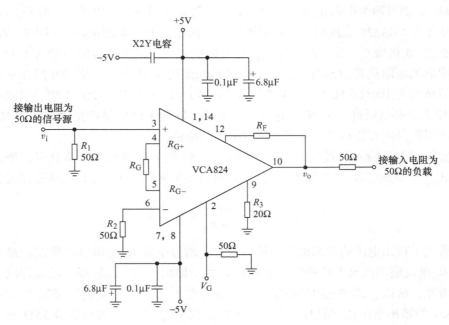

图 3-9-3 实验电路

表 3-9-2 最大增益实验数据表

R_F/Ω	R_G/Ω	$V_{i(p-p)}/mV$ ($f=10MHz$)	$V_{o(p-p)}/V$	
			理论值	实验值
470	470	50		
390	80	50		
390	18	50		

2. 在图 3-9-3 的电路中，$R_F=1k\Omega$、$R_G=200\Omega$；信号源 v_i 采用 $f=10MHz$、峰-峰值为 50mV 的正弦信号，调节 V_G 的值如表 3-9-3 所示的数值，测量输出信号的峰-峰值，填入表 3-9-3 中，计算电路的增益，与理论值进行比较。

表 3-9-3 增益线性调整实验数据表

V_G/V	$V_{o(p-p)}/V$	A_v	A_v	V_G/V	$V_{o(p-p)}/V$	A_v	A_v
	测量值	计算值	理论值		测量值	计算值	理论值
-1				0.2			
-0.8				0.4			
-0.6				0.6			
-0.4				0.8			
-0.2				1			
0							

3. 在图 3-9-3 的电路中，R_F、R_G 在其他取值情况下，信号源 v_i 采用 $f=10MHz$、峰-峰值为 50mV 的正弦信号，调节 V_G 的取值如表 3-9-3 所示的数值，测量输出信号的峰-峰值，填

入自拟表格中，计算电路的增益，与理论值进行比较。

4. 在图 3-9-3 的电路中，$R_F = 1\text{k}\Omega$、$R_G = 200\Omega$，保持 $V_G = 1\text{V}$，输入信号 v_i 的峰-峰值固定在 50mV，调节 v_i 的频率如表 3-9-4 所示的数值，测量输出信号的峰-峰值，填入表 3-9-4 中，根据测量数据绘制电路的频率特性曲线，求出电路的带宽。

表 3-9-4　放大电路带宽测量数据表

f_{v_i}/MHz	$V_{o(p-p)}/\text{V}$	f_{v_i}/MHz	$V_{o(p-p)}/\text{V}$
1		300	
10		350	
20		400	
80		420	
100		440	
150		460	
200		480	
250		500	

5. 在图 3-9-3 的电路中，R_F、R_G 在其他取值情况下，保持 $V_G = 1\text{V}$，输入信号 v_i 的峰-峰值固定在 50mV，调节 v_i 的频率如表 3-9-4 所示的数值，测量输出信号的峰-峰值，填入自拟表格中，根据测量数据绘制电路的频率特性曲线，求出电路的带宽。

3.9.6　实验报告要求

1. 简述图 3-9-2 电路的工作原理。

2. 记录并整理不同 R_F、R_G 取值情况下的实验数据，分析 VCA824 增益可调整的线性度。

3. 记录并整理不同 R_F、R_G 取值情况下，放大电路的幅频特性曲线，分析其带宽情况。

4. 分析讨论实验中出现的问题及排除方法。

3.9.7　思考题

1. VCA824 构成的电路的输出电压最大幅值是多少？

2. VCA824 的最大带宽是多少？

3.9.8　注意事项

1. 在多个放大电路模块级联时要注意阻抗匹配问题。

2. 电阻的取值可以不采用表 3-9-1 的推荐值，但必须满足式(3-9-1)、式(3-9-2)。

第4章　数字电路综合性实验

4.1　多位数码管的动态扫描驱动电路

4.1.1　实验目的

数码管及其译码驱动电路在 2.5 节已有介绍，当需要多个数码管显示不同内容时，其驱动译码显示电路有两种：静态译码显示和动态扫描显示。静态译码显示是指一个译码电路驱动一个数码管进行显示；而动态扫描显示是指多个数码管共用一个译码驱动电路，由扫描电路控制各数码管分时显示。显然，每个数码管用一个译码驱动器会使电路的复杂程度增加，动态扫描显示可以减少电路连线，缩小体积，并且由于数码管承受的是脉冲信号，平均消耗功率较低，因此使用广泛。

1. 掌握动态扫描显示电路的原理和实现方法。
2. 设计一个能选择不同共阴极数码管显示相应 BCD 码的电路。
3. 设计一个能驱动 4 个共阴极数码管依次同时反复显示 0、1、2、…、9 的电路。

4.1.2　实验设备与器件

1. 直流稳压电源
2. 信号发生器
3. 共阴极数码管 4 只，BCD－7 段显示译码器 74LS48　1 块
4. 四位二进制计数器 74LS161　2 块
5. 2 线–4 线译码器 74139　1 块
6. 1kΩ 电阻　7 只
7. 4 输入端与非门 74LS20　1 块
8. 非门 74LS04　1 块
9. 双四选一数据选择器 74LS153　2 块。

4.1.3　实验原理

在 2.5 节中，介绍了一种共阴极数码管的 BCD－7 段显示译码器 CD4511，这里再介绍另一种 TTL BCD－7 段显示译码器 74LS48，这也是共阴极数码管的专用驱动芯片（74LS47 驱动共阳极数码管），它能给出数码管所需的驱动电平，引脚图如图 4-1-1 所示。驱动一位共阴极数码管的硬件连接电路如图 4-1-2 所示，图中 $A_3 \sim A_0$ 是 BCD 码输入端，$Y_a \sim Y_g$ 是高电平有效的 7 字段输出端。$\overline{BI}/RBO$ 是灭灯输入或动态灭零输出端，$\overline{LT}$ 是灯测试输

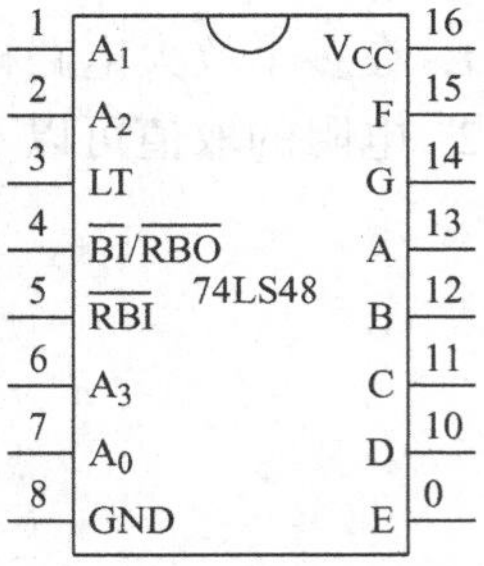

图 4-1-1　74LS48 引脚图

入端，$\overline{\text{RBI}}$是动态灭零输入端，均为低电平有效。当在 74LS48 的输入端输入四位二进制数时，数码管根据表 4-1-1 的关系显示相应的字形。

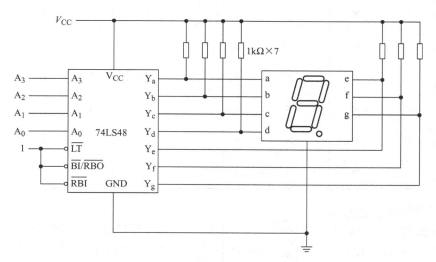

图 4-1-2 74LS48 与数码管的连接电路

表 4-1-1 74LS48 功能表

十进制数	$\overline{LT}$	$\overline{RBI}$	A_3	A_2	A_1	A_0	$\overline{BI/RBO}$	Y_a	Y_b	Y_c	Y_d	Y_e	Y_f	Y_g	字形
0	1	1	0	0	0	0	1	1	1	1	1	1	1	0	
1	1	×	0	0	0	1	1	0	1	1	0	0	0	0	
2	1	×	0	0	1	0	1	1	1	0	1	1	0	1	
3	1	×	0	0	1	1	1	1	1	1	1	0	0	1	
4	1	×	0	1	0	0	1	0	1	1	0	0	1	1	
5	1	×	0	1	0	1	1	1	0	1	1	0	1	1	
6	1	×	0	1	1	0	1	1	0	1	1	1	1	1	
7	1	×	0	1	1	1	1	1	1	1	0	0	0	0	
8	1	×	1	0	0	0	1	1	1	1	1	1	1	1	
9	1	×	1	0	0	1	1	1	1	1	0	0	1	1	
10	1	×	1	0	1	0	1	0	0	0	1	1	0	1	
11	1	×	1	0	1	1	1	0	0	1	1	0	0	1	
12	1	×	1	1	0	0	1	0	1	0	0	0	1	1	

（续）

十进制数	$\overline{LT}$	$\overline{RBI}$	A_3	A_2	A_1	A_0	$\overline{BI/RBO}$	Y_a	Y_b	Y_c	Y_d	Y_e	Y_f	Y_g	字形
13	1	×	1	1	0	1	1	1	0	0	1	0	1	1	
14	1	×	1	1	1	0	1	0	0	0	1	1	1	1	
15	1	×	1	1	1	1	1	0	0	0	0	0	0	0	
灯测试	0	×	×	×	×	×	1	1	1	1	1	1	1	1	
消隐	×	×	×	×	×	×	0	0	0	0	0	0	0	0	
脉冲消隐	1	0	0	0	0	0	0	0	0	0	0	0	0	0	

4 位数码管动态扫描显示的原理框图如图 4-1-3 所示，由数码管、一片 74LS48、BCD 码输入和控制电路四个部分组成。4 位数码管对应的字段相并联后，与译码器 74LS48 的输出端相连，数码管的公共端（COM）作为数码管动态扫描的位选端，当它为低电平时，对应的数码管发光显示数码。

每个待显示的 BCD 码数据（如第 1 个 BCD 码数据为 $D_{03}D_{02}D_{01}D_{00}$）分别送至 4 个 4 选 1 数据选择器的相应输入端，控制电路由一个四进制加法计数器和一个集成 2 线-4 线译码器 74139 构成，电路如图 4-1-4 所示。

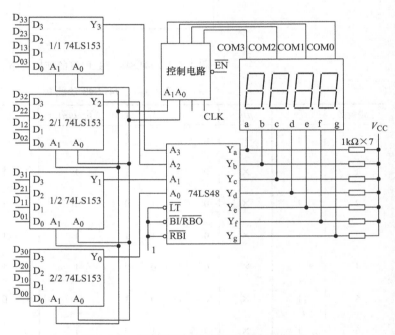

图 4-1-3　数码管动态扫描显示的原理框图

在时钟脉冲 CLK 的作用下，四进制加法计数器的输出状态一方面传送至 74139 的输入端 A_1、A_0，使对应的译码输出 $\overline{Y_3}$、$\overline{Y_2}$、$\overline{Y_1}$、$\overline{Y_0}$ 中一个为低电平，即四个数码管的位选信号（COM_3、COM_2、COM_1、COM_0）中有一个有效；另一方面，四进制加法计数器的输出状态传送给数据选择器的数据选择信号端 A_1、A_0，选择相应的 BCD 码管，4 个数据选择器的输出 Y_3、Y_2、Y_1、Y_0 合成一个 BCD 码后，送到 74LS48 的数据

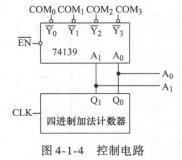

图 4-1-4　控制电路

输入端，选中的数码管将显示该 BCD 码。

四进制加法计数器可以用 74LS161 的低二位构成。

4.1.4 预习要求

1. 复习教材中有关数码管及其驱动电路的相关内容，理解图 4-1-2 驱动一位数码管电路的工作原理。

2. 复习教材中有关数据选择器的相关内容，理解图 4-1-3 动态扫描显示电路的工作原理。

3. 复习教材中有关计数器和译码器的相关内容，理解图 4-1-4 控制电路的工作原理。

4. 设计能驱动 4 个共阴极数码管依次同时反复显示 0、1、2、⋯、9 的电路的框图。

4.1.5 实验内容

1. Multisim 仿真实验

1）按图 4-1-5 接线，用高低电平给 74LS48 输入 BCD 码及 $\overline{BI}/\overline{RBO}$、$\overline{LT}$、$\overline{RBI}$ 测试信号，验证表 4-1-1 中的各项内容。

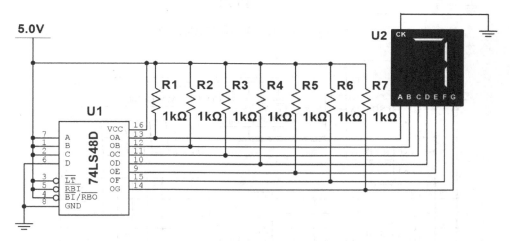

图 4-1-5　一位数码管译码驱动仿真电路图

2）按图 4-1-6 接线，信号发生器给出不同频率的 CLK 信号，CLK 信号的幅值为 2.5V，占空比为 50%，直流偏置电压为 2.5V。观察不同频率下数码管显示相同数码（例如 3）的动态情况，理解动态扫描显示的原理。

2. 用实际元器件搭建图 4-1-3 和 4-1-4 的合成电路，当输入 4 组 BCD 码数据时，在时钟脉冲作用下，4 个数码管显示相应的数。

3. 用实际元器件按图 4-1-7 搭建一个能驱动 4 个共阴极数码管依次同时反复显示 0、1、2、⋯、9 的电路，图中四进制、十进制计数器可以用 74LS161（或 74LS160）构成。十进制计数器为数码管提供待显示的 0~9 数码，四进制计数器为控制电路提供 00、01、10、11 循环往复的位选信号，依次选中四个数码管。为清楚地显示 0~9，CLK1 应选择频率较低的时钟源（例如 1Hz）；而数码管的位选控制脉冲 CLK2 则应具有较高的频率（例如 1kHz），这样看到的将是四个数码管都显示数据。

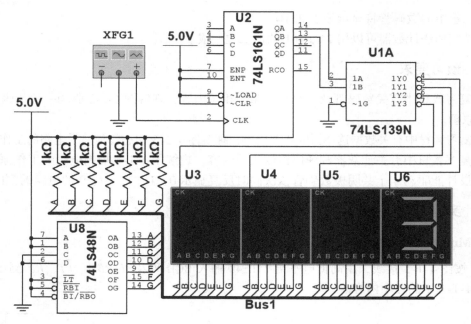

图 4-1-6　数码管动态扫描仿真电路图

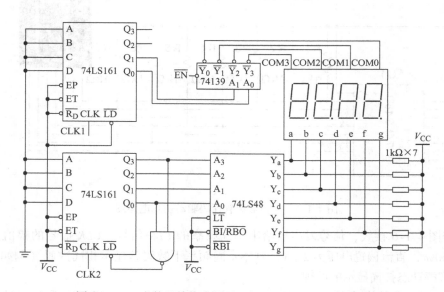

图 4-1-7　4 个数码管依次同时反复显示 0～9 的原理电路

4.1.6　实验报告要求

1. 简述图 4-1-3 电路的工作原理，画出完整电路图，说明主要元件在电路中的作用，并对实验结果进行分析说明。

2. 简述图 4-1-7 电路的工作原理，说明主要元件在电路中的作用，并对实验结果进行分析说明。

3. 分析讨论实验中出现的问题及排除方法。

4.1.7　思考题

1. 还可以用其他芯片或电路实现动态扫描控制作用吗？
2. 图 4-1-4 中的 CLK 的频率应该取高还是低？
3. 图 4-1-7 中 CLK2 的频率如果取得较低会出现什么现象？
4. 如果是共阳极数码管，电路应该如何修改？

4.1.8　注意事项

1. 74LS48 在正常使用时灭灯输入端$\overline{BI}$必须开路或为高电平，如果不要灭十进制的 0，则动态灭零输入端$\overline{RBI}$必须开路或保持高电平。

2. 74LS48 的$\overline{BI}/\overline{RBO}$端在开路或保持高电平、灯测试端$\overline{LT}$为低电平时，所有各段输出均为高电平（数码管显示数字 8），利用这一点可以检查 74LS48 和显示器的好坏。

3. 74LS48 当灭灯输入端$\overline{BI}$接低电平时，不管其他输入为何种电平，所有各段输出均为低电平（数码管无显示）。

4. 74LS48 的$\overline{BI}/\overline{RBO}$是线与逻辑关系，既是灭灯输入端又是动态灭零输出端，当动态灭零输入$\overline{RBI}$有效，且 D、C、B、A 输入为低电平，而灯测试端$\overline{LT}$为高电平时，所有各段输出均为低电平，且动态灭零输出端$\overline{RBO}$处于低电平。

4.2　定时电路

4.2.1　实验目的

定时电路是数字系统的基本单元电路，它主要由振荡器和计数器组成。在实际系统中，定时器的应用非常广泛，例如，在篮球比赛中，用于队员持球时间计时的 30s 定时电路；洗衣机控制中洗涤、脱水等的计时电路等。

1. 设计一个 30s 定时电路，用两块数码管显示时间。
2. 定时电路采用递减计时模式，计时间隔为 1s。
3. 有外部控制开关可以对定时电路进行直接清零、置数、暂停、连续计时等选择。
4. 当定时时间到时，显示器停在最后的时间上，同时发出声光报警信号。

4.2.2　实验设备与器件

1. 直流稳压电源
2. 示波器
3. 晶振（32.768kHz）　1 只
4. 14 级二分频器 CD4060　1 块，四位二进制计数器 74LS161　1 块
5. 双时钟十进制同步加/减计数器 74LS192　2 块
6. 共阴极数码管　2 只，BCD－7 段显示译码器 74LS48　2 块

7. 单刀双掷开关 2 只，按钮 1 只

8. 与非门 7400 1 块，与非门 7410 1 块，非门 7404 1 块

9. 发光二极管 1 只，扬声器 HXD 或 FMQ - 2724 型电子蜂鸣器 1 只

10. 555 定时器 1 块，晶体管 9013 1 只

11. 电阻器、电容器若干

4.2.3 实验原理

定时电路由秒脉冲发生器、计数器、译码/显示电路、报警电路和控制电路等部分组成，系统框图如图 4-2-1 所示。

1. 秒脉冲信号发生器

秒脉冲信号发生器产生周期为 1s 的时钟脉冲，作为电路的定时标准，可以采用集成运放电路、555 集成芯片或石英振荡器等电路构成。

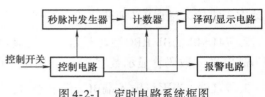

图 4-2-1 定时电路系统框图

由集成运放构成的时钟电路见本教材第

1 章 1.10 节和第 3 章 3.4 节的相关电路，由 555 集成电路构成的振荡器见第 2 章 2.9 节的相关电路。但这些电路产生的时钟脉冲精度都不是很高，而本节讲述的时钟脉冲是要作为计数器的计时脉冲，其精度直接影响定时的精度，所以需要特别的设计。

在工程上，要设计一个精度较高、频率很低的振荡器有一定难度，一般的实现方式是先做一个频率较高的矩形脉冲，然后经过多级分频得到频率较低的脉冲信号。图 4-2-2 就是按这种思路设计的秒脉冲发生器。

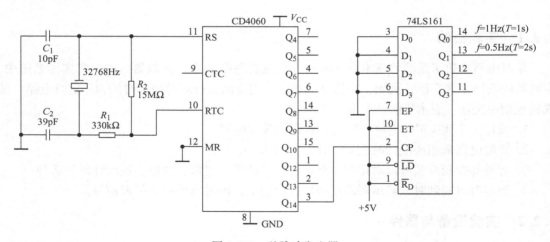

图 4-2-2 秒脉冲发生器

图中 CD4060 为 14 级二分频器，可以将 32768Hz 的信号分频为 2Hz，其引脚图和内部结构如图 4-2-3 所示，MR 为异步清零端，RS 为时钟输入端，CTC 为时钟输出端，RTC 为反向时钟输出端。

在图 4-2-2 中，由晶振产生频率为 32768Hz 的矩形波，经 CD4060 内部的 14 级分频，得到频率为 2Hz 的矩形波，然后再用 74LS161 进行二分频，在 74LS161 的 Q_0 端得到频率为 1Hz

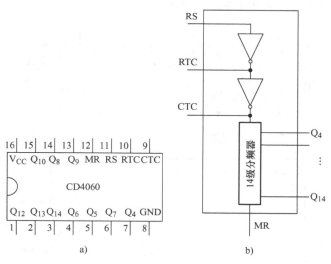

图 4-2-3　CD4060 引脚图

的秒脉冲信号。

2. 30 进制减法计数器与控制电路

1）30 进制减法计数器可采用两片 74LS192 实现，74LS192 是双时钟十进制同步加/减计数器，具有直接清零、异步置数等功能，其引脚图和逻辑符号如图 4-2-4 所示。

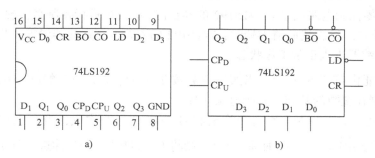

图 4-2-4　74LS192 引脚图和逻辑符号

a）引脚图　b）逻辑符号

图中 CP_U 是加法计数脉冲输入端，CP_D 是减法计数脉冲输入端，$\overline{LD}$ 是异步置数控制端，$D_0 \sim D_3$ 是并行数据输入端，$Q_0 \sim Q_3$ 是计数器状态输出端，$\overline{BO}$ 是借位信号输出端，$\overline{CO}$ 是进位信号输出端，CR 是异步清零端。

74LS192 的功能见表 4-2-1。

表 4-2-1　74LS192 的功能

CP_U	CP_D	$\overline{LD}$	CR	工作状态
×	×	0	0	置数
上升沿	1	1	0	加法计数
1	上升沿	1	0	减法计数
×	×	×	1	清零

30 进制减法计数器的构成如图 4-2-5 所示。

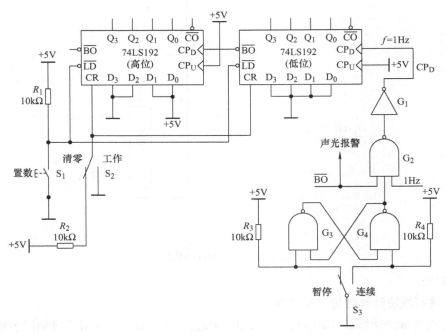

图 4-2-5　30 进制减法计数器与控制电路

2）直接清零控制电路通过对 74LS192 的异步清零端 CR 进行控制来实现，在图 4-2-5 中 S_2 为单刀双掷开关，当 S_2 拨向清零端时，74LS192 的 $CR=1$，计数器清零；当 S_2 拨向工作端时，$CR=0$，计数器进入正常工作状态。

3）置数功能由按钮 S_1 实现，当按下置数按钮 S_1 时，74LS192 的 $\overline{LD}=0$，计数器置数；释放 S_1 则计数器在置数的基础上开始递减计数。

4）暂停、连续计时控制电路由开关 S_3 和 $G_1 \sim G_4$ 门电路构成，当 S_3 拨向连续端时，G_4 输出为高电平，若 $\overline{BO}=1$（定时时间未到），则将 G_2 门打开，秒脉冲进入计数器，电路工作于连续计数状态；当 S_3 拨向暂停端时，G_4 输出为低电平，将 G_2 封锁，计数器没有秒脉冲输入，暂停计数；当定时时间到时，高位 74LS192 的 $\overline{BO}$ 端输出低电平，一方面将 G_2 封锁，另一方面送出信号给声光报警电路。

3. 声光报警电路

声光报警电路如图 4-2-6 所示，由"定时时间到"信号 $\overline{BO}=0$ 启动，即当高位 74LS192 的 $\overline{BO}$ 端输出低电平时，使发光二极管点亮，同时使 555 构成的多谐振荡器工作，振荡频率 $f_0=1.43/[(R_1+2R_2)C_1]$，其输出信号经晶体管推动扬声器发出报警声。

4. 时间显示电路

此电路只需要两个数码管即可完成计数时间的显示，所以可以采用静态译码显示方式，即一个译码驱动电路 74LS48 驱动一个数码管进行数码显示。

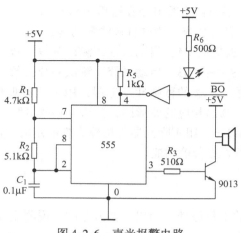

图 4-2-6　声光报警电路

4.2.4　预习要求

1. 复习教材中有关计数器的相关内容，理解同步十进制加/减计数器 74LS192、四位二进制计数器 74LS161 的工作原理。

2. 查阅相关资料，理解图 4-2-2 秒脉冲发生器的工作原理。

3. 理解图 4-2-5 中控制电路的工作原理。

4. 复习教材中有关 555 定时器的相关内容，理解图 4-2-6 的工作原理。

4.2.5　实验内容

1. Multisim 仿真实验

按图 4-2-7 搭建定时仿真电路，图中用方波信号源 V_1 模拟秒脉冲，S_2 和 S_3 选择单刀双

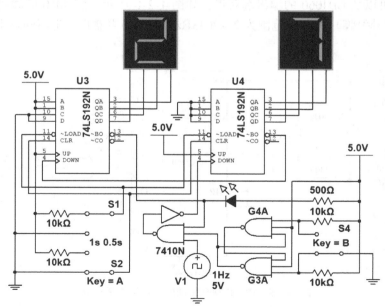

图 4-2-7　定时电路 Multisim 仿真图

掷开关，S_1 选择延时开关，扬声器报警电路在这里未给出。

1）将 S_2 拨向高电平，启动系统，测试直接清零功能。

2）将 S_2 拨向低电平，S_3 拨向 G4，启动系统，测试置数、暂停功能。

3）将 S_2 拨向低电平，S_3 拨向 G3，启动系统，测试系统置数、连续计时、报警等功能。

2. 用实际元器件搭建图 4-2-2 的秒脉冲发生器，用示波器观察晶振信号、CD4060 各输出端信号及 1Hz 脉冲信号，画出相应的波形图，分析电路的分频过程。

3. 参考图 4-2-5 和图 4-2-6，用实际元器件搭建完整的定时电路，验证电路的直接清零、置数、暂停、连续计时、声光报警等功能。

4.2.6 实验报告要求

1. 简述 30s 定时电路的工作原理，画出完整电路图，说明主要元件在电路中的作用。

2. 观测记录仿真和实验的结果，画出关键波形，分析计时过程是否正确。

3. 分析讨论实验中出现的问题及排除方法。

4.2.7 思考题

1. 如果将 30s 减法计时改为 30s 加法计时，电路应如何改动？

2. 可以用其他芯片实现此设计任务吗？

4.2.8 注意事项

1. 在报警电路中，晶体管 9013 可用 3DG12 等代替。

2. 在报警电路中，在晶体管的基极输入不同频率信号，可产生不同频率报警声。

3. 在图 4-2-6 中给出的扬声器报警电路是一个一般形式的电路，实际上本节的报警电路的输入信号也可以从 CD4060 的输出端获得，如图 4-2-8 所示。CD4060 的输出端 Q_{14}（3 号引脚）~ Q_4（7 号引脚）的频率范围为 2 ~ 2048Hz，送给扬声器将产生不同频率的报警声。

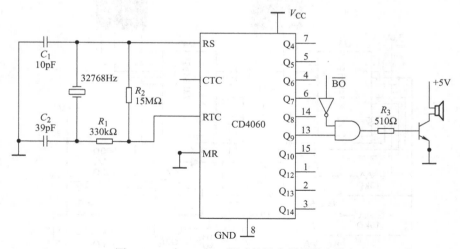

图 4-2-8　由 CD4060 驱动的扬声器报警电路

4.3 竞赛抢答器

4.3.1 实验目的

在智力竞赛中,反应准确、显示方便的抢答装置是必要的,其关键问题在于第一信号的鉴别。

1. 设计一个可容纳 8 组参赛队参加比赛的数字式抢答器,他们的编号分别是 0、1、2、3、4、5、6、7,每组设一个按钮供抢答使用。

2. 设置一个主持人控制按钮,用来控制系统清零和抢答开始。

3. 抢答开始后,若有选手按动抢答按钮,抢答器进行数据锁存,用数码管显示抢答组别,扬声器发出 2~3s 的声响,同时封锁输入电路,使所有选手的按钮不起作用。数码管显示第一抢答组别一直保持到主持人将系统清零为止。

4. 设置定时电路,抢答者在 30s 内进行抢答,则抢答有效,如果 30s 定时时间到且无选手抢答,系统报警表示本次抢答无效。

4.3.2 实验设备与器件

1. 直流稳压电源

2. 晶振(32.768kHz) 1 只,14 级二分频器 CD4060 1 块,十进制计数器 74LS160 1 块,双时钟十进制同步加/减计数器 74LS192 2 块

3. 共阴极数码管 1 只,BCD - 7 段显示译码器 74LS48 1 块

4. 8 线-3 线优先编码器 74LS148 1 块,SR 锁存器 74LS279 2 块,或非门 7402 1 块,与非门 7410 1 块,非门 7400 1 块

5. 单刀双掷开关 1 只,按钮 8 只

6. 555 定时器 1 块,晶体管 9013 1 只,扬声器 HXD 或 FMQ - 2724 型电子蜂鸣器 1 只

7. 电阻器若干

4.3.3 实验原理

竞赛抢答器由控制电路、第一信号鉴别锁存模块、显示模块、定时模块和报警电路几部分构成,系统框图如图 4-3-1 所示。

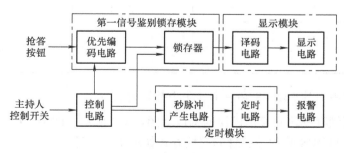

图 4-3-1 竞赛抢答器系统框图

1. 第一信号鉴别锁存模块、显示模块

第一信号鉴别锁存模块的关键是准确判断出第一抢答者将其锁存，并在得到第一信号后将输入端封锁，使其他组的抢答信号无效，可以用 8 线–3 线优先编码器 74LS148 和 SR 锁存器实现。

74LS148 的引脚图和逻辑符号如图 4-3-2 所示。

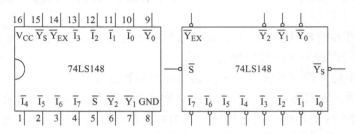

图 4-3-2　74LS148 引脚图和逻辑符号

图中 $\bar{I}_0 \sim \bar{I}_7$ 是编码信号输入端，低电平有效，$\bar{Y}_0 \sim \bar{Y}_2$ 是编码输出端，$\bar{Y}_S$ 是选通输出端，$\bar{Y}_{EX}$ 是扩展端，$\bar{S}$ 是使能端。

74LS148 的功能见表 4-3-1。

表 4-3-1　74LS148 功能

输　　入									输　　出				
$\bar{S}$	$\bar{I}_0$	$\bar{I}_1$	$\bar{I}_2$	$\bar{I}_3$	$\bar{I}_4$	$\bar{I}_5$	$\bar{I}_6$	$\bar{I}_7$	$\bar{Y}_2$	$\bar{Y}_1$	$\bar{Y}_0$	$\bar{Y}_S$	$\bar{Y}_{EX}$
1	×	×	×	×	×	×	×	×	1	1	1	1	1
0	1	1	1	1	1	1	1	1	1	1	1	0	1
0	×	×	×	×	×	×	×	0	0	0	0	1	0
0	×	×	×	×	×	×	0	1	0	0	1	1	0
0	×	×	×	×	×	0	1	1	0	1	0	1	0
0	×	×	×	×	0	1	1	1	0	1	1	1	0
0	×	×	×	0	1	1	1	1	1	0	0	1	0
0	×	×	0	1	1	1	1	1	1	0	1	1	0
0	×	0	1	1	1	1	1	1	1	1	0	1	0
0	0	1	1	1	1	1	1	1	1	1	1	1	0

显示模块可以由一片 74LS48 和一个共阴极数码管实现。

第一信号鉴别锁存模块和显示模块的构成如图 4-3-3 所示，图中，$\overline{LD}$、CLK_1 是 30s 定时电路的控制信号，74LS48 驱动数码管的连接方式如图 4-1-2 所示。

图 4-3-3 的 4 个 SR 锁存器中，左边的 3 个锁存编码信号，右边的 1 个锁存控制信号。

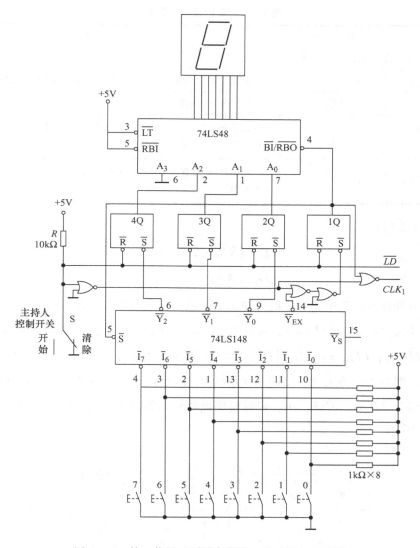

图 4-3-3　第一信号鉴别锁存模块、显示模块电路图

当主持人控制开关 S 处于"清除"位置时，74LS279 的所有 SR 锁存器清零，同时 7402 构成的非门和或门确保最右边锁存器的 $\overline{S}$ 端为高电平，则 74LS48 的 $\overline{BI}=0$，数码管灭灯有效，同时 74LS148 的使能端 $\overline{S}$ 有效；当主持人控制开关 S 拨到"开始"位置时，74LS148 和锁存器同时处于工作状态，等待抢答信号输入；当有选手按下抢答按键时，74LS148 有编码输出，74LS148 的 $\overline{Y}_{EX}=0$，使右边的 SR 锁存器的输出为 1，一方面封锁其他抢答信号输入（74LS148 的 $\overline{S}$ 端无效），同时使数码管显示第一信号抢答组别。

2. 定时模块

定时模块的真值表如表 4-3-2 所示。S 为主持人控制信号，"系统清零"时 $S=0$，"抢答开始"时 $S=1$。$\overline{BI}$ 为选手的抢答信号，$\overline{BI}=1$ 有选手抢答，$\overline{BI}=0$ 无选手抢答。

表 4-3-2　定时模块真值表

输　　入			输　　出	说　　明
S	$\overline{BI}$	$\overline{LD}$	CLK_1	
0	0	0	0	"系统清零"，定时器置数初始值30，且时钟关闭，定时模块不工作
0	1	不存在		此种情况不会出现
1	0	1	1	"抢答开始"，无选手抢答，定时置数无效，且时钟打开，计时模块工作，开始减法计数
1	1	1	0	"抢答开始"，有选手抢答，定时置数无效，且时钟关闭，计时模块停止工作

由表 4-3-2 可得

$$\overline{LD} = (S\,\overline{\overline{BI}} + S\,\overline{BI}) = S$$

$$CLK_1 = S\,\overline{\overline{BI}} = \overline{(\overline{S} + \overline{BI})}$$

所以，由秒脉冲产生电路和定时电路组成的定时模块如图 4-3-4 所示。

当 $S=1$ 时，$\overline{LD}=1$，$CLK_1=1$，定时模块启动，开始减法计数；如果有抢答者在 30s 内进行抢答，$\overline{LD}=1$，$CLK_1=0$，定时模块无时钟脉冲输入停止计时；如果直到 30s 定时到，仍无抢答者，则本次抢答无效，定时模块 $\overline{BO}=0$，停止计时，并启动声光报警电路。

当 $S=0$ 时，$\overline{LD}=0$，$CLK_1=0$，定时模块置数初始值为 30，定时模块无时钟脉冲输入，定时模块不工作。

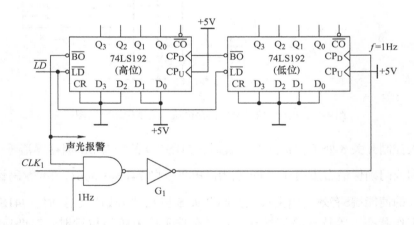

图 4-3-4　30s 定时电路

秒脉冲产生电路参考本章 4.2 节的相关内容，这里不再叙述。

3. 报警电路

报警电路的相关内容在 4.2 节已有介绍。

4.3.4　预习要求

1. 复习教材中有关编码器的相关内容，理解用 74LS148 型 8 线–3 线优先编码器接收抢答信号的工作原理。

2. 复习教材中有关触发器、数码管显示的相关内容，理解图 4-3-3 中第一信号鉴别锁存电路的工作原理。

3. 参考 4.2 节的相关内容，进行定时、报警电路的设计。

4.3.5　实验内容

1. Multisim 仿真实验

按图 4-3-5 搭建抢答器仿真电路，图中 $K_0 \sim K_7$ 为 8 组参赛队的抢答按钮，分别由不同按键控制，S_1 为主持人控制按钮，用一个指示灯显示 74LS148 使能端的状态。

启动系统后：

1）当所有参赛队开关拨向高电平，主持人控制按钮拨向低电平时，**系统清零、数码管灭灯、74LS148 的使能端有效、定时器置数**。

2）主持人按钮拨向高电平，发出"抢答开始"信号，此时如果有抢答信号输入（例如图示的 K_5 按钮按下），数码管显示抢答组别，同时 74LS148 的"有编码信号输出" $\overline{Y}_{EX} = 0$（GS）经锁存器锁存后，使 74LS148 的使能端 $\overline{S}$ 无效，此后 74LS148 不再接受别的抢答信号，定时器停止计数。

3）用实际元器件搭建图电路，如图 4-3-6 所示，测试系统的主持人清零、抢答开始、第一信号鉴别、锁存等功能，分析电路的工作过程是否正确，对电路进行调试，直到达到设计要求。

2. 用实际元器件自行搭建报警电路，与系统合成调试，直到达到系统要求。

4.3.6　实验报告要求

1. 简述竞赛抢答器电路的工作原理，画出完整电路图，说明主要元件在电路中的作用。
2. 分析讨论实验中出现的问题及排除方法。

4.3.7　思考题

1. 还可以用其他芯片或电路实现第一信号鉴别锁存作用吗？

2. 如果要设置一个计分电路，每组开始预置 100 分，由主持人计分，答对一次加 10 分，答错一次减 10 分，应该如何设计？

3. 如果要设置一个犯规电路，对提前抢答的组别鸣扬声器示警，并由组别显示电路显示犯规组别，应该如何设计？

4. 图 4-3-6 的 8 组参赛队的编号是 0、1、2、3、4、5、6、7，如果要使他们的编号为 1、2、3、4、5、6、7、8，电路应该如何设计？

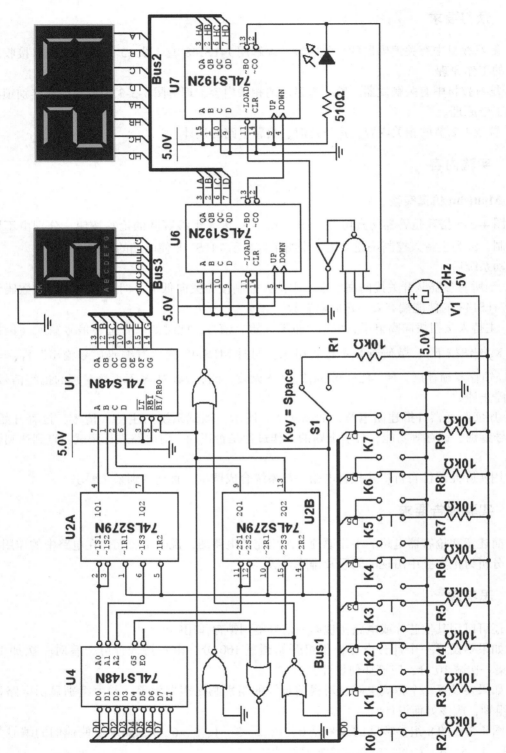

170

图 4 - 3 - 5 竞赛抢答器Multisim仿真图

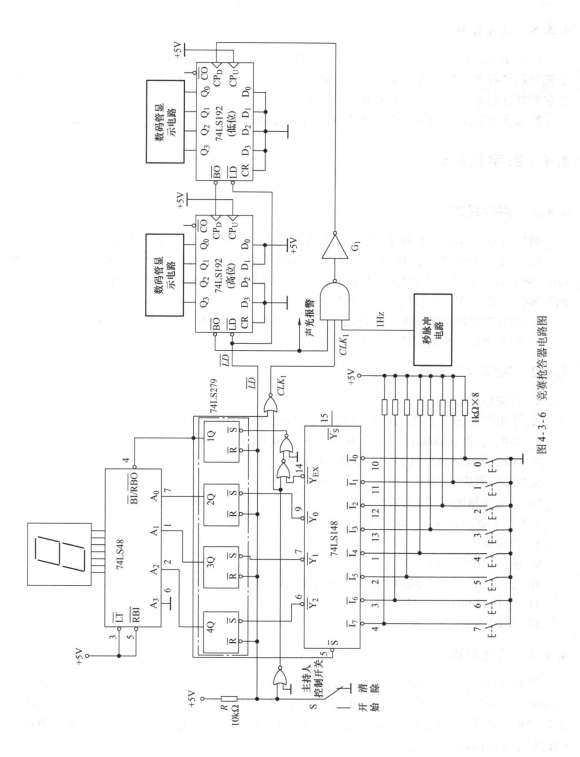

图 4 - 3 - 6　竞赛抢答器电路图

4.3.8 注意事项

1. 一片74LS279中包含四个独立的用与非门组成的基本SR锁存器，其中第一个和第三个锁存器各有两个置1输入端，在任一输入端上加入低电平均能将锁存器置1，实验中可以将它们并联起来，当作一个置1输入端使用。

2. 如果使用共阳极数码管，需在译码管74LS48的输出端连接非门后，再接数码管。

4.4 数字频率计

4.4.1 实验目的

数字频率计可以用来测量正弦、矩形等波形的工作频率，在工程上有着广泛的应用。

1. 实现一个能测量正弦波、三角波和方波等信号频率的频率计，测量的频率范围为1Hz～999kHz，分成6个量程档进行测量，即×1000档、×100档、×10档、×1档、×0.1档和×0.01档，用三位数码管显示测量频率。

2. 具有超量程报警功能，当超出目前量程档的测量范围时，发出报警信号。

3. 频率测量的相对误差不大于1%。

4.4.2 实验设备与器件

1. 直流稳压电源
2. 共阴极数码管3只，BCD-7段显示译码器74LS48 3块
3. 晶振（32.768kHz）1只，14级二分频器CD4060 1块
4. 计数器74LS161 1块，计数器74LS160 8块
5. COMS集成锁相环74HC4046 1块
6. 高速双路比较器LT1715 1块
7. 8选1数据选择器74LS151 1块
8. 锁存器74LS374 2块
9. 缓冲驱动器7407 1块
10. 扬声器HXD或FMQ-2724型电子蜂鸣器1只
11. 晶体管9013 1只
12. 电阻器若干

4.4.3 实验原理

脉冲信号的频率就是在单位时间内所产生的脉冲个数，其表达式 $f = N/T$，f 为被测信号的频率，N 为计数器所累计的脉冲个数，T 为单位时间。所以用一个宽度为 T_G 的标准闸门信号对被测信号的周期进行计数，即可得到信号的频率，这种测量频率的方法被称为测频法（M法），如图4-4-1所示。

测频法是有误差存在的：在 T_G 期间，信号的精确脉冲是 N，而计数得到的脉冲数是 N_1，可以看到，测量的绝对误差最大值为

$$\Delta N_{1\max} = N_1 - N = \pm 1$$

测量的相对误差最大值为

$$\varepsilon_{\max} = \frac{N_1 - N}{N} = \pm \frac{1}{N}$$

在工程中，常使标准闸门信号的周期 $T_G = 1\,\mathrm{s}$，这样会有 $f = N$、$f_1 = N_1$，则 f_1 的相对误差为

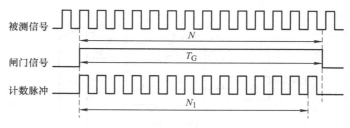

图 4-4-1　测频法原理图

$$\varepsilon_{f1} = \frac{f_1 - f}{f} = \frac{f \pm 1 - f}{f} = \pm \frac{1}{f}$$

即信号频率越高，测量的相对误差越小。所以，测频法适用于高频信号的测量。

低频信号频率的测量，可以采用测周期法间接进行，即用被测信号作为闸门信号，对标准频率信号进行计数，如图 4-4-2 所示。

此时，被测信号的周期和频率为

$$T = N_1 T_G$$

$$f = \frac{1}{T}$$

测周期法也是有误差存在的：在被测信号 T 期间，标准信号的精确脉冲个数是 N，而计数得到的脉冲个数是 N_1，测量的绝对误差最大值为

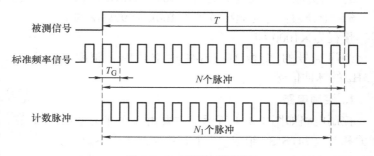

图 4-4-2　测周法原理图

$$\Delta N_{1\max} = N_1 - N = \pm 1$$
$$\Delta T_{\max} = (N_1 - N)T_G = \pm 1 T_G$$

测量的相对误差最大值为

$$\varepsilon_{\max} = \frac{(N_1 - N)T_G}{N T_G} = \pm \frac{1}{N}$$

可见，当被测信号的 T 越大（f 越小）或标准频率信号的频率越大（T_G 越小）时，测量的相对误差越小。

所以，测周期法适用于低频信号的测量。

为简化起见，本节采用测频法进行数字频率计的设计，系统框图如图 4-4-3 所示。测频法电路主要由信号整形、分频倍频、控制电路、计数锁存、显示、闸门信号产生和超量程报警等模块组成。

考虑到被测信号的频率范围为 $1\,\mathrm{Hz} \sim 999\,\mathrm{kHz}$，为了在低频段和高频段都能达到相对误差不大于 $1\% = 0.01$ 的测量要求，将电路分成 6 种工作状态分别对应 6 个量程档。

1）百倍频：对应频率范围为 $1 \sim 9\,\mathrm{Hz}$ 的信号，量程为 ×0.01 档；

2）十倍频：对应频率范围为 $10 \sim 99\,\mathrm{Hz}$ 的信号，量程为 ×0.1 档；

3）不分频：对应频率范围为 $100 \sim 999\,\mathrm{Hz}$ 的信号，量程为 ×1 档；

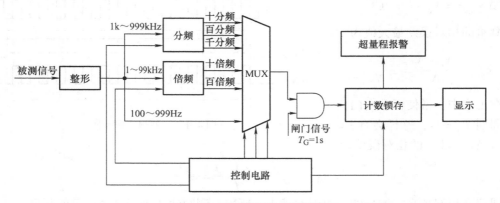

图 4-4-3　数字频率计系统框图

4）十分频：对应频率范围为 1k～9kHz 的信号，量程为×10 档；

5）百分频：对应频率范围为 10k～99kHz 的信号，量程为×100 档；

6）千分频：对应频率范围为 100k～999kHz 的信号，量程为×1000 档。

闸门信号的 T_G 取 1s（50% 占空比时，频率为 0.5Hz 的脉冲信号）。

1. 控制电路

控制电路如图 4-4-4 所示，主要由 3 个单刀双掷开关和 1 块 74LS138 组成。3 个开关 K_0、K_1、K_2 作为 74LS138 的输入信号控制开关，选取 74LS138 的 6 个输出端信号 $\overline{Y}_0$、$\overline{Y}_1$、$\overline{Y}_2$、$\overline{Y}_3$、$\overline{Y}_6$ 和 $\overline{Y}_7$ 控制电路的 6 种工作状态。状态表见表 4-4-1。

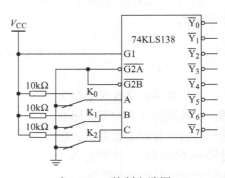

表 4-4-4　控制电路图

表 4-4-1　控制电路状态表

开关状态			输出信号	
K_2	K_1	K_0		
0	0	0	$\overline{Y}_0 = 0$	被测信号不分频
0	0	1	$\overline{Y}_1 = 0$	被测信号 10 分频
0	1	0	$\overline{Y}_2 = 0$	被测信号 100 分频
0	1	1	$\overline{Y}_3 = 0$	被测信号 1000 分频
1	1	0	$\overline{Y}_6 = 0$	被测信号 10 倍频
1	1	1	$\overline{Y}_7 = 0$	被测信号 100 倍频

2. 信号整形模块

信号整形模块的作用是将被测信号（如正弦波、三角波等）整形为同频率的脉冲信号。常用电路有施密特触发器、单稳态触发器、比较器等。

本节采用高速双路比较器 LT1715 构成的滞回比较器来进行信号整形，LT1715 的引脚图和整形电路如图 4-4-5a、图 4-4-5b 所示。图中被测信号从 LT1715 的反相输入端输入，CLK_1

为整形后的信号。为增加滞回比较器的驱动能力，同时也对 LT1715 进行保护，在 LT1715 的输出端增加 G_1（7407）作为缓冲器，由于 7407 为集电极开路输出的芯片，所以引入上拉电阻 R_4。7407 的引脚图如图 4-4-5c 所示。

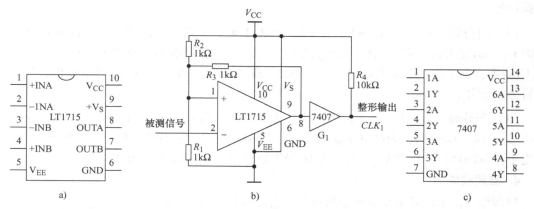

图 4-4-5　信号整形模块电路图

3. 分频模块

分频模块由 3 片十进制计数器 74LS160 和 1 片 8 选 1 数据选择器 74LS151 构成，如图 4-4-6 所示。

输入信号：CLK_1 由图 4-4-5 整形模块输出；K_0、K_1 和 K_2 来自图 4-4-4 控制电路三个按键信号；$\overline{Y}_0$、$\overline{Y}_1$、$\overline{Y}_2$ 和 $\overline{Y}_3$ 来自图 4-4-4 控制电路 74LS138 的输出；CLK_x 来自图 4-4-8 倍频模块的输出信号。

输出信号：$CLKD$ 送给计数锁存模块处理。

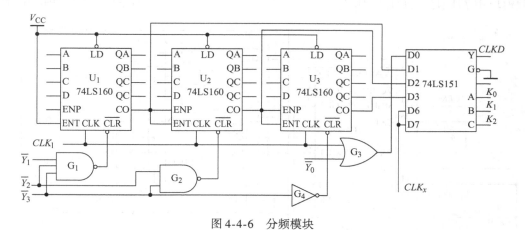

图 4-4-6　分频模块

分频模块有 4 种工作状态：

（1）不分频　$K_0 = 0$、$K_1 = 0$、$K_2 = 0$：由表 4-4-1 可知 $\overline{Y}_0 = 0$、$\overline{Y}_1 = 1$、$\overline{Y}_2 = 1$、$\overline{Y}_3 = 1$。此时 G_1、G_2、G_4 的输出都为低电平，3 片 74LS160 清零，计数器不工作。G_3 输出为 CLK_1，74LS151 输出 $CLKD = D_0 = CLK_1$。

（2）十分频　$K_0 = 1$、$K_1 = 0$、$K_2 = 0$：由表4-4-1可知$\overline{Y}_0 = 1$、$\overline{Y}_1 = 0$、$\overline{Y}_2 = 1$、$\overline{Y}_3 = 1$。此时G_1输出高电平，G_2、G_4输出都为低电平。U_1的清零端无效，处于工作状态；而U_2、U_3清零，不工作。G_3输出高电平。74LS151输出$CLKD = D_1$，为U_1的进位输出，是CLK_1的十分频信号。

（3）百分频　$K_0 = 0$、$K_1 = 1$、$K_2 = 0$：由表4-4-1可知$\overline{Y}_0 = 1$、$\overline{Y}_1 = 1$、$\overline{Y}_2 = 0$、$\overline{Y}_3 = 1$。此时G_1、G_2输出高电平，G_4输出都为低电平。U_1，U_2的清零端为高电平，处于工作状态，而U_3清零，不工作。G_3输出高电平。74LS151输出$CLKD = D_2$，为U_2的进位输出，是CLK_1的百分频信号。

（4）千分频　$K_0 = 1$、$K_1 = 1$、$K_2 = 0$：由表4-4-1可知$\overline{Y}_0 = 1$、$\overline{Y}_1 = 1$、$\overline{Y}_2 = 1$、$\overline{Y}_3 = 0$。此时G_1、G_2、G_4输出都为高电平。U_1、U_2、U_3清零端都为高电平，处于工作状态。G_3输出高电平。74LS151输出$CLKD = D_3$，为U_3的进位输出，是CLK_1的千分频信号。

4. 倍频模块

倍频模块由1块通用CMOS锁相环集成电路74HC4046和二片十进制计数器74LS160构成。74HC4046的引脚图如图4-4-7所示。

倍频模块电路如图4-4-8所示，图中，虚线框中的电路将74HC4046引脚4的输出信号反馈到其引脚3，称这部分电路为反馈环。

输入信号：$\overline{Y}_6$、$\overline{Y}_7$来自图4-4-4控制电路的输出；CLK_1来自图4-4-5整形模块输出。

输出信号：CLK_x为倍频模块的输出信号，输出到图4-4-6分频模块中74LS151的D_6和D_7端。

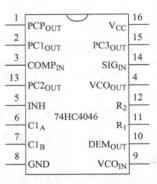

图4-4-7　74HC4046引脚图

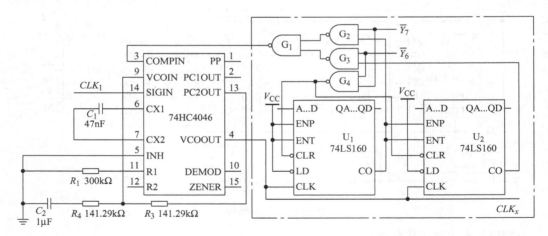

图4-4-8　倍频模块电路

倍频模块有两种工作状态：

（1）十倍频　$K_0 = 0$、$K_1 = 1$、$K_2 = 1$：由表4-4-1可知$\overline{Y}_6 = 0$，$\overline{Y}_7 = 1$。G_2输出为U_1进位

信号的反信号，G_3 输出为高电平，G_1 输出为 U_1 进位信号，G_4 输出为高电平。反馈环为由 U_1 构成的 10 进制计数器，反馈增益为 0.1，输出信号 CLK_x 的频率为 CLK_1 频率的 10 倍。此时图 4-4-6 中 74LS151 的输出 $CLKD = D_6$，为 CLK_x。

（2）百倍频　$K_0 = 1$、$K_1 = 1$、$K_2 = 1$：由表 4-4-1 可知 $\overline{Y}_7 = 0$，$\overline{Y}_6 = 1$。G_2 输出为高电平，G_3 输出为 U_2 进位信号的反信号，G_1 输出为 U_2 进位信号，G_4 输出为高电平。反馈环为由 U_1 和 U_2 构成的 100 进制计数器，反馈增益为 0.01，输出信号 CLK_x 的频率为 CLK_1 频率的 100 倍。此时图 4-4-6 中 74LS151 的输出 $CLKD = D_7$，为 CLK_x。

5. 计数锁存模块

计数锁存模块由十进制计数器 74LS160 和 74LS374 型锁存器构成，电路如图 4-4-9 所示。

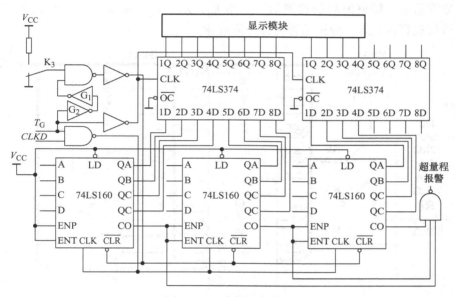

图 4-4-9　计数锁存模块

图中，当开关 K_3 为低电平时，各计数器清零；将 K_3 拨向高电平，当标准闸门信号为"1"时，计数器进行计数，直到等 $T_G = 1s$ 结束，闸门信号低电平到来，计数器的计数值送锁存器锁存，数码管显示电路（见 4.1 节）显示测量的频率值，完成一次测频过程，且所有计数器清零，等待下一个 $T_G = 1s$ 到来时进行下一次测频。

当超出当前量程档的测量范围时，由计数器最高位产生的进位信号驱动超量程报警电路（见 4.2 节）。

G_1 和 G_2 两个反相器起延时作用，使得锁存器的锁存信号早于计数器的清零信号，确保锁存器锁存的信号为有效信息。

标准闸门信号 T_G 从图 4-2-2 的秒脉冲发生器中 74LS161 的 Q_1 得到，其下降沿能将计数器的计数值锁存。

4.4.4　预习要求

1. 查找资料，了解频率测量的几种方法，理解原理，比较它们的优缺点；理解利用测频法实现数字频率计的原理。

2. 复习教材中有关计数器和数据选择器的相关内容，理解图4-4-6对被测信号分频的方法，理解表4-4-1频率计量程变换的原理。

3. 查找高速双路比较器LT1715的相关资料，理解图4-4-5信号整形电路的工作原理。

4. 查找锁相环集成电路74HC4046的相关资料，理解图4-4-8对被测信号倍频的工作原理。

5. 复习4.1节、4.2节的相关内容，自行设计数码管显示、报警、标准闸门信号电路。

4.4.5　实验内容

1. Multisim仿真实验

按图4-4-10a、图4-4-10b搭建被测信号分频模块仿真电路，用信号发生器XFG1发出一定频率的方波信号模拟整形后的被测信号。当K_0、K_1、K_2按表4-4-1的开关状态设置时，用逻辑分析仪观察各波形，分析是否符合分频规律。

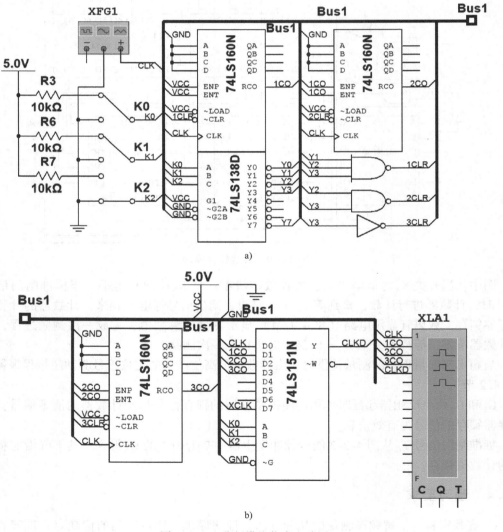

图4-4-10　分频模块仿真电路图

按图 4-4-11a、4-4-11b 搭建计数锁存模块仿真电路，用信号发生器 XFG1 发出一定频率的方波信号模拟被整形和分频后的信号，用信号发生器 XFG2 发出频率为 0.5Hz 的方波信号模拟闸门信号。闸门信号为高电平时，与非门 G1B（也可以用与门）打开，计数器对被测信号进行计数；闸门信号为低电平时，与非门 G1B 封锁，计数器停止计数，锁存器将计数结果锁存，并送数码管显示。分析仿真结果是否正确。

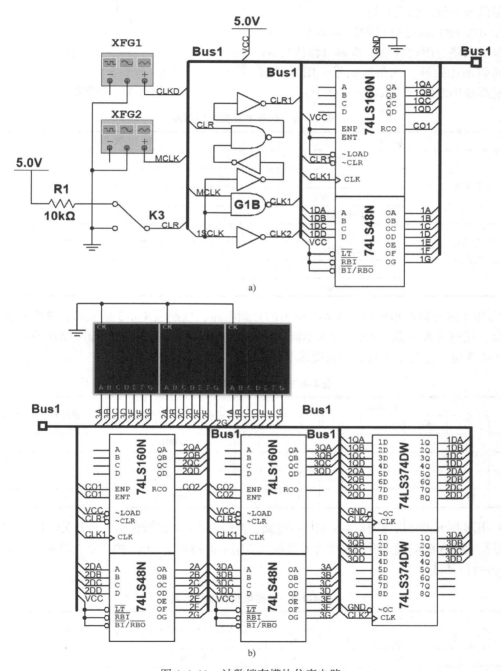

图 4-4-11　计数锁存模块仿真电路

按图 4-4-12 搭建超量程报警电路，图中用发光二极管代表超量程的报警信号。CO_1、CO_2 和 CO_3 为计数模块的 3 个进位输出，CLR 是 K_3 清零信号。当计数超过 999 时，会产生进位信号，SR 锁存器置 1，警告灯常亮。直到清零信号有效，警告灯熄灭。

2. 用实际元器件搭建如图 4-4-5 所示的信号整形电路，用信号发生器输出幅值为 5V 的不同频率正弦波、三角波信号，用示波器观察整形输出波形，填入表 4-4-2 中。

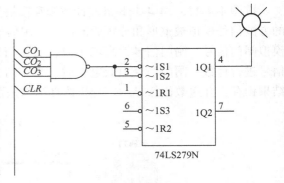

图 4-4-12 报警电路

表 4-4-2 整形电路实验数据表

输 入 信 号		输 出 波 形
正弦波	$f = 9\text{Hz}$	
	$f = 9\text{kHz}$	
	$f = 99\text{kHz}$	
	$f = 999\text{kHz}$	
三角波	$f = 9\text{Hz}$	
	$f = 9\text{kHz}$	
	$f = 99\text{kHz}$	
	$f = 999\text{kHz}$	

3. 用实际元器件搭建如图 4-4-6 所示的分频电路，按照表 4-4-3 的数值给 7 个开关控制量赋值，用信号发生器给 CLK_1 输入不同频率的方波信号，用示波器测量 $CLKD$ 的频率，填入表 4-4-3 中，分析是否符合分频要求。

表 4-4-3 分频电路实验数据表

控制量							输入给 CLK_1 的方波频率	输出 $CLKD$ 的频率
K_2	K_1	K_0	$\overline{Y_3}$	$\overline{Y_2}$	$\overline{Y_1}$	$\overline{Y_0}$		
0	0	0	1	1	1	0	999Hz	
0	0	1	1	1	0	1	9.99kHz	
0	1	0	1	0	1	1	99.9kHz	
0	1	1	0	1	1	1	999kHz	

4. 用实际元器件搭建图 4-4-8 的倍频电路，按照表 4-4-4 的数值给 5 个开关给控制量赋值，用信号发生器给 CLK_1 输入不同频率的方波信号，用示波器测量 CLK_x 的频率，填入表 4-4-4 中，分析是否符合倍频要求。

表 4-4-4 倍频电路实验数据表

控制量					输入给 CLK_1 的方波频率	输出 CLK_x 的频率
K_2	K_1	K_0	$\overline{Y_7}$	$\overline{Y_6}$		
1	1	0	1	0	99.9Hz	
1	1	1	0	1	9.99Hz	

5. 用实际元器件搭建图 4-4-9 的电路，标准闸门信号电路、数码管显示电路和超量程报警电路根据 4.1 节和 4.2 节相关内容自行搭建，按照表 4-4-5 在 CLKD 端用信号发生器输入一定频率的方波，观察数码管显示结果，填入表 4-4-5 中。

表 4-4-5　计数电路实验数据表

输入方波频率/Hz	数码管显示数值	相 对 误 差
$f=9$		
$f=99$		
$f=999$		

6. 将以上已搭建好的电路合成，进行数字频率计的调试，按照表 4-4-6 用信号发生器输入一定频率的信号，观察数码管显示结果，填入表 4-4-6 中，并分析结果。

表 4-4-6　频率计实验数据表

输 入 信 号		数码管显示数值	相 对 误 差
正弦波	$f=9\,\mathrm{Hz}$		
	$f=9\,\mathrm{kHz}$		
	$f=99\,\mathrm{kHz}$		
	$f=999\,\mathrm{kHz}$		
三角波	$f=9\,\mathrm{Hz}$		
	$f=9\,\mathrm{kHz}$		
	$f=99\,\mathrm{kHz}$		
	$f=999\,\mathrm{kHz}$		
方波	$f=9\,\mathrm{Hz}$		
	$f=9\,\mathrm{kHz}$		
	$f=99\,\mathrm{kHz}$		
	$f=999\,\mathrm{kHz}$		

4.4.6　实验报告要求

1. 简述用测频法测量信号频率的基本原理。
2. 画出数字频率计的完整电路图，说明主要元件在电路中的作用。
3. 记录各仿真模块的仿真结果。
4. 记录各实验电路的测量结果，分析各频率段频率测量的相对误差情况。
5. 分析讨论实验中出现的问题及排除方法。

4.4.7　思考题

如果不对被测信号进行分频，频率计的量程改变可以通过改变闸门信号的宽度来实现，分析其原理，说明应该如何改变电路？

4.4.8　注意事项

1. 由于闸门信号产生电路需要起振时间，因此，在前 1～2 个标准闸门信号来临时测量的结果并不准确，显示稳定测量结果所需的时间约为 2～3 个标准闸门信号周期。

2. 倍频模块中 R_3、R_4 和 C_2 的取值合理与否关系到倍频电路能否正常工作，仔细阅读 74HC4046 数据手册，理解相关内容。

3. 本节倍频模块 74HC4046 的中心工作频率设置在 500Hz，当输出频率在 150Hz 以下或 900Hz 以上时，可能会发生倍频错误。实际上，对于频率小于 100Hz 的低频信号，测频法已经不适用其频率的测量，应该使用测周期法，读者可以根据测周期法的原理自行设计相关电路。

4.5　多功能数字钟

4.5.1　实验目的

数字钟在工程实践中的应用非常广泛，计数器是它最基本的电路单元，有 12 小时制和 24 小时制两种计时方法，本设计针对 12 小时制进行设计。

1. 设计一个 12 小时制的数字钟，用 6 位数码管分别显示时、分和秒。
2. 具有整点报时功能。
3. 具有校时功能，能对小时和分钟进行手动调节。
4. 具有闹钟功能，能在设定的时间发出闹铃声。

4.5.2　实验设备与器件

1. 直流稳压电源
2. 共阴极数码管 6 只，BCD - 7 段显示译码器 74LS48　6 块
3. 晶振（32.768kHz）1 只，14 级二分频器 CD4060　1 块，二进制计数器 74LS161　1 块
4. 十进制计数器 74LS160　6 块
5. 3 态输出 4 总线缓冲器 74LS125　2 块
6. 四位二进制数值比较器 74LS85　4 块
7. 8 路 3 态缓冲器 74LS241　2 块
9. 扬声器 HXD 或 FMQ - 2724 型电子蜂鸣器　1 只
10. 电阻器若干，晶体管 9013 等

4.5.3　实验原理

多功能数字钟主要由控制电路、计数器模块、闹铃模块和显示模块四部分组成，系统框图如图 4-5-1 所示。

1. 控制电路

控制电路接收控制输入，控制数字钟工作、校时、设置闹铃和清零等工作状态。主要由 4 个单刀双掷开关（Clear、Set、A 和 B）、1 个按钮（Change）、1 块 74LS139 和 2 块

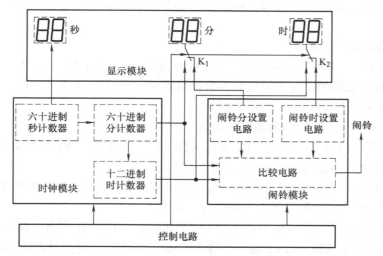

图 4-5-1 数字钟系统框图

74LS125 组成，如图 4-5-2 所示。图中秒计数器、分计数器和时计数器如图 4-5-4、图 4-5-5和图 4-5-6 所示。

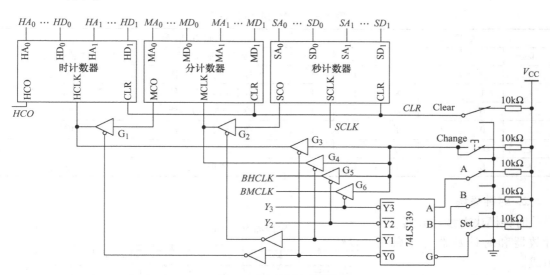

图 4-5-2 控制电路图

每片 74LS125 含有 4 个三态输出总线缓冲器，其引脚图和逻辑图如图 4-5-3 所示。$\overline{G}=0$时 $Y=A$，$\overline{G}=1$ 时 Y 为高阻态。

在图 4-5-2 中，Clear 为系统清零开关，当Clear 置 0 时系统清零；Set 为校时和闹铃设置开关，作为 74LS139 的使能信号；Change 为校时或闹铃设置手动脉冲按键；$BHCLK$ 为闹铃时设置电路时钟信号，输出至图 4-5-9；

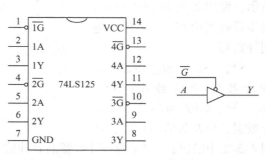

图 4-5-3 74LS125 引脚图和逻辑图

BMCLK 为闹铃分设置电路时钟信号，输出至图 4-5-10；Y_2 和 Y_3 为显示模块控制信号，输出至图 4-5-14。

控制电路的工作方式如下：

1）当 Set = 1 时，数字钟正常工作。74LS139 输出全为高电平，G_3、G_4、G_5 和 G_6 关闭，G_1、G_2 打开。时计数器的时钟信号是分计数器的进位，分计数器的时钟信号是秒计数器的进位，数字钟正常计时。

2）当 Set = 0 时，可进行校时或闹铃设置。

当 AB = 00 时，校时，G_1、G_4、G_5 和 G_6 关闭，G_3、G_2 打开，时计数器时钟信号由按键 Change 输入，每个 Change 信号的上升沿时计数器加 1。

当 AB = 01 时，校分，G_2、G_3、G_5 和 G_6 关闭，G_1、G_4 打开，分计数器时钟信号由按键 Change 输入，每个 Change 信号的上升沿分计数器加 1。

当 AB = 10 时，闹铃时设置，G_3、G_4 和 G_6 关闭，G_1、G_2 和 G_5 打开，闹铃模块时设置电路时钟信号 BHCLK 由按键 Change 输入，每个 Change 信号的上升沿时闹铃的时加 1。

当 AB = 11 时，闹铃分设置，G_3、G_4 和 G_5 关闭，G_1、G_2 和 G_6 打开，闹铃模块分设置电路时钟信号 BMCLK 由按键 Change 输入，每个 Change 信号的上升沿分时闹铃的分加 1。

表 4-5-1 为控制电路的状态表。

表 4-5-1　控制电路状态表

开关状态				输出信号			
Clear	Set	A	B	Y_2	Y_3	数码管显示内容	数字钟状态
0	×	×	×	1	1	数字钟时、分、秒	数字钟清零
1	1	×	×	1	1	数字钟时、分、秒	数字钟正常工作
1	0	0	0	1	1	数字钟时、分、秒	校时
1	0	0	1	1	1	数字钟时、分、秒	校分
1	0	1	0	0	1	闹铃时、分	设定闹铃时
1	0	1	1	1	0	闹铃时、分	设定闹铃分

2. 时钟模块

时钟模块由秒计数器、分计数器和时计数器三个部分组成。

秒计数器电路如图 4-5-4 所示，使用 2 块 74LS160 通过同步置数实现 60（0 ~ 59）进制计数器。

SA_0、SB_0、SC_0 和 SD_0 为秒计数器个位数据；SA_1、SB_1、SC_1 和 SD_1 为秒计数器十位数据；*CLR* 为清零信号，从

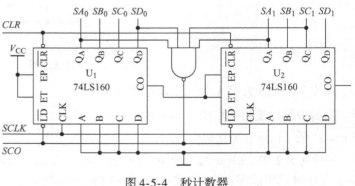

图 4-5-4　秒计数器

图 4-5-2 中输出；*SCLK* 为秒计数器的时钟信号；*SCO* 为秒计数器的进位输出信号。

分计数器电路与秒计数器类似，如图 4-5-5 所示。

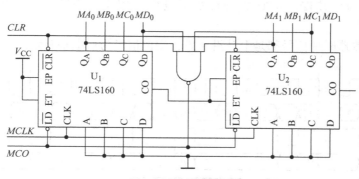

图 4-5-5　分计数器

时计数器电路如图 4-5-6 所示。

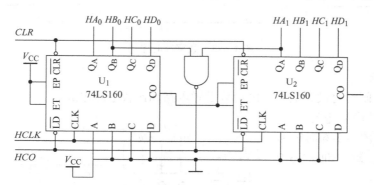

图 4-5-6　时计数器

时钟模块电路如图 4-5-7 所示，秒计数器时钟 $SCLK$ 是频率为 1Hz 的秒脉冲信号。

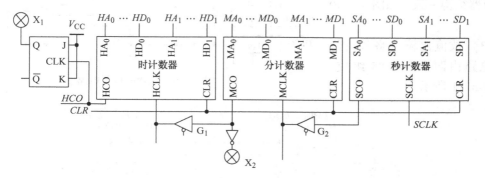

图 4-5-7　时钟模块

图中 G_1、G_2 为 3 态输出总线缓冲器，其控制信号由控制电路输出。当正常计数时 G_1、G_2 打开，秒计数器的进位输出作为分计数器的时钟信号，同时分计数器的进位作为时计数器的时钟信号。校时钟时 G_1 或 G_2 关闭，时计数器和分计数器的时钟信号由控制电路的按键 Change 手动输入。

用指示灯X_1模拟上午和下午，灯灭为上午，灯亮为下午；用指示灯X_2模拟整点报时。

图 4-5-8 为时钟模块的时序图，*SCLK* 为秒时钟信号，*SDATA* 为秒数据，*SCO* 为秒计数器进位，*MDATA* 为分数据，*MCO* 为分计数器进位，*HDATA* 为时数据，*HCO* 为时计数据进位。

系统中各计数器时钟信号都是上升沿有效，进位信号为低电平有效。

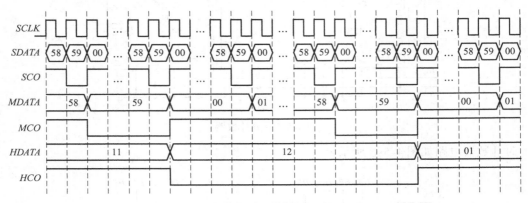

图 4-5-8　数字钟时序图

3. 闹铃模块

闹铃模块由闹铃时设置电路、闹铃分设置电路和比较电路组成。

（1）闹铃时设置电路　闹铃时设置电路与图 4-5-6 时钟模块时计数器结构一致，如图 4-5-9 所示。

（2）闹铃分设置电路　闹铃分设置电路与图 4-5-5 时钟模块分计数器结构一致，如图 4-5-10 所示。

（3）数值比较电路　数值比较电路由四个 74LS85 组成，如图 4-5-11 所示。

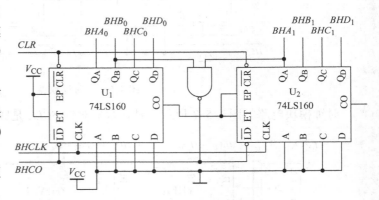

图 4-5-9　闹铃时设置电路

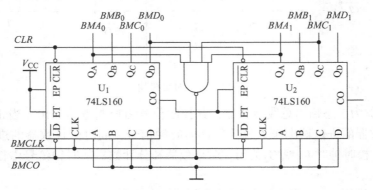

图 4-5-10　闹铃分设置电路

闹铃模块电路如图 4-5-12 所示。

输入信号：CLR 为清零信号，$BHCLK$ 和 $BMCLK$ 分别为闹铃分计数器和闹铃时计数器的时钟信号，它们都从图 4-5-2 控制电路中输出；$MA_0 \cdots MD_0$、$MA_1 \cdots MD_1$、$HA_0 \cdots HD_0$、$HA_1 \cdots HD_1$ 为数字钟分、时计数器的数据，分别从图 4-5-5 和图 4-5-6 中输出。

输出信号：$BMA_0 \cdots BMD_0$、$BMA_1 \cdots BMD_1$、$BHA_0 \cdots BHD_0$、$BHA_1 \cdots BHD_1$ 为闹铃分、时计数器的数据；$BELL$ 为闹铃输出信号，至蜂鸣器驱动电路。

数值比较电路将时钟模块的时数据、分数据与闹铃模块的时数据、分数据进行比较，结果一样时，闹铃时间到，发出闹铃声。

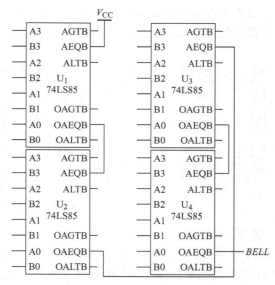

图 4-5-11　数值比较电路

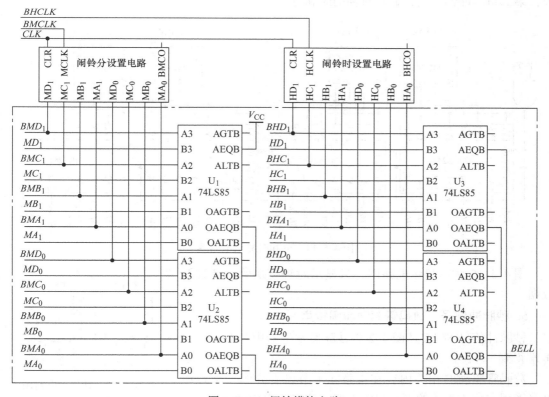

图 4-5-12　闹铃模块电路

4. 显示模块

显示模块由 6 只共阴极 7 段数码管分别显示时、分和秒，采用 74LS48 作为数码管驱动芯片，如图 4-5-14 所示。

其中分和时既要显示时钟数据也要显示闹铃数据，采用八路三态缓冲器74LS241进行显示数据的切换。74LS241引脚图和逻辑图如图4-5-13所示。

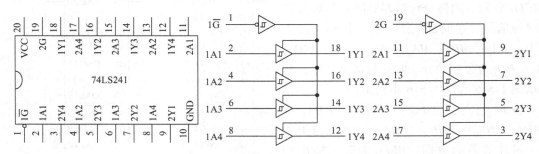

图4-5-13　74LS241引脚图和逻辑图

切换方式如下：

（1）当Set＝0，$AB=10$或$AB=11$时，进行闹铃设置，此时Y_2或Y_3为低电平，与非门G1输出为高电平，74LS241第一组缓冲器关闭，第二组缓冲器打开，显示闹铃时和分。

（2）在其他情况下，Y_2，Y_3都为1，与非门G_1输出为低电平，74LS241第一组缓冲器打开，第二组缓冲器关闭，显示时钟的时和分。

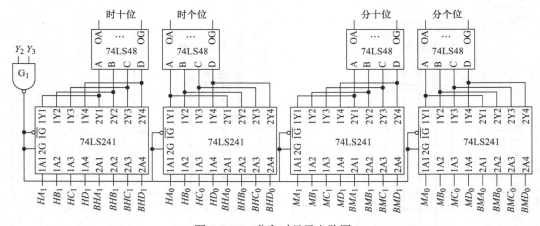

图4-5-14　分和时显示电路图

图4-5-15为秒显示电路图，只显示时钟模块的秒计数器数据。

5. 秒脉冲信号、数码管驱动和闹铃声

秒脉冲信号$SCLK$从图4-2-2秒脉冲发生器中74LS161的Q_0端得到。

数码管驱动的相关内容在本章4.1节已有介绍，闹铃声电路采用本章4.2节的声光报警电路，这里不再叙述。

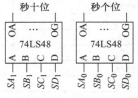

图4-5-15　秒显示电路图

4.5.4　预习要求

1. 结合设计要求与表4-5-1，理解图4-5-2的工作原理。

2. 复习教材中有关计数器的相关内容，理解图 4-5-7 的工作原理。

3. 查阅 74LS125、74LS85 和 74LS241 的数据手册，掌握这几种芯片的使用方法，并理解图 4-5-12、图 4-5-14 的工作原理。

4. 复习 4.2 节的相关内容，设计秒脉冲发生电路和声光报警电路。

4.5.5 实验内容

1. Multisim 仿真实验

按图 4-5-16 搭建计数模块仿真电路。

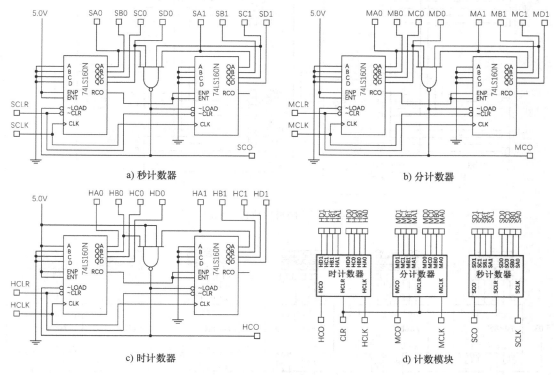

图 4-5-16   计数模块仿真电路

按图 4-5-17 搭建闹铃模块仿真电路。

按图 4-5-18 搭建显示模块仿真电路。

按图 4-5-19 搭建数字钟仿真电路。

用信号发生器 XFG1 发出 1Hz 的方波信号模拟秒脉冲信号。X_1 接 LED，模拟整点报时；X_2 接 LED，模拟上午和下午；X_3 接 LED，模拟闹铃。参照表 4-5-1 进行仿真，观察数字钟的工作情况。

2. 用实际元器件搭建图 4-5-2 除计数器以外的电路，参照表 4-5-1 观察控制电路的各输出信号。

3. 用实际元器件搭建图 4-5-4、图 4-5-5、图 4-5-6 和图 4-5-7 的电路，用信号发生器输入一定频率方波信号，观察各计数器工作情况。

4. 用实际元器件搭建图 4-5-10 的电路，观察闹铃模块的工作情况。

190

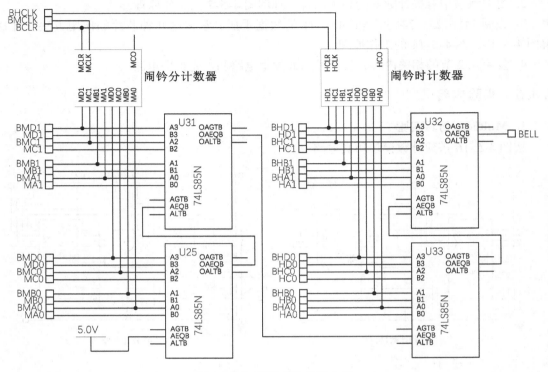

图 4-5-17 闹铃模块仿真电路

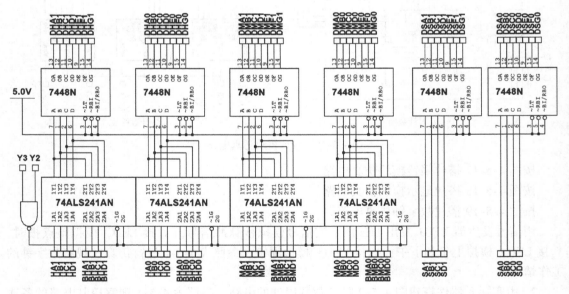

图 4-5-18 显示模块仿真电路

5. 用实际元器件搭建图 4-5-12 和图 4-5-14 的电路,观察显示模块的工作情况。

6. 将以上几部分已搭建好的电路合成,进行数字钟的调试,直到满足设计要求为止。

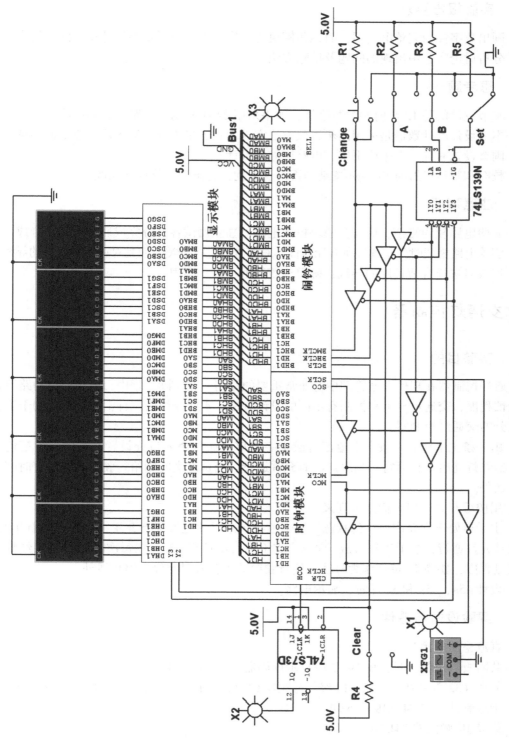

图 4-5-19 数字钟仿真电路

4.5.6 实验报告要求

1. 画出数字钟的完整电路图，简述各模块的工作原理，说明主要元件在电路中的作用。
2. 分析讨论实验中出现的问题及排除方法。

4.5.7 思考题

1. 本节设计的是 12 小时制的数字钟，如果采用 24 小时制，电路应做那些改动？
2. 本节设计的计数器是采用同步置数方法实现的，若采用异步清零法，应如何实现？
3. 闹铃设置时加入上午或下午，电路应如何设计？
4. 校时和闹铃设置时 Change 按键是否出现干扰，若出现干扰应如何改进？

4.5.8 注意事项

1. 实验电路较为复杂，应先分模块搭建电路，独立调试各部分完成后，电路再合成。
2. 实验电路搭建时先布置好所有元器件，对信号线进行分类，使其对应不同颜色的导线。
3. 连线时选择合适长度的导线；确保连线接触良好、牢固。

4.6 交通灯控制器

4.6.1 实验目的

交通灯控制器在现代交通管理中起非常重要的作用。在实际工程中，根据路口的路况和车辆繁忙程度，交通灯显示和控制有不同的设计方法。本节介绍由三种信号灯组成的干道有主次之分的交通灯控制器。

1. 由一条主干道和一条支干道汇合成十字路口，在每个入口处设置红、绿、黄三色信号灯。当红灯亮时禁止通行，当绿灯亮时允许通行，当黄灯亮时则给行驶中的车辆有时间停在停止线外。
2. 用按键开关模拟车辆是否到来。
3. 主干道处于常允许通行的状态，支干道有车来时才允许通行，主、支干道均有车时，两者交替允许通行，主干道每次放行 45s，支干道每次放行 25s，在每次由绿灯亮到红灯亮的转换过程中，要亮 5s 黄灯作为过渡，使行驶中的车辆有时间停到停止线外。
4. 设计 45s、25s 和 5s 计时、显示电路。

4.6.2 实验设备与器件

1. 直流稳压电源
2. 共阴极数码管 5 只，BCD – 7 段显示译码器 74LS48　5 块
3. 晶振（32.768kHz）1 只，14 级二分频器 CD4060　1 块，二进制计数器 74LS161　1 块
4. 十进制计数器 74LS190　5 块
5. 集成 JK 触发器 74LS76　3 块
6. 74LS00、74LS02、74LS10、74LS08 各 2 块
7. 74LS86　1 块，CD4078_ 5V　2 块

4.6.3 实验原理

整个系统可分为主控电路、计时电路和状态显示三个模块。系统框图如图4-6-1所示。

主控电路的时钟信号 CP 从图4-2-2的秒脉冲发生器中 74LS161 的 Q_0 得到，频率为 1Hz，设计为采用下降沿触发。

计时电路由45s、25s和5s减法计数器构成。减法计数器4.2节已经有过介绍，本节采用十进制计数器 74LS190 构成减法计数器，为上升沿触发，其时钟信号 CP_1 为 CP 取反。

状态显示模块由定时显示和主、支干道红

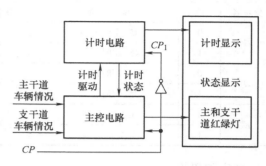

图4-6-1　交通灯控制系统框图

绿灯显示两部分组成：定时显示用5个7段数码管显示三个计数器的数据；主、支干道红绿灯分别用红、黄和绿共6个发光二极管表示。

1. 主控电路

主控电路是系统的核心，它是一个时序电路，其输入信号为：

（1）主干道和支干道的车辆情况设为 A、B（用2个按键开关模拟传感器的输出信号）。

（2）45s、25s和5s定时器状态信号，设为 C、D、E。

输出信号为：

（1）45s、25s和5s定时器的驱动信号 $45EN$、$25EN$、$5EN$。

（2）主干道和支干道红绿灯状态显示为 R_m、Y_m、G_m、R_b、Y_b 和 G_b。

其状态转换见表4-6-1。

表4-6-1　主控电路状态转换表

状态	主干道	支干道	时间/s
S_0	绿灯亮，允许通行	红灯亮，禁止通行	45s 定时器计时
S_1	黄灯亮，停车	红灯亮，禁止通行	5s 定时器计时
S_2	红灯亮，禁止通行	绿灯亮，允许通行	25s 定时器计时
S_3	红灯亮，禁止通行	黄灯亮，停车	5s 定时器计时

对逻辑变量的赋值见表4-6-2。

表4-6-2　逻辑赋值表

输 入 变 量			输 出 变 量		
变量名	值	说　　明	变量名	值	说　　明
A	0	主干道无车	$45EN$	0	45s 定时器置数有效，不计时
	1	主干道有车		1	45s 定时器置数无效，计时
B	0	支干道无车	$25EN$	0	25s 定时器置数有效，不计时
	1	支干道有车		1	25s 定时器置数无效，计时

（续）

输 入 变 量			输 出 变 量		
变量名	值	说　明	变量名	值	说　明
C	0	45s 定时未到	$5EN$	0	5s 定时器置数有效，不计时
	1	45s 定时已到		1	5s 定时器置数无效，计时
D	0	25s 定时未到	R_m、Y_m、G_m		主干道红、黄和绿灯，"1"点亮，"0"不亮
	1	25s 定时已到			
E	0	5s 定时未到	R_b、Y_b、G_m		支干道红、黄和绿灯，"1"点亮，"0"不亮
	1	5s 定时已到			

状态编码为：

$S_0 = 00$、$S_1 = 01$、$S_2 = 11$、$S_3 = 10$。选择 2 个 JK 触发器，其输出为 Q_2、Q_1，如图 4-6-2 所示。

逻辑赋值后的状态见表 4-6-3，逻辑赋值后的状态转换图如图 4-6-3 所示。

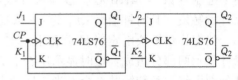

图 4-6-2　JK 触发器

表 4-6-3　状态转换表

A	B	C	D	E	Q_2^n	Q_1^n	Q_2^{n+1}	Q_1^{n+1}	说　明
×	0	×	×	×	0	0	0	0	维持S_0
1	1	0	×	×	0	0	0	0	维持S_0
0	1	×	×	×	0	0	0	1	$S_0 \rightarrow S_1$
1	1	1	×	×	0	0	0	1	$S_0 \rightarrow S_1$
×	×	×	×	0	0	1	0	1	维持S_1
×	×	×	×	1	0	1	1	1	$S_1 \rightarrow S_2$
1	1	×	0	×	1	1	1	1	维持S_2
0	1	×	×	×	1	1	1	1	维持S_2
×	0	×	×	×	1	1	1	0	$S_2 \rightarrow S_3$
1	1	×	1	×	1	1	1	0	$S_2 \rightarrow S_3$
×	×	×	×	0	1	0	1	0	维持S_3
×	×	×	×	1	1	0	0	0	$S_3 \rightarrow S_0$

将表 4-6-3 中 Q_2^{n+1}、Q_1^{n+1} 状态为 1 的项按最小项之和的形式写出，并化简，得状态方程为

$$Q_2^{n+1} = \overline{Q_2^n} E Q_1^n + (Q_1^n + \overline{E}) Q_2^n$$

$$Q_1^{n+1} = \overline{Q_1^n} \overline{Q_2^n} B(\overline{A} + C) + Q_1^n [\overline{Q_2^n} + B(\overline{A} + \overline{D})]$$

所以，两个 JK 触发器的驱动方程为

$$J_1 = \overline{Q_2^n} B(\overline{A} + C)，\overline{K_1} = \overline{Q_2^n} + B(\overline{A} + \overline{D})$$

$$J_2 = E Q_1^n，\overline{K_2} = Q_1^n + \overline{E}$$

JK 触发器的驱动电路如图 4-6-4 所示，其中开关 S_0 模拟主干道车辆情况，开关 S_1 模拟支干道车辆情况。

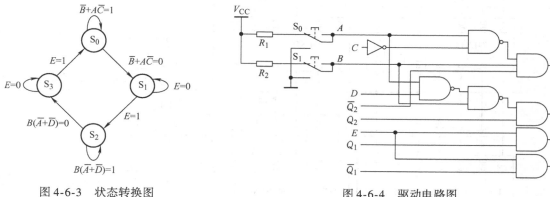

图 4-6-3　状态转换图　　　　　　　　　　图 4-6-4　驱动电路图

输出变量的真值见表 4-6-4。

表 4-6-4　输出变量真值表

状　态		主干道交通灯				支干道交通灯				定时器驱动信号		
	Q_2	Q_1	R_m	Y_m	G_m		R_b	Y_b	G_b		$45EN$	$25EN$	$5EN$
S_0	0	0	0	0	1	绿灯亮	1	0	0	红灯亮	1	0	0
S_1	0	1	0	1	0	黄灯亮	1	0	0	红灯亮	0	0	1
S_2	1	1	1	0	0	红灯亮	0	0	1	绿灯亮	0	1	0
S_3	1	0	1	0	0	红灯亮	0	1	0	黄灯亮	0	0	1

由表 4-6-4 可得输出变量的逻辑表达式为

$$45EN = \overline{Q_2}\,\overline{Q_1}, \quad 25EN = Q_2 Q_1, \quad 5EN = Q_2 \oplus Q_1$$

$$R_m = Q_2, \quad Y_m = Q_1 \overline{Q_2}, \quad G_m = \overline{Q_2}\,\overline{Q_1}$$

$$R_b = \overline{Q_2}, \quad Y_b = \overline{Q_1} Q_2, \quad G_b = Q_2 Q_1$$

变量输出电路如图 4-6-5 所示。

2. 计时电路

计时电路由 45s 定时器、25s 定时器和 5s 定时器构成。

45s 定时器由 2 块十进制加/减计数器 74LS190 构成，实现从 45 到 1 的减法计数功能。电路如图 4-6-6 所示。

当 $45EN = 1$ 时，且 CP_1 为上升沿时，74LS76 的输出 $Q = 1$，此时两个 74LS190 的置数端为高电平，计数器工作。当计数到 1 时，$C = 1$，当下一个 CP_1 上升沿到来时，$C = 0 \rightarrow Q = 0 \rightarrow$ 74LS190 置数有效 $\rightarrow$ 计数输出为 45。如果此时 $45EN = 1$，则开始下一次计数。

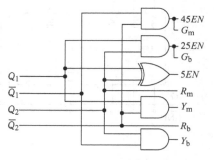

图 4-6-5　变量输出电路

当 $45EN = 0$ 时，计数器停止工作，$C = 0$。

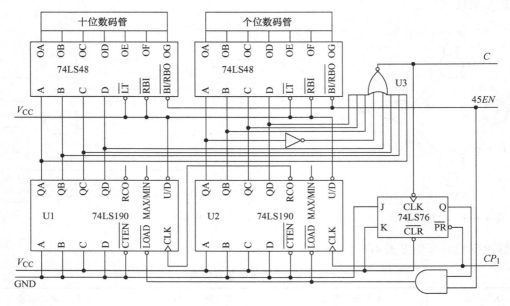

图 4-6-6　45s 定时器

25s 和 5s 定时器如图 4-6-7、图 4-6-8 所示。

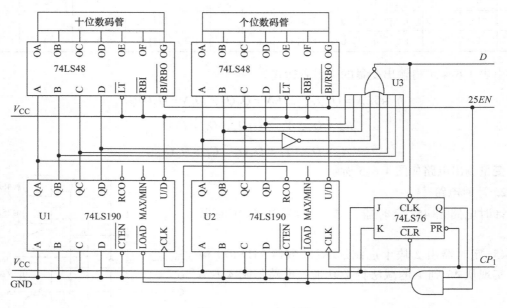

图 4-6-7　25s 定时器

图 4-6-9 为 $A = 1$、$B = 1$，即主干道和支干道都有车时的时序图。

3. 显示电路

使用 5 个共阴极数码管显示定时器输出，图 4-6-6、图 4-6-7 和图 4-6-8 中的数码管驱动

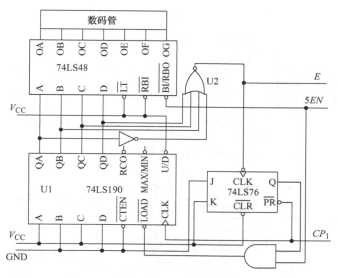

图 4-6-8 5s 定时器

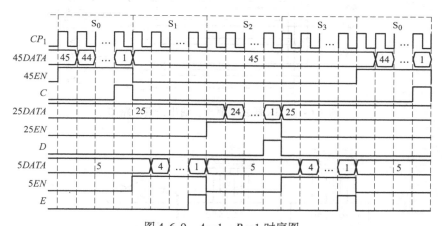

图 4-6-9 $A = 1$、$B = 1$ 时序图

芯片 74LS48 灭灯控制端 $\overline{BI/RBO}$ 连接到计数器控制信号 $45EN$ 或 $25EN$ 或 $5EN$,即只有当计数器工作时才显示。

分别使用红、黄和绿发光二极管表示主干道和支干道的信号灯。

4.6.4 预习要求

1. 复习教材中有关时序逻辑电路的内容,掌握时序逻辑电路的设计方法。
2. 理解主控电路的设计原理。
3. 复习教材中有关计数器的相关内容,理解图 4-6-6、图 4-6-7 和图 4-6-8 的工作原理。

4.6.5 实验内容

1. Multisim 仿真实验

按图 4-6-10、图 4-6-11、图 4-6-12、图 4-6-13 和图 4-6-14 搭建各模块的仿真电路图。

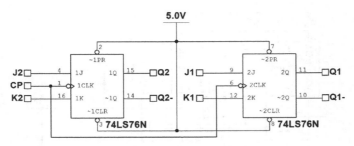

图 4-6-10　JK 触发器仿真电路图

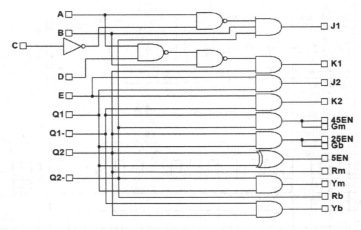

图 4-6-11　JK 触发器驱动、输出仿真电路图

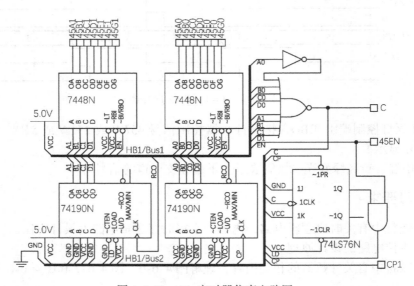

图 4-6-12　45s 定时器仿真电路图

按图 4-6-15 搭建交通灯控制器的仿真电路图。用信号发生器 XFG1 发出频率为 1Hz 的方波信号模拟秒脉冲信号，开关 S_0 模拟主干道车辆情况，开关 S_1 模拟支干道车辆情况。在

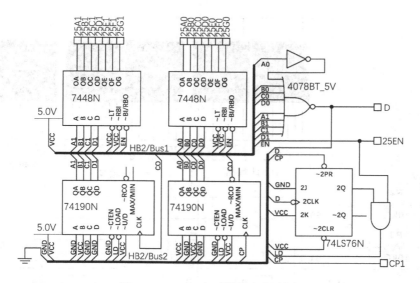

图 4-6-13　25s 定时器仿真电路图

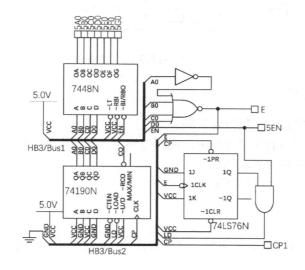

图 4-6-14　5s 定时器仿真电路图

$S_1 S_0 = 11$、10、01、00 四种情况下启动系统，观察仿真结果，与设计要求相比较，如果不满足，查找原因，直到满足设计要求。

2. 用实际元器件搭建图 4-6-2、图 4-6-4 和图 4-6-5 的电路，选择测试信号，分别进行调试，直到满足设计要求。

3. 用实际元器件搭建图 4-6-6、图 4-6-7 和图 4-6-8 的定时器电路，分别进行调试，直到满足定时要求。

4. 将以上两部分已搭建好的电路合成，进行交通灯控制器的调试，观察结果，与设计要求相比较，如果不满足，查找原因，直到满足设计要求。

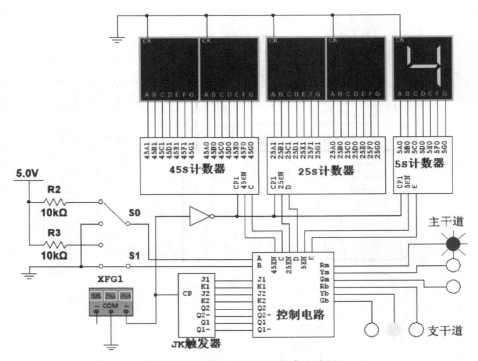

图 4-6-15 交通灯控制器仿真电路图

4.6.6 实验报告要求

1. 简述时序逻辑电路的一般设计步骤。
2. 画出交通灯控制器的完整电路图，说明主要元器件在电路中的作用。
3. 记录各模块的仿真和实验结果。
4. 分析讨论实验中出现的问题及排除方法。

4.6.7 思考题

图 4-6-9 是 $A=1$，$B=1$ 的时序图，试分析 A、B 为其他几种情况时电路的时序图。

4.6.8 注意事项

主控电路与计时电路都在 CP 脉冲下降沿时发生状态变化，设计时应避免产生竞争-冒险现象。

4.7 乒乓球比赛游戏机

4.7.1 实验目的

本节要求设计一个由 A、B 双方参赛者和裁判组成的乒乓球比赛游戏机。

1. 用 8 个（或更多）LED 排成一条直线，以中点为界，两边各代表参赛双方的位置，其中一只点亮的 LED 指示球的当前位置，点亮的 LED 依此从左到右或从右到左移动，其移动的速度应能调节。

2. 当"球"（点亮的那只 LED）运动到某方的最后一位时，参赛者应能果断地按下位于自己一方的按钮，即表示启动球拍击球，若击中则球向相反方向移动，若未击中，球掉出桌外，对方得一分。

3. 设置自动记分电路，A、B 双方各用两位数码管进行记分显示，每计满 11 分为 1 局。

4. A、B 双方各设一个表示是否拥有发球权的发光二极管，每隔两次得分自动交换发球权，拥有发球权的一方发球才有效。

5. 比赛采用三局二胜制，A、B 双方各设一个表示是否赢得比赛的发光二极管，比赛结束，当裁判按下清零键后开始另一场比赛。

4.7.2 实验设备与器件

1. 直流稳压电源
2. 共阴极数码管 5 只，BCD - 7 段显示译码器 74LS48　5 块
3. 晶振（32.768kHz）1 只，14 级二分频器 CD4060　1 块，二进制计数器 74LS161　1 块
4. 移位寄存器 74LS194　3 块
5. JK 触发器 74LS76　2 块
6. D 触发器 74LS74　1 块

4.7.3 实验原理

系统主要由主控电路、计分电路和 A、B 双方显示电路几部分组成，系统框图如图 4-7-1 所示。

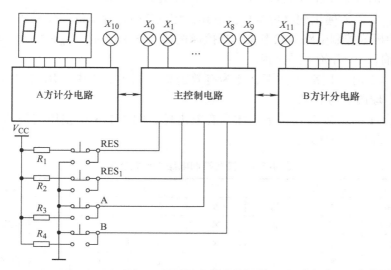

图 4-7-1　乒乓球比赛游戏机系统框图

$X_1 \cdots X_8$ 为乒乓球运动轨迹点；X_0 为 A 方拥有发球权指示，X_9 为 B 方拥有发球权指示；X_{10} 为 A 方赢得比赛指示，X_{11} 为 B 方赢得比赛指示。

RES 为系统清零按键。

RES_1 为捡球按键，当 A 拥有发球权时，捡球信号将球放到 X_1；B 拥有发球权时，捡球信号将球放到 X_8。

A、B 为甲乙双方击球按键。A 有效击球时球向右移，B 有效击球时球向左移。

当球到达 X_1 时，A 没有击中球则 B 得一分；球到达 X_8 时，B 没有击中球则 A 得一分。只要一方得分达到 11 分，一局结束，按下捡球键 RES_1，进行下一局比赛。一方先赢 2 局比赛结束。按下清零键 RES 进行下一场比赛。

1. 主控电路

主控电路由模式控制电路和移位寄存器电路组成，框图如图 4-7-2 所示。

（1）模式控制电路　由一片集成双 D 触发器 74LS74 构成，如图 4-7-3 所示。该电路根据按键 RES_1、A 和 B 的状态控制移位寄存器电路的工作状态。

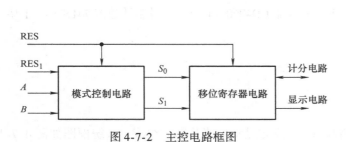

图 4-7-2　主控电路框图　　　　图 4-7-3　模式控制电路

输入信号：RES_1、A 和 B 来自图 4-7-1；X_1 和 X_8 来自图 4-7-4。

输出信号：S_0 和 S_1 输出到移位寄存器电路，控制移位寄存器的工作模式。

表 4-7-1 为模式控制电路的状态表，当捡球按键 RES_1 按下时，$S_0 = 1$，$S_1 = 1$，移位寄存器置数（并行输入），开始一局比赛。

只有当 $X_1 = 1$ 时，按键 A 按下，才为有效击球，图 4-7-3 中使用与门 G_1 控制，此时 $S_0 = 1$，$S_1 = 0$，球向 B 方移动。

只有当 $X_8 = 1$ 时，按键 B 按下，才为有效击球，图 4-7-3 中使用与门 G_2 控制，此时 $S_0 = 0$，$S_1 = 1$，球向 A 方移动。

表 4-7-1　模式控制电路工作状态表

输　入					输　出		说　明
RES_1	X_1	A	X_8	B	S_0	S_1	
0	×	×	×	×	1	1	移位寄存器置数
1	1	↑	0	×	1	0	移位寄存器右移
1	0	×	1	↑	0	1	移位寄存器左移

（2）移位寄存器电路　主要由三片移位寄存器 74LS194 和一片 JK 触发器 74LS76 组成。如图 4-7-4 所示。

输出信号：$ACLK$ 为 A 方计分电路时钟信号；$BCLK$ 为 B 方计分电路时钟信号；$X_1 \cdots X_8$

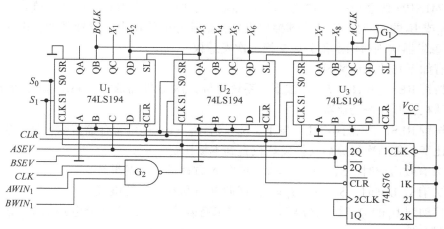

图 4-7-4　移位寄存器电路

为乒乓球运动轨迹点；$ASEV$ 为 A 方拥有发球权信号；$BSEV$ 为 B 方拥有发球权信号。

输入信号：RES 为清零信号，从图 4-7-1 中输出；S_0、S_1 为模式控制信号，从图 4-7-3 中输出；$AWIN_1$ 为 A 方赢得比赛信号，从图 4-7-5 中输出；$BWIN_1$ 为 B 方赢得比赛信号，从图 4-7-6 中输出；CLK 为时钟信号，可以选择不同频率的时钟信号以获得不同的球速。

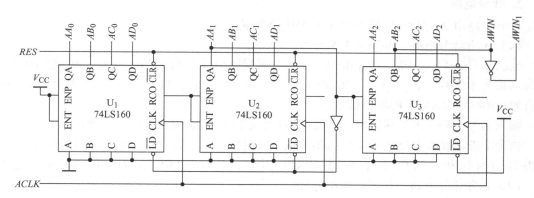

图 4-7-5　A 方计分电路

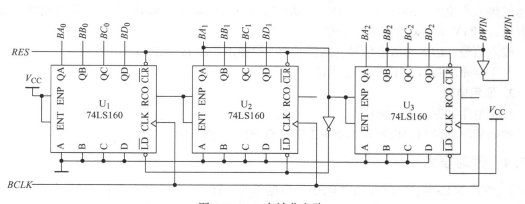

图 4-7-6　B 方计分电路

三片74LS194级联成一个12位移位寄存器，取中间8位为乒乓运动轨迹点。当球移动到U_1的Q_B或U_3的Q_C时，则认为球掉出桌外，给计分电路输出一时钟脉冲，B方或A方得一分；JK触发器实现每两次得分后交换一次发球权。

电路有如下几种工作情况：

清零按键RES（见图4-7-1）按下，系统复位，JK触发器清零，$ASEV=0$，$BSEV=1$，B方拥有发球权，开始一场比赛。

捡球按键RES_1（见图4-7-1）按下，$S_0=1$，$S_1=1$，移位寄存器置数，拥有发球权方发球，开始比赛，每两次得分后交换发球权直到本场比赛结束。

当B方有效击球时，$S_0=0$，$S_1=1$，球向A方移动，比赛继续。

当A方有效击球时，$S_0=1$，$S_1=0$，球向B方移动，比赛继续。

当球移动到U_1的Q_B时，$BCLK=1$，A方未有效击球，B方计分电路加1，按下捡球键RES_1后继续比赛。

当球移动到U_3的Q_C时，$ACLK=1$，B方未有效击球，A方计分电路加1，按下捡球键RES_1后继续比赛。

当$AWIN_1=0$或$BWIN_1=0$时，A或B赢得比赛，比赛结束，移位存器时钟被封锁。按下清零键RES后进行下一场比赛。

2. 计分电路

计分电路由A方计分电路和B方计分电路组成。

（1）A方计分电路　如图4-7-5所示。

输出信号：AA_0、AB_0、AC_0和AD_0为A方每局得分个位数；AA_1、AB_1、AC_1和AD_1为A方每局得分十位数；AA_2、AB_2、AC_2和AD_2为A方所赢局数；$AWIN$为A方赢得比赛，高电平有效；$AWIN_1$为$AWIN$的取反信号。

输入信号：RES为清零信号，从图4-7-1中输出；ACLK从图4-7-4中输出。

两个十进计数器74LS160 U_1和U_2组成从二进制数"0"到"10"的11进制计数器。当A方得11分时U_1和U_2置0，U_3加1，A方赢得一局。U_3计数为2时，$AWIN=1$，A方赢得比赛。

（2）B方计分电路　如图4-7-6所示。

输出信号：BA_0、BB_0、BC_0和BD_0为B方每局得分个位数；BA_1、BB_1、BC_1和BD_1为B方每局得分十位数；BA_2、BB_2、BC_2和BD_2为B方所赢局数；$BWIN$为B方赢得比赛，高电平有效；$BWIN_1$为$BWIN$的取反信号。

输入信号：RES为清零信号，从图4-7-1中输出；BCLK从图4-7-4中输出。

其工作原理与A方计分电路类似。

3. 显示电路

显示电路如图4-7-7所示。

数码管驱动的相关内容在本章4.1节已有介绍，这里不再叙述。

4.7.4　预习要求

1. 查找74LS74、74LS76和74LS194数据手册，理解主控电路的工作原理。

2. 复习教材中有关计数器的内容，理解计分电路的工作原理。

3. 复习本章4.1节的相关内容，自行设计数码管驱动电路。

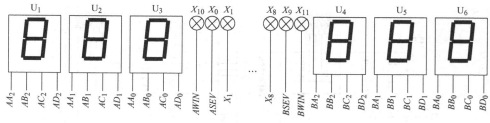

图 4-7-7　显示电路

4.7.5　实验内容

1. Multisim 仿真实验

按图 4-7-8、图 4-7-9、图 4-7-10 和图 4-7-11 搭建各模块的仿真电路，调试电路，直到满足设计要求。

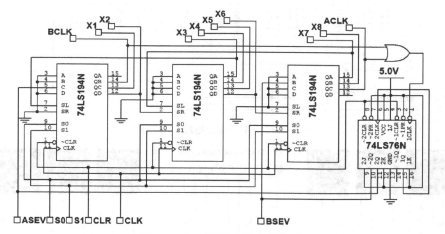

图 4-7-8　寄存器电路仿真电路

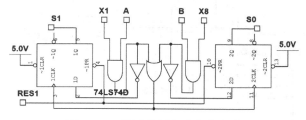

图 4-7-9　模式控制电路仿真电路

搭建乒乓球比赛游戏机仿真电路，如图 4-7-12 所示。

用信号发生器 XFG$_1$ 发出一定频率的方波作为系统时钟输入，不同频率代表不同球速。RES 为清零按键，RES1 为捡球按键，A 为 A 方击球按键，B 为 B 方击球按键。仿真运行，调试电路，观察仿真结果，直到满足设计要求。

2. 用实际元器件搭建图 4-7-3 和图 4-7-4 的主控电路。

3. 用实际元器件搭建图 4-7-5 和图 4-7-6 的记分电路。

4. 复习本章 4.1 节，用实际元器件搭建显示电路。

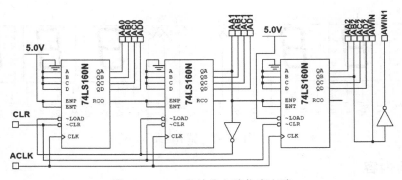

图 4-7-10　A 方计分电路仿真电路

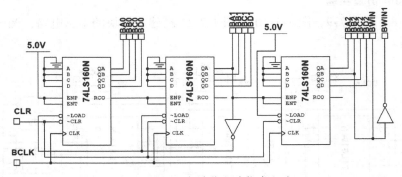

图 4-7-11　B 方计分电路仿真电路

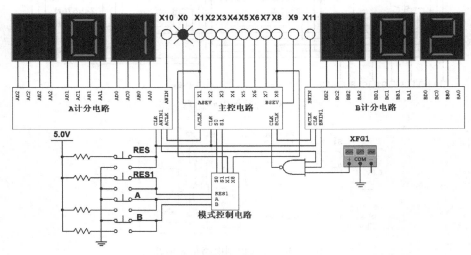

图 4-7-12　乒乓球比赛游戏机仿真电路

5. 将以上几部分电路合成，进行乒乓球比赛游戏机的调试，观察运行结果，直到满足设计要求。

4.7.6　实验报告要求

1. 画出乒乓球比赛游戏机的完整电路图，说明主要元器件在电路中的作用。
2. 记录各模块的仿真和实验结果，并进行分析。
3. 分析讨论实验中出现的问题及排除方法。

4.7.7 思考题

1. 本设计采用移位寄存器实现其功能，若采用计数器，如何实现同样的功能？
2. 若比赛采用五局三胜制，电路应如何更改？
3. 如果要加入罚分，即当 A 方或 B 方无效击球时，B 方或 A 方得一分，电路如何更改？
4. 当乒乓球轨迹点采用 9 个或更多的 LED 指示时，电路应如何设计？

4.7.8 注意事项

1. 实验电路较为复杂，应分模块搭建电路。
2. 实验电路在搭建时要先布置好所有元器件，对信号线进行分类，使其对应不同颜色的导线，连线时选择合适长度的导线，确保连线接触良好、牢固。

第 5 章　数模混合电路综合性实验

5.1　简易水温控制系统

5.1.1　实验目的

温度控制是工程中经常遇到的实际问题，本节以 1L 烧水器的水温控制为例，介绍温度控制系统的构成及测试方法。

1. 了解水温控制系统的构成。
2. 掌握半导体集成温度传感器 AD590 的使用方法。
3. 掌握仪器放大器 INA102 的使用方法。
4. 掌握用滞回比较器进行温度控制的原理。

5.1.2　实验设备与器件

1. 直流稳压电源
2. 运放 μA741　4 块，仪器放大器 INA102　1 块
3. 温度传感器 AD590　1 个
4. 继电器 HK19FDC12SHG　1 个
5. 12V 车载烧水器 1 个，12V 风扇 1 个
6. 晶体管 9013　1 个
7. 电阻器、电容器若干

5.1.3　实验原理

温度控制系统由温度测量电路、信号调理电路、控制电路、加热/降温装置和温度显示几部分组成，系统框图如图 5-1-1 所示。

1. 温度测量电路

温度测量的方式有很多，可以使用热敏电阻或者半导体集成测温芯片作为温度测量元件。热敏电阻精度高，但需要配合电桥和精度较高的电阻使用，信号调理电路也相对复杂；半导体集成温度传感器使用简单，精度、可靠性也很高。

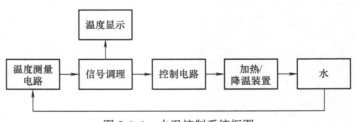

图 5-1-1　水温控制系统框图

AD590 是美国 ANALOG DEVICES 公司生产的单片集成两端感温电流源传感器，其输出电流与热力学温度成比例，测温范围为 $-55 \sim +150℃$，非线性误差仅为 $\pm 0.3℃$，电源电压范围为 $4 \sim 30V$。AD590 的引脚图和元件符号如图 5-1-2 所示，其中引脚 3 是接外壳做屏蔽使用的。

AD590 的输出电流以热力学温度零度（−273℃）为基准，每增加 1℃，增加 1μA 的输出电流，因此当温度为 T℃时，其输出电流 $I_0 = (273 + T)\mu A$。

AD590 的基本应用电路如图 5-1-3 所示。

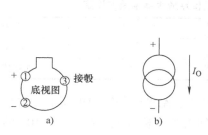

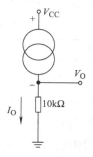

图 5-1-2　AD590 的引脚和符号图　　　　　　图 5-1-3　AD590 基本应用电路

输出电压 V_0 与 T 的关系为

$$V_0 = 2.73 + 0.01T \tag{5-1-1}$$

为了测量值更加精确，通常在 V_0 端接一级电压缓冲器输出。

2. 信号调理电路

由 AD590 采集来的电压信号 V_0 与温度 T 并不是一个比例关系，为了使两者之间存在比例关系，需要减掉常数 2.73，因此，信号调理电路需要用差分电路来实现；另外，电压信号 V_0 随着温度 T 变化的范围很小，当 T 从 0~100℃变化时，V_0 的变化值仅为 1V，所以，信号调理电路应对差分信号进行放大。本节选择 INA102 集成仪器放大器对温度测量信号进行调理。

INA102 是 TI 公司旗下 Burr – Brown 公司生产的一款集成仪器放大器，其输入电阻达 $10^4 M\Omega$，共模抑制比为 100dB，输出电阻为 0.1Ω，小信号带宽为 300kHz，当电源电压为 ±15V 时，最大共模输入电压为 ±12.5V。其内部原理和引脚如图 5-1-4 所示。

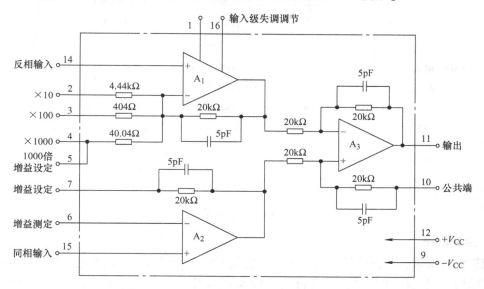

图 5-1-4　INA102 仪器放大器内部电路和引脚

INA102 共有三个运放，第一级电路由运放 A_1 和 A_2 组成，电压放大倍数可以由相关引脚的外部接线来改变；第二级电路由运放 A_3 构成，电压放大倍数为 1。

通过引脚 2、3、4、5、6、7 的不同连接，INA102 可以实现电压增益为 1、10、100 和 1000 四档的变化，引脚连接与增益设置的关系见表 5-1-1。

表 5-1-1　INA102 集成仪器放大器增益的设定

增　　益	引 脚 连 接	增　　益	引 脚 连 接
1	6、7 连接	100	3、6、7 连接
10	2、6、7 连接	1000	4、7 连接，5、6 连接

INA102 信号调理电路如图 5-1-5 所示，其中，AD590 的输出电压 V_O 通过一级缓冲器接到 INA102 的同相输入端，通过对 V_{CC} 分压得到 2.73V 标准电压接到 INA102 的反相输入端；将引脚 2、6 和 7 连接在一起，根据表 5-1-1 可知电压增益为 10，则 INA102 的输出电压 V_{out} 的表达式为

$$V_{out} = 10(V_{in+} - V_{in-}) = 10(V_O - 2.73)$$

代入式（5-1-1），可得

$$V_{out} = 0.1T \tag{5-1-2}$$

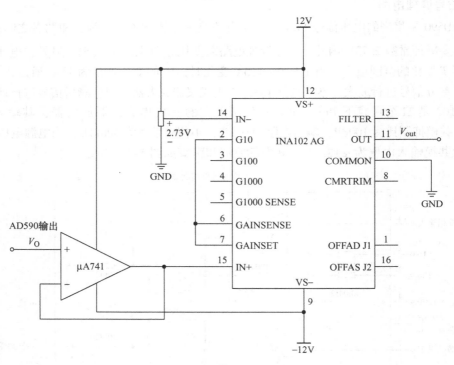

图 5-1-5　信号调理电路

3. 控制电路

根据设计要求，当温度低于设定值时，控制电路应能够启动加热器进行加热；当温度高于设定值时，应关闭加热器，通过自然冷却或者降温装置（如风扇等）对水箱进行降温。

以上功能可以通过滞回比较器来实现，通过改变滞回比较器的阈值电压和外接基准电压，就可以实现温度范围的设定。滞回比较器的电路图和电压传输特性如图 5-1-6 所示。

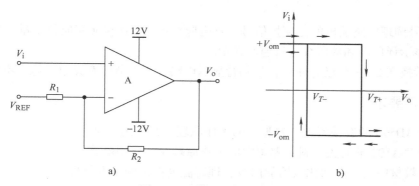

图 5-1-6　滞回比较器电路

滞回比较器的门限电压为

$$\begin{cases} V_{T+} = \dfrac{R_1}{R_1+R_2}V_{om} + \dfrac{R_2}{R_1+R_2}V_{REF} \\ V_{T-} = \dfrac{R_1}{R_1+R_2}(-V_{om}) + \dfrac{R_2}{R_1+R_2}V_{REF} \end{cases} \tag{5-1-3}$$

推导可得

$$V_{REF} = \frac{V_{T+}(V_{T-}+V_{om}) + V_{T-}(V_{om}-V_{T+})}{2V_{om}-V_{T+}+V_{T-}}$$

$$\frac{R_1}{R_2} = \frac{V_{T+}V_{om}-V_{T-}V_{om}+V_{T+}V_{T-}-(V_{T-})^2}{(2V_{om}-V_{T+}+V_{T-})(V_{T-}+V_{om})} \tag{5-1-4}$$

滞回比较器的反向输入端的输入信号 V_i 是来自信号调理电路 INA102　11 引脚的输出电压 V_{out}，根据前述可知 V_{out} 与温度 T 的关系为：$V_{out}=0.1T$，假设期望的温度变化范围为 $T_{Min} \sim T_{Max}$，则式（5-1-4）中，$V_{T+}=0.1T_{Max}$，$V_{T-}=0.1T_{Min}$，V_{om} 为运放线性工作时输出的最大电压值，通常比运放的供电电压 V_{CC} 略小，取 10V。

因此，可以对式（5-1-4）的 R_1/R_2 和 V_{REF} 进行设定，例如，期望的温度变化范围是 40~90℃，则 $R_1:R_2=1:3$，$V_{REF}=8.67V$。在实际电路中，电阻 R_1 和 R_2 通常用 2 个滑线变阻器来实现，V_{REF} 通常利用大电阻对稳压电源进行分压得到，为了使其不对滞回比较器产生影响，需要在 V_{REF} 后接一级电压缓冲器。

滞回比较器的输出通过一个 NPN 型晶体管接到继电器上，用来控制加热器（比如 DC 12V 车载烧水器或者 AC 220V 家用烧水器）或风扇的工作，其基本原理图如图 5-1-7 所示。

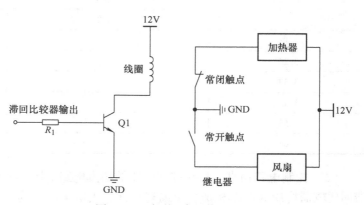

图 5-1-7　加热/降温装置原理图

4. 温度显示电路

信号调理电路的输出信号一方面送控制电路产生控制信号，另一方面送温度显示电路进行温度显示。

由于信号调理电路输出的是模拟信号，首先应经过 A－D 转换变成数字量，然后再经过 BCD－7 段显示译码器和数码管进行温度显示。

A－D 转换在 2.13 节已有介绍，数码管显示电路在 4.1 节已有介绍，这里不再叙述。

5.1.4 预习要求

1. 查阅 AD590 的有关资料，熟悉它的工作原理及其应用电路。
2. 查阅 INA102 的有关资料，熟悉它的工作原理及其应用电路。
3. 复习教材中关于滞回比较器的内容，理解温度控制的基本原理。

5.1.5 实验内容

1. Multisim 仿真实验

（1）信号调理电路仿真　假设期望的温度变化范围为 40～90℃，由式(5-1-1) 可知，AD590 输出的电压范围是在 3.13～3.63V 之间，可以将仪器放大器 INA102AG 的电压增益设定为 10，将引脚 2、6 和 7 连接在一起，引脚 14 通过电阻分压得到直流电压 2.73V，如图 5-1-8 所示，则 INA102 的输出电压应该为 $V_{out} = 10(V_{in} - 2.73)$。

改变引脚 15 的输入电压值 V_{in}，使其为表 5-1-2 中的数值，测量输出电压 V_{out}，填入表 5-1-2 中，与理论值进行比较。

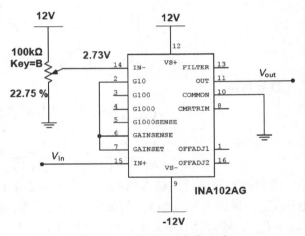

图 5-1-8　信号调理仿真电路

表 5-1-2　信号调理电路仿真数据

V_{in}/V	V_{out}/V	V_{out}/V
	理论值	仿真值
3.13		
3.23		
3.33		
3.43		
3.53		
3.63		

（2）控制电路仿真　搭建控制电路的仿真电路如图 5-1-9 所示，其参考电压的缓冲级和滞回比较器均用 uA741 构成，由前述可知，当供电电压为 ±12V、温度期望范围为 40～90℃

时，$R_1 : R_2 = 1 : 3$，$V_{REF} = 8.67V$，因此，可选 $R_1 = 10k\Omega$，$R_2 = 30k\Omega$，调节滑线变阻器 R_3 使滞回比较器的参考电压 V_{REF} 为 8.67V。调节输入电压 V_i 的值，当 V_i 从 0V 逐渐增大到 $V_{T+} = 9V$ 时，输出电压 V_o 的值从 $+V_{om}$ 跳变到 $-V_{om}$；当 V_i 从 10V 逐渐减小到 $V_{T-} = 4V$ 时，输出电压 V_o 的值从 $-V_{om}$ 跳变到 $+V_{om}$。

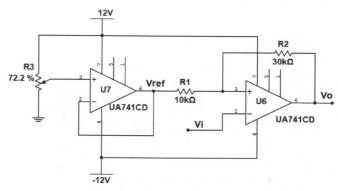

图 5-1-9　控制电路的仿真电路

按照表 5-1-3 改变温度的变化范围，计算 $R_1 : R_2$ 和 V_{REF} 值，改变图 5-1-9 中的电阻值和参考电压 V_{REF} 值，运行电路，记录 V_{T+} 和 V_{T-} 的仿真结果，并与理论值进行比较。

表 5-1-3　控制电路仿真数据

$(T_{Min} \sim T_{Max})/℃$	V_{REF}/V	$R_1 : R_2$	理论值		仿真值/V	
			V_{T+}/V	V_{T-}/V	V_{T+}/V	V_{T-}/V
$40 \sim 50$						
$60 \sim 70$						
$40 \sim 70$						
$50 \sim 80$						

2. 用实际元器件搭建如图 5-1-10 所示的滞回比较器电路，门限电压的设定符合期望温度变化范围 $40 \sim 90℃$，室温下开始实验（水温低于 $40℃$），观察实验过程，记录实验结果。

3. 改变温度的变化范围（例如 $40 \sim 70℃$），计算 $R_1 : R_2$ 和 V_{REF} 值，改变图 5-1-10 中的电阻值和参考电压 V_{REF} 值，运行电路，观察实验过程，记录实验结果。

5.1.6　实验报告要求

1. 绘制温度控制系统的完整电路图，简述各部分电路的工作原理。

2. 记录并整理实验数据，分析结果，得出结论。

3. 分析讨论实验中出现的问题及排除方法。

5.1.7　思考题

1. 图 5-1-10 中的两个电压跟随器可否去掉不用？如果不用，会对整个温度控制系统产生什么样的影响？

2. 通过表 5-1-3 中的不同温度范围下 V_{REF} 和 $R_1 : R_2$ 的计算，定性说明 V_{REF} 和 $R_1 : R_2$ 与温度范围的上限值 T_{Min} 和 T_{Max} 的关系。

5.1.8　注意事项

1. 在实际制作电路时，加热器通常选择 12V 电热丝，当温度升高时，电热丝的阻值会降低，因此，电源的功率要足够大。若电源功率不够，会使电源电压降低，导致继电器触点吸合不紧。

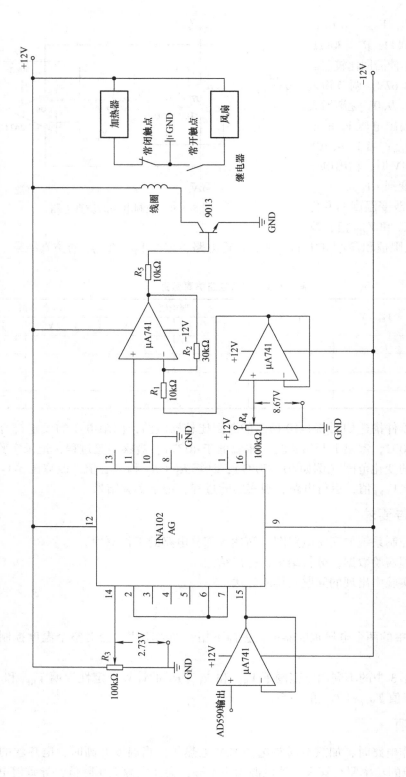

图 5-1-10　温度控制系统电路图

2. 根据设定温度范围的不同，滞回比较器的电阻比值不同，但是，电阻值通常需要选到千欧级别，不能太小。

5.2 DDS 信号发生器

5.2.1 实验目的

3.7 节介绍了能产生低频多功能函数信号的集成芯片 ICL8038，它产生的信号频率范围是 0.001Hz ~ 300kHz。本节介绍 ADI 公司的一种采用直接数字合成（DDS）技术的信号发生芯片 AD9854，该芯片在片内整合了两路高速、高性能正交 D – A 转换器，在高稳定度时钟的驱动下，通过数字化程序可以产生高稳定的、频率和幅度可编程序的正弦和余弦信号，输出最高频率可达到 150MHz。

1. 了解 DDS 的基本结构与工作原理。
2. 理解 AD9854 产生正弦信号的方法。
3. 掌握 AD9854 的应用电路，掌握正弦信号的频率、幅度的调节方法。

5.2.2 实验设备与器件

1. 直流稳压电源
2. 示波器
3. 万用表
4. AD9854 评估板 1 个
5. 单片机最小系统 1 个
6. 8 路数据总线驱动芯片 74LVC245　3 块
7. 电位器、电阻器、电容器若干。

5.2.3 实验原理

1. DDS 的基本结构和工作原理

DDS 信号发生器采用直接数字合成技术把信号发生器的频率稳定度、准确度提高到与基准频率相同的水平，并且可以在很宽的频率范围内进行精细的频率调节。常用的可编程序 DDS 信号发生器的基本结构如图 5-2-1 所示，主要包括频率控制寄存器、高速相位累加器和正弦计算器三个部分。频率控制寄存器可以串行或并行的方式接收并寄存用户输入的频率控制字；相位累加器根据频率控制字在每个时钟周期进行相位累加，得到一个相位值；正弦计算器则根据相位累加器输出的地址，以查表的方式获得数字化正弦波的对应值。DDS 的输出为数字化的正弦波，需经过高速 D – A 转换器和低通滤波器 LPF 才能得到正弦信号。

2. AD9854

AD9854 是 DDS 芯片中控制寄存器最全、对用户开放最多的一款芯片，内部集成了 48 位相位累加器、可编程序时钟倍频器、反 sinc 滤波器、两个 12 位 300MHz D – A 转换器，此外还有一个高速模拟比较器以及接口逻辑电路，输出为正交的 I 和 Q 信号，即正弦和余弦信号。

AD9854 根据串行或并行总线上读取的频率控制字和相位控制字，经过芯片内部的相

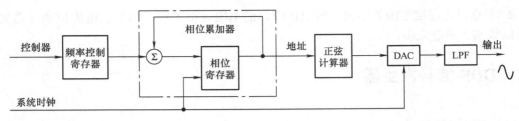

图 5-2-1　DDS 的基本结构图

位、频率累加器来获取正弦信号的频率和相位；通过可编程序的幅度控制字来调节正弦波输出的幅值。

　　AD9854 具有五种工作模式，本节主要介绍单频工作模式（Single Tone 模式），这是 MASTER RESET 引脚置位时的默认模式。

　　AD9854 的引脚图和内部框图如图 5-2-2 和图 5-2-3 所示。引脚功能见表 5-2-1。

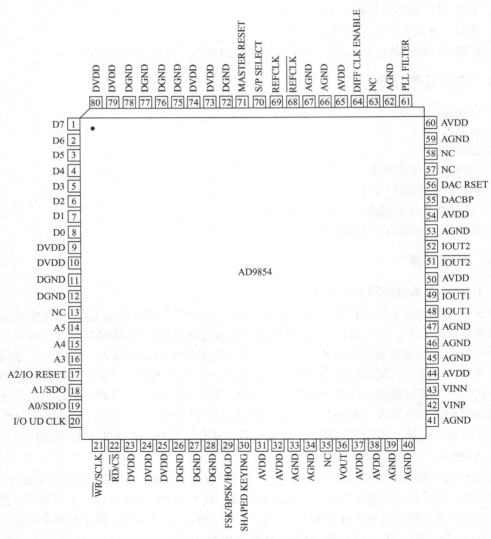

图 5-2-2　AD9854 引脚图

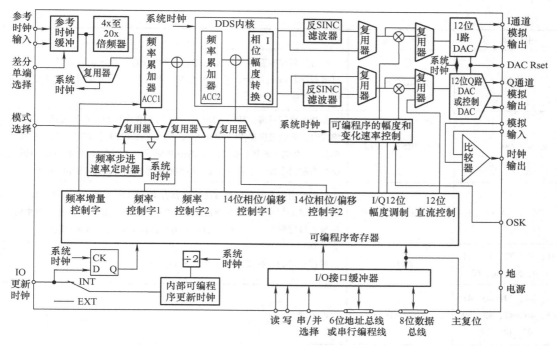

图 5-2-3　AD9854 的内部框图

表 5-2-1　AD9854 引脚功能

引脚号	符　号	功　　能
1 ~ 8	D7 ~ D0	八位并行可编程序数据输入。只用于并行可编程序模式
9, 10, 23, 24, 25, 73, 74, 79, 80	DVDD	数字正电源，正常情况下是 3.3V
11, 12, 26, 27, 28, 72, 75, 76, 77, 78	DGND	数字地
13, 35, 57, 58, 63	NC	空脚
14 ~ 19	A5 ~ A0	可编程序寄存器的六位地址输入端，仅用于并行可编程序模式。引脚 17（A2），18（A1），19（A0）在选择串行模式时还有第二功能，描述如下：
(17)	A2/IO RESET	串行通信总线的 I/O 允许复位端，高电平时复位有效
(18)	A1/SDO	单向串行数据输出端。应用于 3 线串行通信模式中
(19)	A0/SDIO	双向串行数据输入/输出端。应用于 2 线串行通信模式中
20	I/O UD CLK	双向 I/O 更新时钟。方向的选择在控制寄存器中设置。如果作为输入端，时钟上升沿将 I/O 端口缓冲器的内容传送到可编程序寄存器。如果作为输出端（默认），输出一个 8 个系统时钟周期的单脉冲（由低到高），表示内部频率更新已经发生
21	$\overline{WR}$/SCLK	复用功能：当为 SCLK 时，串行时钟与串行总线相结合，数据在时钟上升沿锁存；当选择并行模式时这个引脚复用为 WR 功能。模式选择在第 70 脚（S/P 选择）

（续）

引　脚　号	符　　号	功　　能
22	$\overline{\text{RD}}/\overline{\text{CS}}$	从可编程序寄存器中读出数据。复用功能：为 CS 时，片选端与串行可编程序总线相结合，低电平有效；当选择并行模式时，这个引脚为 RD 功能
29	FSK/BPSK/HOLD	多功能复用引脚，其功能操作模式由可编程序控制寄存器选择。在 FSK 模式时，低电平选择 F1，高电平选择 F2；在 BPSK 模式时，低电平选择相位 1，高电平选择相位 2；在 CHIRP 模式时，高电平使能 HOLD 功能，保持当前频率和停止后的状态，将引脚电置低可重起 CHIRP 功能
30	SHAPED KEYING	使用此引脚必须在可编程序控制寄存器设置此功能。在高电平时，在预先设定的频率下 I 和 Q 通道输出从 0 上升到满幅的信号。在低电平时，在预先设定的频率下 I 和 Q 通道输出从满幅下降到 0 标度的信号
31，32，37，38，44，50，54，60，65	AVDD	模拟正电源，在正常情况下是 3.3V
33，34，39，40，41，45，46，47，53，59，62，66，67	AGND	模拟地
36	VOUT	内部高速比较器输出引脚，该引脚在负载为 50Ω 的情况下驱动功率为 10dBm（$1\text{mW} = 12.04\text{dBm}$），其输出电平与 CMOS 电平兼容
42	VINP	内部高速比较器的同相输入端
43	VINN	内部高速比较器的反相输入端
48	IOUT1	I 通道单极性电流输出或余弦输出
49	$\overline{\text{IOUT1}}$	补充 I 通道单极性电流输出或余弦输出
51	$\overline{\text{IOUT2}}$	补充 Q 通道单极性电流输出或正弦输出
52	IOUT2	Q 通道单极性电流输出或正弦输出
55	DACBP	I 和 Q 通道 DAC 的公共旁路电容。接一个 $0.01\mu\text{F}$ 的电容到 AVDD 可以改善谐波失真和杂散性
56	DAC RSET	设置 I 和 Q 通道满量程电流输出的公共端。外接电阻为 $39.9/I_{\text{OUT}}\ \Omega$（$I_{\text{out}}$ 为输出电流）。通常连接电阻在 $8\text{k}\Omega$（5mA）~$2\text{k}\Omega$（20mA）
61	PLL FILTER	基准时钟倍乘锁相环路滤波器连接外部零位补偿网络接口。零位补偿网络由一个 $1.3\text{k}\Omega$ 电阻和一个 $0.01\mu\text{F}$ 电容组成。网络的另一端必须连接模拟电源，并尽可能靠近第 60 脚。为了更好地抑制相位噪声，通过在控制寄存器（1EH）设置旁路倍频位的方式屏蔽掉基准时钟乘法器
64	DIFF CLK ENABLE	差分基准时钟使能端。该引脚高电平使能差分时钟输入，REFCLKA 和 REFCLKB（引脚 69 和 68）
68	$\overline{\text{REFCLK}}$	差分时钟补偿信号（180° 相位）输入端。当选定单端信号输入模式时，用户需要把该引脚连接到高电平或低电平。它的输入和基准时钟是相同的信号电平

（续）

引　脚　号	符　　号	功　　能
69	REFCLK	单端基准时钟输入端（要求 CMOS 逻辑电平）和差分输入信号的一端。在差分时钟模式下，输入可以是 CMOS 逻辑电平也可以是峰-峰值大于 400mV、中心直流电平约 1.6V 的方波或正弦波
70	S/P SELECT	选择串行编程序模式（低电平）和并行编程序模式（高电平）
71	MASTER RESET	初始化串/并总线为用户的编程序做准备

AD9854 在 DDS 基本工作原理的基础上，增加了正弦波幅度控制模块。在外接电阻和系统时钟一定的前提下，其 I 和 Q 端口输出信号的频率、幅度分别由频率控制字、幅度控制字控制。频率控制字 FTW 的值取决于

$$FTW = （期望输出频率 \times 2^N）/系统时钟频率 \tag{5-2-1}$$

其中，FTW 是十进制数字，N 是相位累加器分辨率（48 位）。十进制数计算出来后，必须将其四舍五入为整数，然后由单片机转换为 48 位二进制数进行运算。例如，系统时钟为 150MHz，期望输出的频率为 10MHz，则频率控制字 $FTW = (10MHz \times 2^{48})/150MHz = 1876499844738$。

正弦和余弦信号分别由 I 和 Q 通道输出，最大电压范围是 −0.5 ～ 1.0V，电压超出这个范围会使波形失真，甚至损坏器件，如果要输出更高幅度的正弦波，需要在外部加缓冲放大电路来实现。I 和 Q 通道输出信号的最大输出电流是 20mA，可以由 56 引脚（DAC RSET）的外接电阻改变输出电流值，例如，56 引脚的外接电阻选择 3.9kΩ，则最大输出电流为 10mA，如果 I 和 Q 通道输出端的负载电阻接 50Ω，则输出电压的最大值为 0.01A × 50Ω = 0.5V。

如果希望输出信号的幅值能在最大值以下进行调节，可以由幅度控制字（12bit）控制：

$$V_{om} = （幅度控制字 +1）\times 最大电流 \times 负载电阻/2^{12} \tag{5-2-2}$$

例如：输出电流最大为 10mA、负载电阻为 50Ω 时，如果希望输出信号的幅值为 0.4V，则幅度控制字为

$$幅度控制字 = 0.4 \times 2^{12}/(0.01 \times 50) − 1 = 3276（四舍五入）$$

3. AD9854 与单片机的连接

单片机和 AD9854 评估板的连接示意图如图 5-2-4 所示。单片机通过数据总线驱动芯片 74LVC245 选择 AD9854 中的寄存器，发出或接收控制信号，通过数据总线给寄存器赋值，发出相应的控制信号。

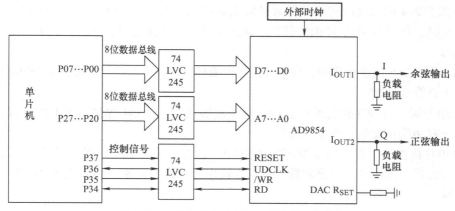

图 5-2-4　单片机与 AD9854 的连接示意图

单片机的程序框图如图 5-2-5 所示。

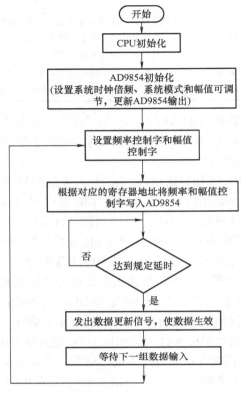

图 5-2-5　单片机程序框图

5.2.4　预习要求

1. 查阅资料，了解 DDS 的基本结构与原理。
2. 查阅 AD9854 的有关资料，熟悉它的工作原理及其应用电路。

5.2.5　实验内容

1. 按图 5-2-4 的示意图将单片机通过数据总线驱动芯片 74LVC245 与 AD9854 通信口和控制口相连接。外部时钟接 30MHz 晶振，DAC RSET 端外接电阻 3.9kΩ，I 和 Q 输出端接负载电阻 50Ω。

2. 按照图 5-2-5 的程序流程，对单片机进行编程序，将频率控制字设置为 1876499844738，幅度控制字设置为 4095。

3. 接通电源，对程序进行编译运行，用示波器观察 AD9854 评估板的 I 和 Q 端口的输出波形，直至有两路正交的正弦电压输出。

4. 在单片机程序中保持幅度控制字为 4095，改变频率控制字，使其为表 5-2-2 中的数值，编译运行后，用示波器观察和测量 I 端口输出正弦波的频率，填入表 5-2-2 中，与理论值进行比较。

表 5-2-2　频率控制字实验数据表

频率控制字	频率/kHz	频率/kHz
	理论值	实验值
93824992237		
1876499844738		
18764998447377		
93824992236885		

　　5. 在单片机程序中保持频率控制字为 1876499844738，改变幅度控制字，使其为表 5-2-3 中的数值，编译运行后，用示波器观察和测量 I 端口输出正弦波的幅值，填入表 5-2-3 中，与理论值进行比较。

表 5-2-3　幅值控制字实验数据表

幅值控制字	幅度/V	幅度/V
	理论值	实验值
4095		
3276		
2457		
1637		

5.2.6　实验报告要求

　　1. 简述 AD98543 的工作原理。
　　2. 分析表 5-2-2 的实验数据，得出结论。
　　3. 分析表 5-2-3 的实验数据，得出结论。
　　4. 分析讨论实验中出现的问题及排除方法。

5.2.7　思考题

　　1. 为何在单片机与 AD9854 之间需要接 74LVC245？
　　2. 输出频率较高时，余弦和正弦的波形能否依然保持正交，为什么？

5.2.8　注意事项

　　1. AD9854 供电电源为 3.3V，请注意电源的选择。
　　2. AD9854 芯片在工作过程中可能有微微发热的现象。

附　　录

附录 A　　Multisim 14.0 使用手册

Multisim 是一种 EDA 仿真工具，它为用户提供了丰富的元件库和功能齐全的各类虚拟仪器。

A1　Multisim 14.0 基本界面

启动 Windows "开始" 菜单 "所有程序" 中的 National Instruments/NI Multisim 14.0，打开 Multisim 14.0 的基本界面如图 A1-1 所示。

Multisim14.0 的基本界面主要由菜单栏、系统工具栏、快捷键栏、元件工具栏、仪表工具栏、连接 Edaparts.com 按钮、电路窗口、使用中的元件列表、仿真开关（Simulate）和状态栏等项组成。

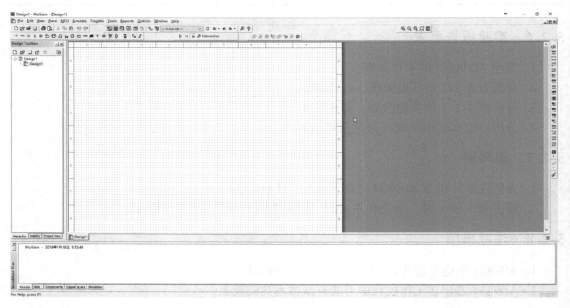

图 A1-1　Multisim 14.0 的基本界面

A1.1　菜单栏

与所有 Windows 应用程序类似，菜单中提供了软件中几乎所有的功能命令。Multisim 14.0 菜单栏包含着 11 个主菜单，如图 A1-2 所示，从左至右分别是 File（文件）、Edit（编辑）、View（窗口显示）、Place（放置）、MCU（微控制器）、Simulate（仿真）、Transfer（文件输出）、Tools（工具）、Reports（报告）、Options（选项）、Window（窗口）和 Help（帮助）。在每个主菜单下都有一个下拉菜单。

File   Edit   View   Place   MCU   Simulate   Transfer   Tools   Reports   Options   Window   Help

图 A1-2　菜单栏

1. File（文件）菜单

主要用于管理所创建的电路文件，如打开、保存和打印等，如图 A1-3 所示。

图 A1-3　File 菜单

New...：提供一个空白窗口以建立一个新文件。

Open...：打开一个已存在的 *.ms14、*.ms13、*.msm、*.ewb 或 *.utsch 等格式的文件。

Close：关闭当前工作区内的文件。

Save：将工作区内的文件以 *.ms14 的格式存盘。

Save as...：将工作区内的文件换名存盘，仍为 *.ms14 格式。

Print...：打印当前工作区内的电路原理图。

Print preview：打印预览。

Print options：打印选项，其中包括 Printer Setup（打印机设置）、PrintCircuit Setup（打印电路设置）、Print Instruments（打印当前工作区内的仪表波形图）。

Recent designs：最近几次打开过的文件，可选其中一个打开。

Projects and packing 和 Recent projects 命令是指对某些专题文件进行的处理，仅在专业版中出现，教育版中无此功能。

2. Edit（编辑）菜单

主要用于在电路绘制过程中，对电路和元件进行各种技术性处理，如图 A1-4 所示。

其中 Cut（剪切）、Copy（复制）等大多数命令与一般 Windows 应用软件基本相同，不再介绍。

Find：搜索。

Graphic annotation：图形注解。

Order：排序。

Assign to layer：指定到层。

Layer setting：层设置。

Title block position：标题栏位置设置。

Orientation：旋转。

Edit symbol/title Block：编辑符号/标题栏。

Font：字体设置。

Properties：属性设置。

3. View（窗口显示）菜单

用于确定仿真界面上显示的内容以及电路图的缩放和元件的查找，如图 A1-5 所示。

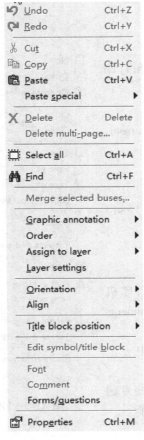

图 A1-4　Edit 菜单

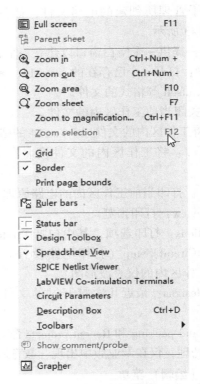

图 A1-5　View 菜单

Full screen：全屏显示。

Zoom in：放大。

Zoom out：缩小。

Zoom area：局部放大。

Zoom sheet：窗口显示完整电路。

Grid：显示栅格。

Border：显示边界。

Print page bounds：打印纸张边界设置。

Ruler bars：显示标尺栏。

Status bar：显示状态栏。

Design Toolbox：显示设计文件夹。

Spreadsheet View：显示电子数据表。

Description Box：显示电路描述文件夹。

Toolbars：选择工具栏。

Grapher：显示图表。

4. Place（放置）菜单

提供在电路窗口内放置元件、连接点、总线和文字等命令，如图 A1-6 所示。

Component：放置一个元件。

Junction：放置一个节点。

Wire：放置一根连接线。

Bus：放置一根总线。

Connectors：放置连接。

Hierarchical block from file...：子块调用。

New hierarchical block...生成新的子块。

Replace by hierarchical block...：由一个子块替换。

New subcircuit...：放置一个子电路。

Replace by subcircuit...：用一个子电路替换。

Multi‑page...：多页设置。

Comment：放置注释。

Text：放置文字。

Graphics：放置图片。

Title Block...：放置标题栏。

5. MCU（微控制器）菜单

提供单片机模块协同仿真操作，如图 A1-7 所示。

No MCU component found：没有创建 MCU 器件。若工程中放置了 MCU 器件，该命令将显示为 MCU 器件的名称，并提供进一步设置操作。

Debug view format：调试格式。

Line numbers：显示线路数目。

Pause：暂停。

Step into：进入。

Step over：跨过。

Step out：离开。

Run to cursor：运行到指针。

Toggle breakpoint：设置断点。

Remove all breakpoints：移除所有断点。

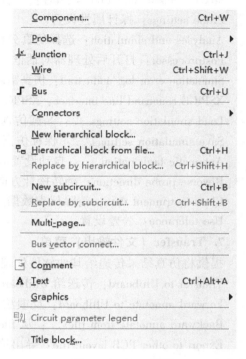

图 A1-6　Place 菜单

图 A1-7　MCU 菜单

6. Simulate（仿真）菜单

提供电路仿真设置与操作命令，如图 A1-8 所示。

Run：运行仿真开关。

Pause：暂停仿真。

Instruments：选择仿真仪表。

Mixed – mode simulation settings：混合模式仿真设置。

Probe settings：探针属性设置。

Analyses and simulation：选择仿真分析法。

Postprocessor：打开后处理器对话框。

Simulation error log/audit trail：仿真错误记录/检查路径。

XSPICE command line interface：XSPICE 命令行输入界面。

Load simulation settings...：装载仿真文件。

Save simulation settings...：保存仿真文件。

Automatic fault option...：自动设置电路故障。

Reverse probe direction：翻转探针方向。

Clear instrument data：清除仪表数据。

Use tolerance：公差设置。

图 A1-8　Simulate 菜单

7. Transfer（文件输出）菜单

提供将仿真结果传递给其他软件处理的命令，如图 A1-9 所示。

Transfer to Ultiboard：传送给 Ultiboard。

Forward annotate to Ultiboard：反馈注释到 Ultiboard。

Backward annotate from file...：从 file 返回的注释。

Export to other PCB layout file：导出给其他 PCB 版图软件。

Export SPICE netlist：输出网表。

Highlight selection in Ultiboard：高亮 Ultiboard 上的选择项。

图 A1-9　Transfer 菜单

8. Tools（工具）菜单

主要用于编辑或管理元器件和元件库，如图 A1-10 所示。

Component wizard：打开创建元件对话框。

Database：打开数据库对话框。

Variant manager：变量管理器

Set active variant...：设置动态变量。

Circuit wizards：电路编辑器。

Replace components...：打开替换元件对话框。

Update components...：打开升级电路元件对话框。

Electrical rules check...：打开电规则检查对话框。

Clear ERC markers...：打开清除 ERC 标志对话框。

Title Block Editor：打开标题栏编辑对话框。

Description Box Editor：打开电路描述对话框。

Symbol Editor：打开符号编辑对话框。

Capture screen area：捕捉屏幕区域。

Online design resources：打开网络设计共享对话框。

9. Report（报告）菜单

列出了 Multisim 可以输出的各种表格、清单，如图 A1-11 所示。

10. Options（选项）菜单

用于定制电路的界面和电路某些功能的设定，如图 A1-12 所示。

Global options：全局选项设置。

Sheet properties：页属性设置。

Customize interface：定制用户界面。

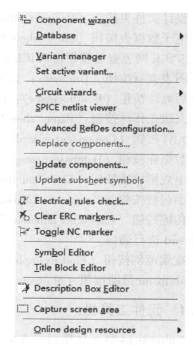

图 A1-10 Tools 菜单

A1. 2 系统工具栏

系统工具栏包含了常用的基本功能按钮，如新建、打开、保存、打印、放大和缩小等，与 Windows 的基本功能相同，如图 A1-13 所示。

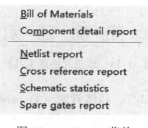

图 A1-11 Report 菜单

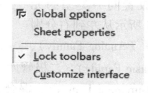

图 A1-12 Options 菜单

图 A1-13 系统工具栏

A1. 3 快捷键栏

快捷键栏如图 A1-14 所示。

图 A1-14 设计工具栏

借助快捷键栏可方便地进行一些操作，虽然前述菜单中也可以执行这些操作，但使用快捷键会更方便。这 14 个快捷键按钮从左至右分别为：

设计文件夹按钮（Design toolbox）：显示或隐藏设计文件夹。

电子数据表按钮（Spreadsheet bar）：显示或隐藏电子数据表。

SPICE 网表查看按钮（SPICE netlist viewer）：显示或隐藏 SPICE 网表。

图表查看按钮（Grapher）：显示或隐藏分析图表。

后处理按钮（Postprocessor）：用以进行对仿真结果的进一步操作。

父级工作区按钮（Parent sheet）：查看上级工作区。

元件按钮（Component wizard）：打开创建元件对话框。

数据库按钮（Database manager）：打开数据库管理器。

电规则检查按钮（Electrical Rules Check）：打开电规则检查对话框。

面包板按钮（Transfer to Ultiboard）：转移到 Ultiboard 设计页。

传输按钮（Backward annotate from Ultiboard）、（Forward annotate to Ultiboard）：用以与 Ultiboard 进行通信。

搜索范例按钮（Find examples）：打开搜索范例对话框。

Multisim 帮助按钮（Multisim help）：打开 Multisim 帮助文件。

A1.4　元件工具栏

Multisim 14 将元件模型按虚拟元件库和实际元件分类放置。虚拟元件库如图 A1-15 所示，其中存放的是具有一个默认值的非标准化元件，选取这样的元件后，对其双击可以进行参数的任意设置；图 A1-16 所示的是实际元件库，其中存放的是符合实际标准的元件，通常在市场上可以买到。为了使设计的电路符合实际情况，应该尽量从实际元件库中选取元件。

虚拟元件库分 9 个元件分库，每个元件分库放置同一类型的元件。如图 A1-15 所示从左到右分别是：模拟元件库（Analog Family）、

图 A1-15　理想元件库工具栏

基本元件库（Basic Family）、二极管库（Diodes Family）、晶体管库（Transistors Family）、测量元件库（Measurement Family）、混合元件库（Misc Family）、电源库（Power Family）、额定元件库（Rated Virtual Family）、信号源元件库（Signal Sources Family）。

实际元件库中放置的是各种实际元件。如图 A1-16 所示从左到右分别是：电源库（Sources Family）、基本元件库（Basic Family）、二极管库（Diode Family）、晶体管库（Transistor Family）、模拟元件库（Analog Family）、TTL 元件库（TTL Family）、CMOS 元件库（CMOS Family）、各种数字元件库（Misc Digital Family）、数模混合元件库（Mixed Family）、指示元件库（Indicator Family）、电力元件库（Power Component Family）、混合元件库（Misc Family）、先进外设库（advanced peripherals Family）、射频元件库（RF Family）、机电类元件库（Electromechanical Family）、NI 元件库（NI Component Family）、接口库（Connector Family）、微处理器库（MCU Family）、导入分层块（Hierarachical block Family）、总线（Bus Family）。

图 A1-16　实际元件库工具栏

A1.5 仪表工具栏

该工具栏含有多种用来对电路工作状态进行测试的仪器仪表，习惯上将其工具栏放置于工作台的右边，如图 A1-17 所示。

图 A1-17 从上至下分别是数字万用表（Multimeter）、函数信号发生器（Function Generator）、瓦特表（Wattmeter）、示波器（Oscilloscope）、4 通道示波器（4 Channel Oscilloscope）、波特图仪（Bode Plotter）、频率计数器（Frequency Counter）、字信号发生器（Word Generator）、逻辑转换仪（Logic Converter）、逻辑分析仪（Logic Analyzer）、IV 分析仪（IV‑Analysis）、失真分析仪（Distortion Analyzer）、频谱分析仪（Spectrum Analyzer）、网络分析仪（Network Analyzer）、Agilent 函数发生器（Agilent Function Generator）、Agilent 数字万用表（Agilent Multimeter）、Agilent 示波器（Agilent Oscilloscope）、Tektronix 示波器（Tektronix Oscilloscope）和 LabVIEW 工具（LabVIEW instruments）。

A1.6 其他

1. .com 按钮

元件工具栏中还有一个 .com 按钮，单击该按钮，用户可以自动通过因特网进入 EDAparts.com 网站。这是一个由 EWB 和 ParMiner 合作开发，提供给 Multisim 用户的因特网入口，用户可以访问超过一千多万个器件的 CAPSXper 数据库，并可从 ParMiner 直接把有关元件的信息和资料下载自己的数据库中。另外，还可从依网站免费下载专为 Multisim 设计的升级 Multisim Master 元件库的文件。

2. 电路窗口

电路窗口也称为 Workspace，相当于一个现实工作中的操作平台，在界面的中央，电路图的编辑绘制、仿真分析及波形数据显示等都将在此窗口中进行。

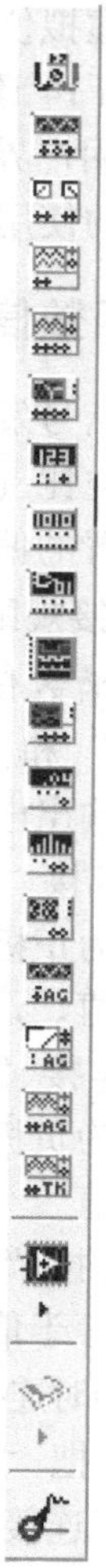

图 A1-17　仪表工具栏

3. 使用中元件列表（In Use List）

使用中元件列表列出了当前电路所使用的全部元件，以供检查或重复调用。

4. 仿真开关

仿真开关用以控制仿真进程。

5. 状态栏

状态栏显示有关当前操作以及鼠标所指条目的有用信息，在界面的最下方。

A2　常用虚拟仪器使用

Multisim 14 的仪器库（Instruments）较其早期版本有较大增加和完善，一共有 19 种虚拟仪器，这些仪器可用于各种模拟和数字电路的测量，使用时只需单击仪器库中该仪器图标，拖动放置在相应位置即可，对图标双击可以得到该仪器的控制面板。

尽管虚拟仪器的基本操作与现实仪器非常相似，但仍存在一定的区别。需要特别指出的是 Multisim 14 还提供了世界著名的两家仪器公司 Agilent 和 Tektronix 的多款仪器及其"真实形象"的用户界面供用户使用。为了更好地使用这些虚拟仪器，这里将介绍几种最常用的虚拟仪器的使用方法。

A2.1 函数信号发生器（Function Generator）

函数信号发生器是用来产生正弦波、方波和三角波信号的仪器，对于三角波和方波可以设置其占空比（Duty cycle）大小，对偏置电压的设置（Offset）可将正弦波、方波和三角波叠加到设置的偏置电压上输出。其图标和面板如图 A2-1 所示。

1. 连接规则

连接函数信号发生器的图标有"＋""Commom"和"－"三个端子，它们与外电路相连输出电压信号，其连接规则是：

1）连接"＋"和"Commom"端子，输出信号为正极性信号，幅值等于信号发生器的有效值。

2）连接"Commom"和"－"端子，输出信号为负极性信号，幅值等于信号发生器的有效值。

3）连接"＋"和"－"端子，输出信号的幅值等于信号发生器的有效值的两倍。

4）同时连接"＋""Common"和"－"端子，且把"Common"端子与公共地（Ground）连接，则输出两个幅值相等、极性相反的信号。

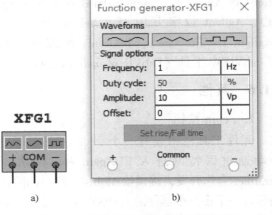

图 A2-1 函数信号发生器图标和面板
a) 图标 b) 面板

2. 面板操作

对面板各区域的不同设置，可改变输出电压信号的波形类型、大小、占空比或偏置电压等。

（1）Waveforms 区 选择输出信号的波形类型，有正弦波、方波和三角波 3 种周期性信号供选择。

（2）Signal Options 区 对 Waveforms 区中选取的信号进行相关参数设置。

① Frequency：设置所要产生信号的频率，范围在 1Hz ~ 999MHz。

② Duty cycle：设置所要产生信号的占空比，设定范围为 1% ~ 99%。

③ Amplitude：设置所要产生信号的最大值（电压），其可选范围从 1μV 到 999kV。

④ Offset：设置偏置电压，即把正弦波、三角波、方波叠加在设置电压上输出，其可选范围从 1μV 到 999kV。

（3）Set Rise/Fall Time 按钮 设置所要产生的信号的上升时间与下降时间，该按钮只在产生方波时有效。单击该按钮后，出现如图 A2-2 所示的对话框。

在栏中以指数格式设定上升时间（下降时间），再单击 Accept 按钮即可。如单击 Default 按钮，则为默认值 1.000000e－12。

3. 其他函数信号发生器

Multisim 14 的仪器库中还包括 Agilent 函数发生器（Agilent Function Generator） ，该仪器的图标和面板如图 A2-3 所示。

从图 A2-3 可以看出，Agilent 函数发生器的面板与实际使用的仪器完全相同，其操作方法与实际 Agilent 函数发生器相同，这里不再赘述。

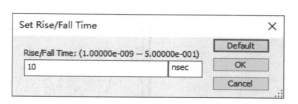

图 A2-2　Set Rise/Fall Time 对话框

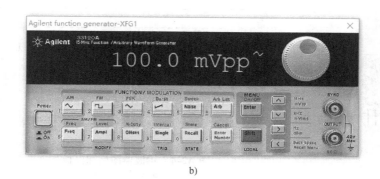

图 A2-3　Agilent 函数发生器的图标和面板

a）图标　b）面板

A2. 2　示波器（Oscilloscope）

示波器是电子实验中使用最频繁的仪器之一，可用来观察信号波形，并可用来测量信号幅度、频率及周期等参数。该仪器的图标和面板如图 A2-4 所示。

1. 连接规则

图 A2-4 所示的是一个双踪示波器，有 A、B 两个通道，G 是接地端，T 是外触发端，该虚拟示波器与实际示波器的连接方式稍有不同：

1）A、B 两通道分别只需一根线与被测点相连，测量的是该点与地之间的波形。

2）接地端 G 一般要接地，但当电路中已有接地符号时，也可不接。

2. 面板操作

双踪示波器的面板操作如下：

（1）Timebase 区　用来设置 X 轴方向时间基线扫描时间。

● Scale：选择 X 轴方向每一个刻度代表的时间。单击该栏后将出现标度翻转列表，根据所测信号频率的高低，上下翻转选择适当的值。

● X position：表示 X 轴方向时间基线的起始位置，修改其设置可使时间基线左右移动。

● Y/T：表示在 Y 轴方向显示 A、B 两通道的输入信号，X 轴方向显示时间基线，并按设置时间进行扫描。当显示随时间变化的信号波形（例如三角波、方波及正弦波等）时，常采用此种方式。

● B/A：表示将 A 通道信号作为 X 轴扫描信号，将 B 通道信号施加在 Y 轴上。

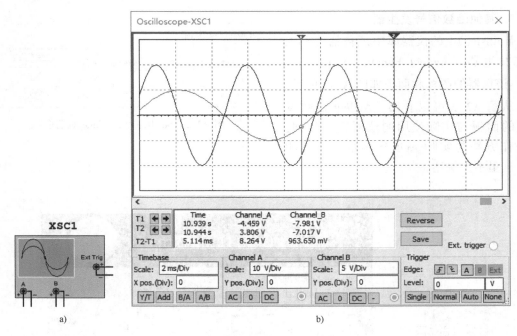

图 A2-4 示波器图标和面板

a）图标 b）面板

- A/B：与 B/A 相反。

以上这两种方式可用于观察李萨育图形。

- Add：表示 X 轴按设置时间进行扫描，而 Y 轴方向显示 A、B 通道的输入信号之和。

（2）Channel A 区 用来设置 Y 轴方向 A 通道输入信号的标度。

- Scale：表示 Y 轴方向对 A 通道输入信号而言每格所表示的电压数值。单击该栏后将出现标度翻转列表，根据所测信号电压的大小，上下翻转选择适当的值。

- Y position：表示时间基线在显示屏幕中的上下位置。当其值大于零时，时间基线在屏幕上侧，反之在下侧。

- AC：表示屏幕仅显示输入信号中的交变分量（相当于实际电路中加入了隔直电容）。

- DC：表示屏幕将信号的交直流分量全部显示。

- 0：表示将输入信号对地短接。

（3）Channel B 区 用来设置 Y 轴方向 B 通道输入信号的标度，其设置与 Channel A 区相同。

（4）Trigger 区 用来设置示波器的触发方式。

- Edge：表示将输入信号的上升沿或下降沿作为触发信号。

- Level：用于选择触发电平的大小。

- Single：选择单脉冲触发。

- Normal：选择一般脉冲触发。

- Auto：表示触发信号不依赖外部信号。一般情况下使用 Auto 方式。

- A 或 B：表示用 A 通道或 B 通道的输入信号作为同步 X 轴时基扫描的触发信号。

- Ext：用示波器图标上触发端子 T 连接的信号作为触发信号来同步 X 轴时基扫描。

3. 测量波形参数

在屏幕上有两条可以左右移动的读数指针，指针上方有三角形标志，如图 A2-4 所示。通过鼠标左键可拖动读数指针左右移动。

在显示屏幕下方的测量数据的显示区中显示了两个波形的测量数据，分别是：

Time：从上到下的三个数据分别是 1 号读数指针离开屏幕最左端（时基线零点）所对应的时间、2 号读数指针离开屏幕最左端（时基线零点）所对应的时间、两个时间之差，时间单位取决于 Timebase 所设置的时间单位。

Channel_A：从上到下的三个数据分别是 1 号读数指针所指通道 A 的信号幅度值、通道 B 的信号幅度值、两个幅度之差，其值为电路中测量点的实际值，与 X、Y 轴的 Scale 设置值无关。

Channel_B：从上到下分别是 2 号读数指针所指通道 A 的信号幅度值、通道 B 的信号幅度值、两个幅度之差。

为了测量方便准确，单击 Simulate 菜单中的 Pause（或 F6 键）使波形"冻结"，然后再测量更好。

4. 设置信号波形显示颜色

只要在电路中设置 A、B 通道连接导线的颜色，波形的显示颜色便与导线的颜色相同。方法是双击连接导线，在弹出的对话框中设置导线颜色即可。

5. 改变屏幕背景颜色

单击展开面板右下方的 Reverse 按钮，即可改变屏幕背景的颜色，要将屏幕背景恢复为原色，再次单击 Reverse 按钮即可。

6. 存储数据

对于读数指针测量的数据，单击展开面板右下方的 Save 按钮即可将其存储，数据存储格式为 ASCII 码格式。

7. 移动波形

在动态显示时，单击 Simulate 菜单中的 Pause（或 F6 键），通过改变 X position 设置，可实现左右移动波形。

8. 其他示波器

（1）Agilent 示波器 Multisim 14 的仪器库中还包括 Agilent 示波器（Agilent Oscilloscope）🔲，该仪器的图标和面板如图 A2-5 所示。

该虚拟仪器的操作方法与实际 Agilent 示波器相同。

（2）4 通道示波器（4 Channel Oscilloscope） Multisim 14 的仪器库中提供了一台 4 通道示波器，其图标和面板如图 A2-6 所示。该示波器的通道数由常见的 2 变为 4，使用方法与 2 通道的示波器相似。

（3）Tektronix 示波器 Multisim 14 的仪器库（Instruments）中还包括 Tektronix 示波器（Tektronix Oscilloscope）🔲，该仪器的图标和面板如图 A2-7 所示。

该示波器的操作方法与实际 Agilent 示波器相同。

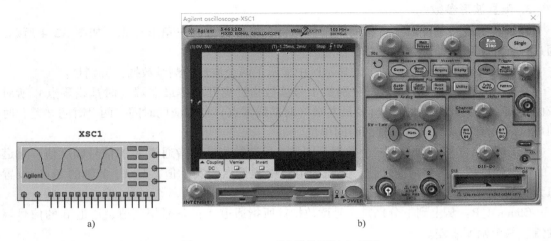

图 A2-5　Agilent 示波器的图标和面板

a）图标　b）面板

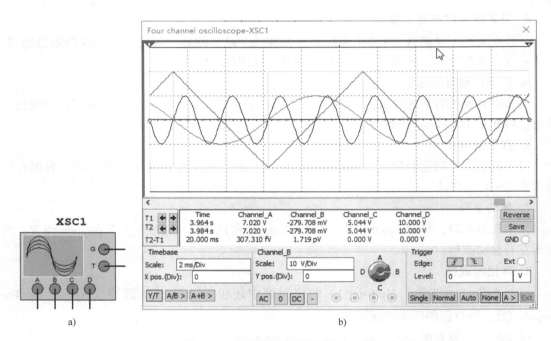

图 A2-6　4 通道示波器的图标和面板

a）图标　b）面板

A2. 3　波特图仪（Bode Plotter）

波特图仪（Bode Plotter）![icon] 是测量电路、系统或放大器频幅特性 $A(f)$ 和相频特性 $\varphi(f)$ 的虚拟仪器，类似于实验室的频率特性测试仪（或扫描仪），图 A2-8 是波特图仪的图标和面板。

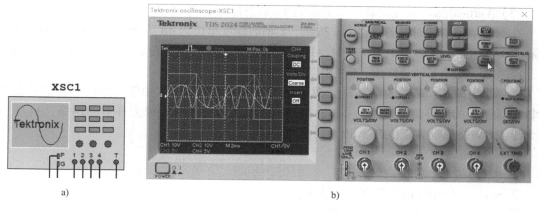

图 A2-7 Tektronix 示波器的图标和面板

a）图标 b）面板

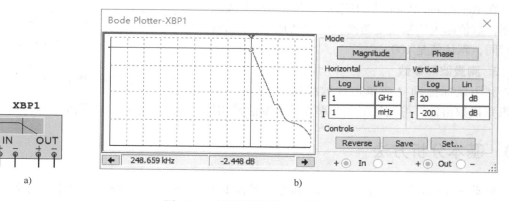

图 A2-8 波特图仪图标和面板

a）图标 b）面板

1. 连接规则

波特图仪的图标包括 4 个连接端，左边 IN 是输入端口，其 +、− 分别与电路输入端的正负端子相连；右边 OUT 是输出端口，其 +、− 分别与电路输出端的正负端子相连。由于波特图仪本身没有信号源，所以在使用波特图仪时，必须在电路的输入端口示意性地接入一个交流信号源（或函数信号发生器），且无须对其参数进行设置。

2. 面板操作

（1）Mode 区

● Magnitude：选择它后在显示屏里展开幅频特性曲线。

● Phase：选择它后在显示屏里展开相频特性曲线。

（2）Horizontal 区 确定波特图仪显示的 X 轴频率范围。

选择 Log，则标尺用 Log$f$ 表示；若选用 Lin，即坐标标尺是线性的。当测量信号的频率范围较宽时，用 Log 标尺为宜。

F 和 I 分别是频率的最终值（Final）和初始值（Initial）的缩写。

为了清楚地显示某一频率范围的频率特性，可将 X 轴频率范围设定得小一些。

（3）Vertical 区　设定波特图仪显示的 Y 轴的标度类型。

在测量幅频特性时，若单击 Log 按钮，Y 轴的标度单位为 dB（分贝）；单击 Lin 按钮后，Y 轴是线性标度。在测量相频特性时，Y 轴坐标表示相位，单位是度（°），标度是线性的。

F 栏用以设置 Y 轴最终值，I 栏用以设置初始值。

需要指出的是：若被测电路是无源网络（谐振电路除外），由于 $A(f)$ 的最大值是 1，所以 Y 轴坐标的最终值应设置为 0dB，初始值为负值。对于含有放大环节的网络，$A(f)$ 值可大于 1，最终值设为正值（ + dB）为宜。

（4）Controls 区

① Reverse：改变屏幕背景颜色。

② Save：以 BOD 格式保存测量结果。

③ Set：设置扫描的分辨率，单击该按钮后，屏幕出现如图 A2-9 所示的对话框。

在 Resolution Points 栏中选定扫描的分辨率，数值越大读数精度越高，但将增加运行时间，默认值是 100。

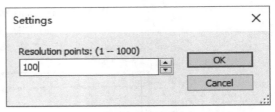

图 A2-9　设置扫描分辨率对话框

3. 测量波形参数

利用鼠标拖动（或单击读数指针移动按钮）读数指针，可测量某个频率点处的幅值或相位，其读数在显示屏下方显示。

A3　基本分析方法

启动 Simulate 菜单中的 Analyses 命令，里面共有 19 种分析功能，从上至下分别为：直流工作点分析（DC Operating Point Analysis）、交流分析（AC Analysis）、瞬态分析（Transient Analysis）、傅里叶分析（Fourier Analysis）、噪声分析（Noise Analysis）、噪声图形分析（Noise figure Analysis）、失真分析（Distortion Analysis）、直流扫描分析（DC Sweep Analysis）、灵敏度分析（Sensitivity Analysis）、参数扫描（Parameter Sweep）、温度扫描分析（Temperature Sweep Analysis）、极点-零点分析（Pore – Zero Analysis）、传输函数分析（Transfer Function Analysis）、最坏情况分析（Worst Case Analysis）、蒙特卡罗分析（Monte Carlo Analysis）、轨迹宽度分析（Trace Width Analysis）、批处理分析（Batched Analysis）、用户定义分析（User Defined Analysis）、及 RF 分析（RF）。下面主要介绍几种常用的分析方法。

A3.1　直流工作点分析

直流工作点分析（DC Operating Point Analysis）是在电路中电感短路、电容开路的情况下，计算电路的静态工作点。直流分析的结果通常可用于电路的进一步分析，如在进行暂态分析和交流小信号分析之前，程序会自动先进行直流工作点分析，以确定暂态的初始条件和交流小信号情况下非线性化模型的参数。

下面以图 A3-1 所示的简单共射极放大电路为例，介绍直流工作点分析的基本操作过程。电路搭建完成后，在 Options \ Sheet properties 中的 Net Names 选择"Show All"，这样电路中所有节点号将被显示。

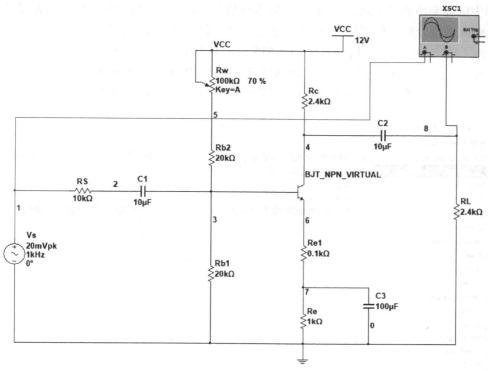

图 A3-1　简单晶体管放大电路

图中晶体管取理想元件，将其 β 值修改成 80，把电位器的阻值调节到 70% ~ 80%，此时用示波器看到的波形没有失真，如图 A3-2 所示，电路处于放大状态。启动 Simulate 菜单中 Analyses and Simulation 子菜单下的 DC Operating Point 命令，在如图 A3-3 所示的节点选择

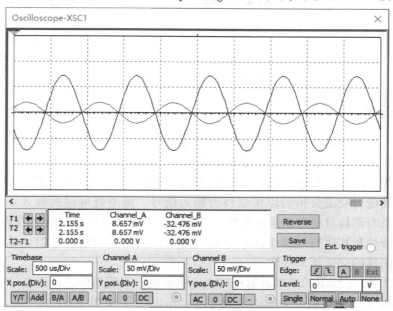

图 A3-2　放大状态波形

对话框中选择要仿真的节点，（3 节点为晶体管基极，4 节点为集电极，6 节点为射极），单击 Simulate 进行分析，得到如图 A3-4 所示的直流工作点仿真结果，即

$$V_{BE} = V_B - V_E = (1.96367 - 1.18780)\text{V} = 0.77587\text{V}$$

$$V_{CE} = V_C - V_E = (9.44043 - 1.18780)\text{V} = 8.25263\text{V}$$

$$I_C = (V_{CC} - V_C)/R_C = (12 - 9.44043)/2.4\text{mA} = 1.07\text{mA}$$

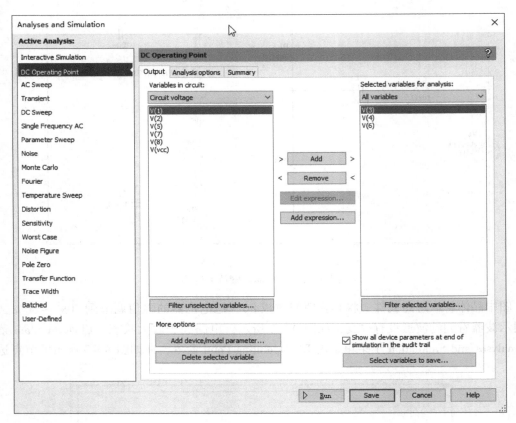

图 A3-3　节点选择对话框

A3.2　交流分析

交流分析（AC Analysis）可以进行电路的小信号频率响应的仿真。分析时程序自动先对电路进行直流工作点分析，以建立电路中非线性元件的交流小信号模型，并把直流电源置零，交流信号源、电容及电感等用其交流模型，如果电路中含有数字元件，将认为是一个接地的大电阻。当进行交流分析时以正弦波为输入信号，即不管电路的输入端为何种输入信号，当进行分析时都将自动以正弦波替换，且信号的频率也将以设定的范围替换。交流分析的结果以幅频特性和相频特性两个图形显示。如果将波特图仪连至电路的输入端和被测节点，也可获得同样的交流频率特性。

下面仍以图 A3-1 所示的简单共射极放大电路为例，说明如何进行交流分析。

在电路搭建完成后，启动 Simulate 菜单中 Analyses 子菜单下的 AC Sweep 命令，在如图 A3-5 所示的对话框中进行交流分析的起止频率等项的设定。

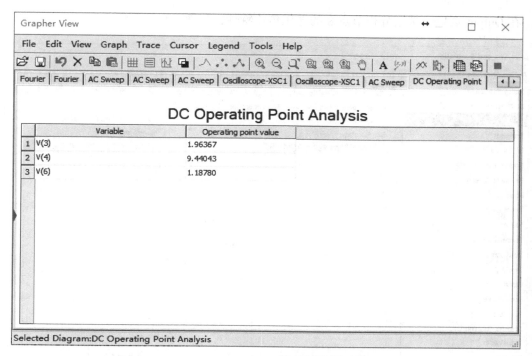

图 A3-4　直流工作点仿真结果

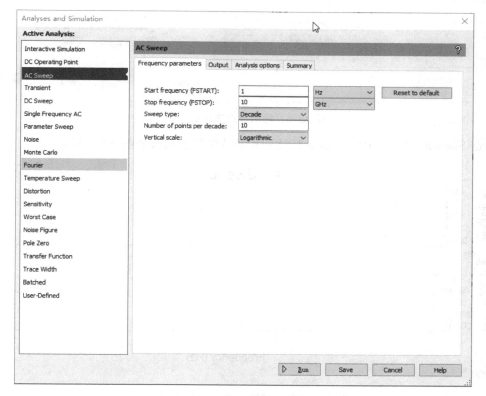

图 A3-5　AC Analysis 对话框

在 Output 页里，选定分析节点 8 的电压传输特性，如图 A3-6 所示。

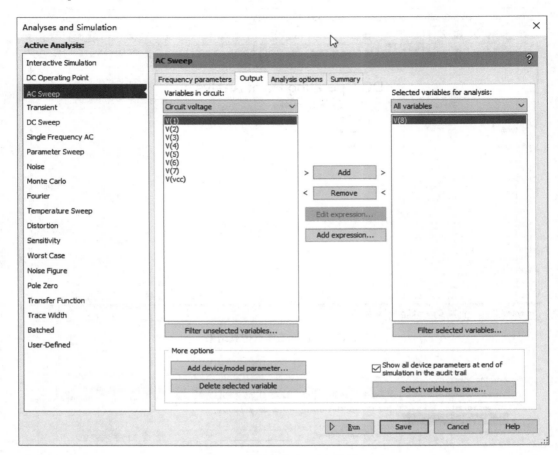

图 A3-6　输出节点选择对话框

单击 Simulate 进行分析，其幅频特性和相频特性仿真结果如图 A3-7 所示。

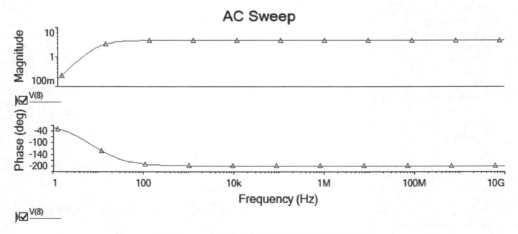

图 A3-7　幅频特性和相频特性仿真结果

A3. 3　瞬态分析

　　瞬态分析（Transient Analysis）是一种非线性时域（Time Domain）分析，可以在激励信号（或没有任何激励信号）的情况下计算电路的时域响应。在进行瞬态分析时，电路的初始状态可由用户自行指定，也可由程序自动进行直流分析，用直流解作为电路初始状态。瞬态分析的结果通常是待分析节点的电压波形，故可用示波器观察结果。

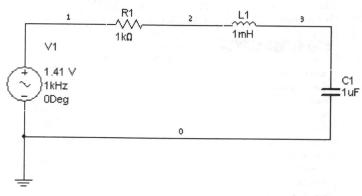

图 A3-8　简单的正弦交流电路

　　我们用图 A3-8 所示的一个简单的正弦交流电路为例，说明瞬态分析的过程。启动 Simulate 菜单中 Analyses 下的 Transient 命令，出现瞬态分析对话框如图 A3-9 所示。

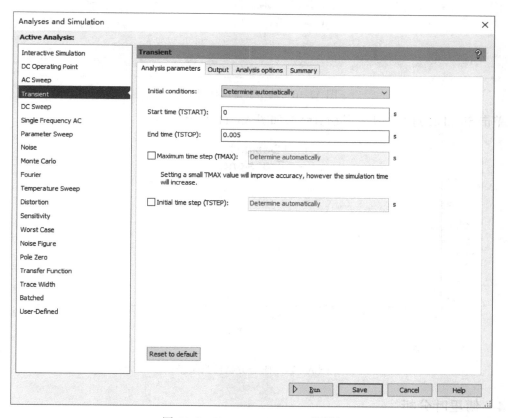

图 A3-9　Transient Analysis 对话框

在对话框的 Output 页，可进行输出变量（节点 1 和 3 的电压）选择，如图 A3-10 所示。

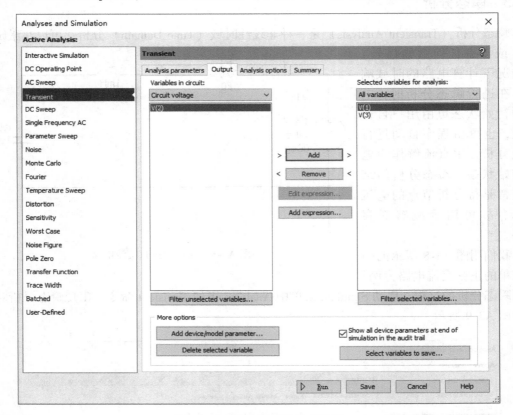

图 A3-10　输出变量选择对话框

单击 Simulate 进行分析，其仿真结果如图 A3-11 所示。

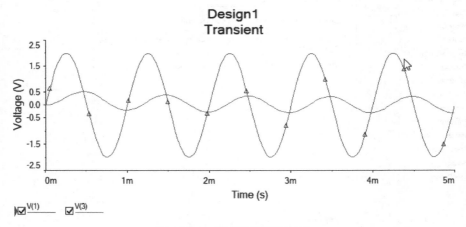

图 A3-11　瞬态分析仿真结果

A3.4　傅里叶分析

傅里叶分析（Fourier Analysis）是分析周期性非正弦波信号的一种数学方法，它将周期

性的非正弦波信号转换成一系列正弦波及余弦波，即

$$f(t) = A_0 + A_1\cos\omega t + A_2\cos 2\omega t + \cdots + B_1\sin\omega t + B_2\sin 2\omega t + \cdots$$

式中　A_0——原始信号的直流（平均）分量；

　　　ωt——基波分量；

　　　$n\omega t$——n 次谐波分量；

　A_i、B_i——第 i 次谐波分量的系数；

　　　ω——基波角频率。

　　下面以图 A3-12 所示的一个方波激励的 RC 电路为例，说明傅里叶分析的基本操作过程。

　　启动 Simulate 菜单中 Analyses 下的 Fourier 命令，出现傅里叶分析对话框如图 A3-13 所示。

　　在 Output 页进行输出节点设置，如图 A3-14 所示。

　　单击 Simulate 进行分析，傅里叶分析仿真结果如图 A3-15 所示。

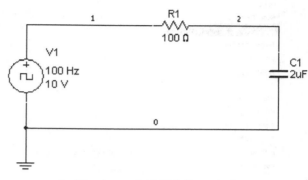

图 A3-12　方波激励的 RC 电路

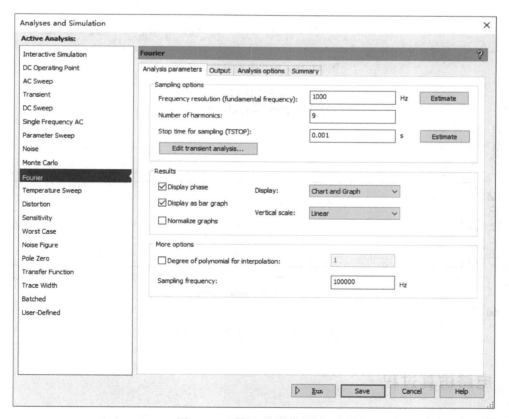

图 A3-13　傅里叶分析对话框

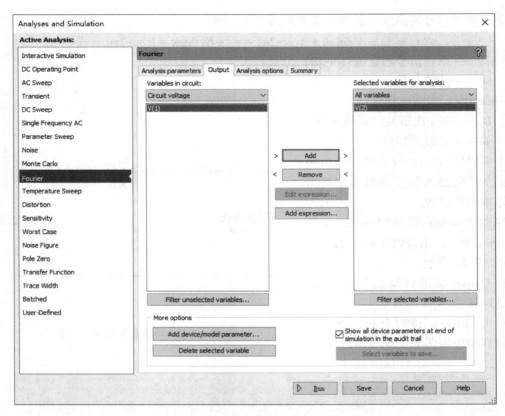

图 A3-14　输出节点设置对话框

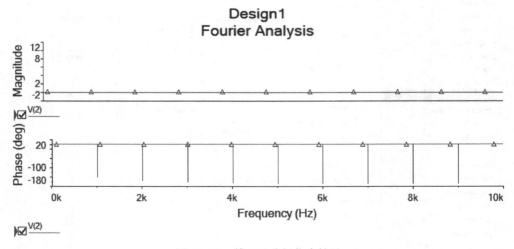

图 A3-15　傅里叶分析仿真结果

A4　电路仿真过程

本节将以图 A4-1 的共射极放大电路为例，说明 Multisim 的仿真过程。

A4.1 编辑原理图

1. 建立电路文件

打开 Multisim 基本界面如图 A1-1 所示，此时系统自动命名空白电路文件为 Circuit 1。在 Multisim 正常运行时，如果启动 File/New 菜单，同样也会出现这样的空白电路文件。

2. 设计电路界面

通过 Options 菜单中的若干选项，可以设计出个性化的界面。

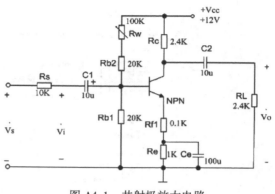

图 A4-1　共射极放大电路

1）启动 Options/Global Options，打开 Global Options 对话框中的 Components 页，如图 A4-2 所示，对 Symbol standard 区内的电气元器件符号标准进行设置，Multisim 提供了两套元器件符号标准，ANSI 是美国标准，IEC 是国际电工委员会标准，我们选择 ANSI 标准。

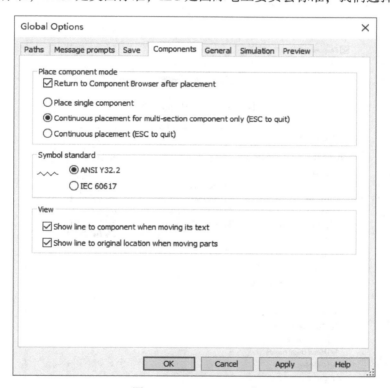

图 A4-2　Components 页

2）打开 Options/Sheet Properties 对话框中的 Workspace 页，如图 A4-3 所示，对其中的相关项进行设置：选择 Show 区内的 Show Grid（也可从 View/Show Grid 菜单选取），则电路图中将出现栅格；选择 Show 区内的 Show border（也可从 View/Show border 菜单选取），则电路窗口就像一张标准图纸。

3）打开 Options/Sheet Properties 对话框的 Sheet visibility 页，如图 A4-4 所示，可以对元件符号显示（component）、节点显示（Net Name）等进行设置。

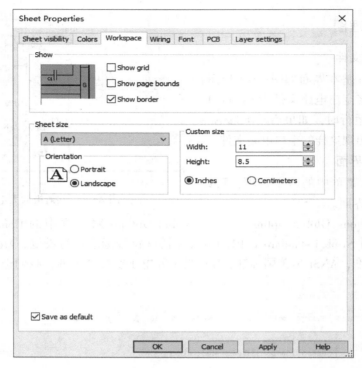

图 A4-3　Workspace 页

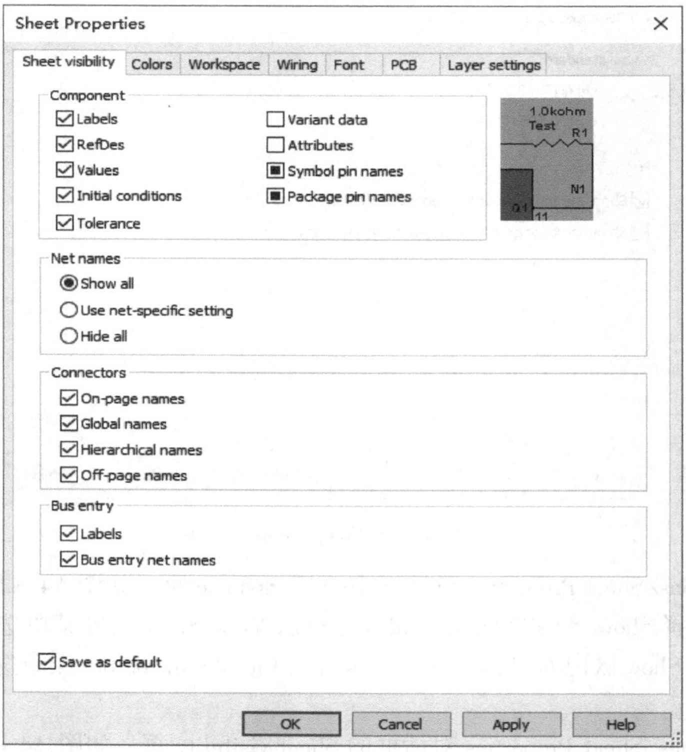

图 A4-4　Sheet visibility 页

3. 电路搭建

电路界面设计好后，就可以进行电路搭建了。

（1）元件选择　根据图 A4-1 的电路图，从图 A1-14 所示的元件工具栏中选择元件。待放大的信号源、直流电源、接地端可以从电源库（Sources）中选取，如图 A4-5 所示。

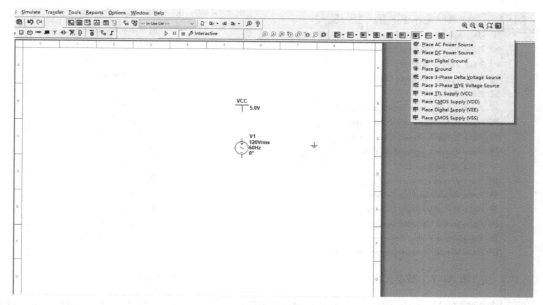

图 A4-5　电源器件选择

图 A4-5 中，双击元器件可以进行电源参数、符号等的设置，如图 A4-6 所示。

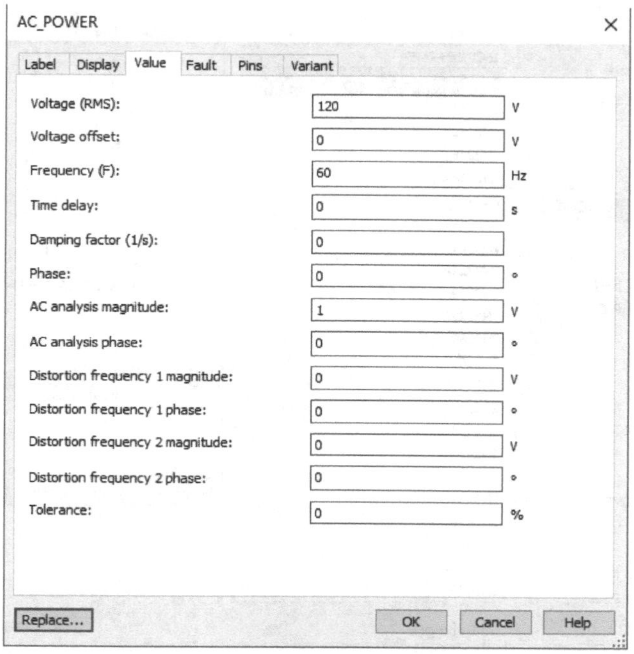

图 A4-6　电源参数设置对话框

电阻、电容元件在基本元件库（Basic）中选择，如图 A4-7 所示。

选取的元件如果方向不符合要求，可以由 "Ctrl + R" 快捷键或由 Edit 菜单中的旋转选项进行旋转。

晶体管从晶体管库（Transistors Components）选择，如图 A4-8 所示。

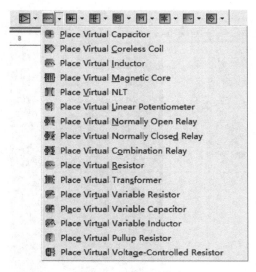

图 A4-7　基本元件库

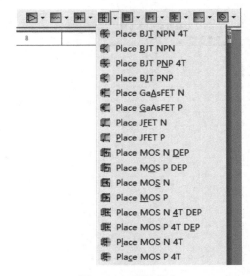

图 A4-8　晶体管库

带绿色衬底的是虚拟元件库（见实际软件的库），实际 NPN 元件库中有各种信号的 NPN 型晶体管，如图 A4-9 所示，其中列出了国外几家大公司的产品，如 Zetex、National 等，如果

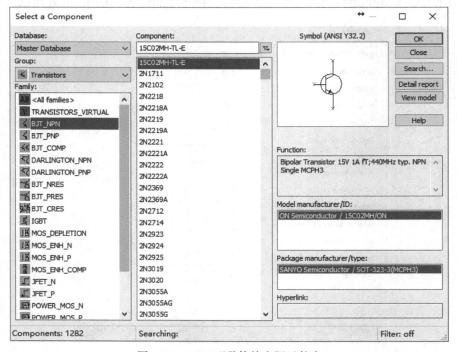

图 A4-9　NPN 型晶体管实际元件库

我们实际要用 3DG6 ($\beta=80$) 的
晶体管，只能在虚拟元件库中取
一个 BJT_NPN 来代替，而它 β
的默认值是 100，可以进行修改：
双击 BJT_NPN，打开其属性对话
框如图 A4-10 所示。

单击 Value 页上的 Edit
model 按钮，打开 Edit Model 对
话框，如图 A4-11 所示，其中
有很多参数，BF 即 β，将它从
100 改为 80，单击 Change Com-
ponent 按钮，回到 BJT_NPN 属
性对话框，单击"确定"按钮，
则完成晶体管 β 的修改。

这样图 A4-1 电路中所需的
所有元件都选取在图 A4-12 所
示的界面中，In Use List 栏内列
出了电路所用的所有元件。

（2）电路连线 元件选择
后，就可以进行电路连线了，

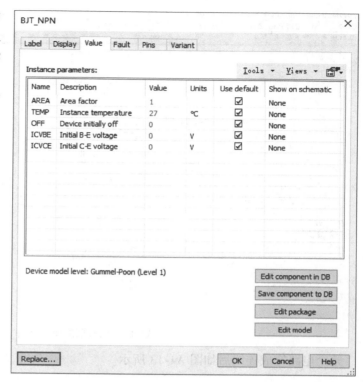

图 A4-10　BJT_NPN 属性对话框

步骤是：将鼠标指向所要连接的元件引脚，鼠标指针变成圆圈状，按住鼠标左键并开始移动
鼠标，拉出一条虚线，如果要从某点转弯，单击左键固定该点，继续移动直到终点，单击即
完成一条连线。

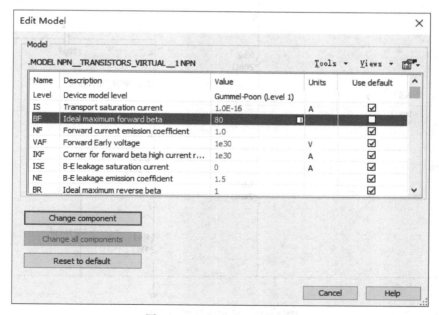

图 A4-11　Edit Model 对话框

250

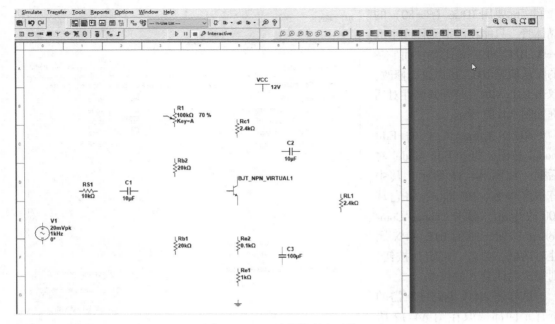

图 A4-12 已选取的所有元件

整个电路完成连线后如图 A4-13 所示。

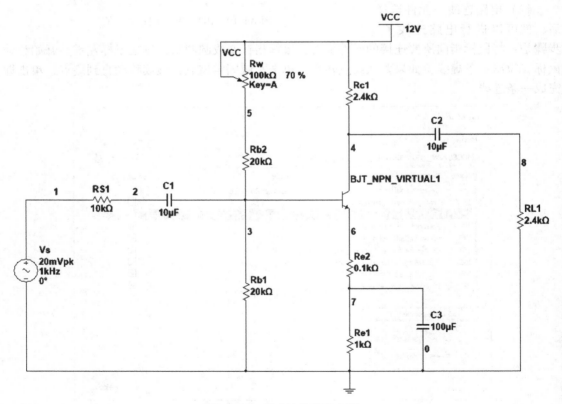

图 A4-13 完成连线后的电路

（3）电路的进一步编辑　为了使电路更加整洁、便于仿真，可以进一步做一些编辑。

1）修改元件参考序号。双击元件符号，在其属性对话框中可以进行参考序号修改。

2）修改元件或连线的颜色。指针指向元件或连线，单击右键出现下拉菜单，选择 Color 项，在弹出的颜色对话框中选择所需的颜色即可。

3）删除元件或连线。选中要删除的元件或连线，按 Delete 键即可删除，删除元件时相应的连线一同消失，但删除连线时不会影响元件。

（4）保存文件

编辑后的电路图用 File/Save as 保存，这与一般文件的保存方法相同，保存后的文件以 . ms8 为扩展名。

A4. 2　电路仿真

参照 1.2 节，对这个共射极放大电路可以进行如下仿真。

1. 静态工作点测试

参照 A3.1 节，可以进行电路的静态工作点测试。

2. 测量电压放大倍数

可以在图 A3-2 的输入输出电压波形上读出电压幅值，电路的电压放大倍数由它们的比值得到；或者从图 A3-7 的幅频特性上得到电压放大倍数的波特值，运算后得到放大倍数。

3. 观察静态工作点对输出波形的影响

加大输入信号（例如 $V_S = 200\mathrm{mV}$），用示波器观察输出波形，改变 R_W，使输出电压出现失真，如图 A4-14 所示，再启动静态工作点分析，测量此时的 V_{CE} 值，分析波形失真与 V_{CE} 之间的关系，并说明是什么失真。

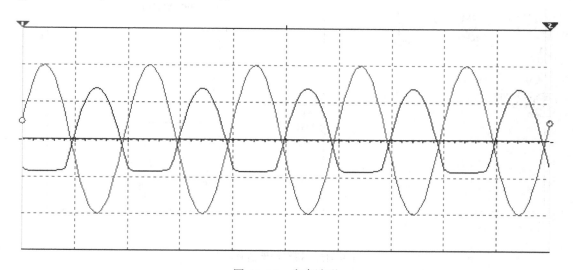

图 A4-14　失真波形

4. 最大不失真输出电压 V_{OPP} 的测量（最大动态范围）

先将静态工作点调至放大器正常工作情况（输出波形不失真），逐步增大输入信号的幅度，并同时调节 R_W（改变静态工作点），用示波器观察输出波形，当输出波形同时出现饱和和截止失真时，说明静态工作点已调节在交流负载线的中点。然后反复调整输入信号，使波形输出幅度最大，且无明显失真，此时，用交流毫伏表测出 V_O（有效值），则动态范围 $V_{OPP} = 2\sqrt{2}V_O$，或在示波器上直接读出 V_{OPP}。

5. 放大器频率特性的测量

A3.2 节中介绍了用交流分析的手段测量频率特性的方法，还可以使用波特图仪来进行频率特性的测量。波特图仪与电路的连接如图 A4-15 所示，启动仿真按钮，打开波特图界面，幅频特性如图 A4-16 所示，相频特性如图 A4-17 所示。从幅频特性可见中频增益为 11.287dB（换算后即得到中频区的电压放大倍数），下限频率（增益为 8.287 左右对应的频率值）约为 12Hz。

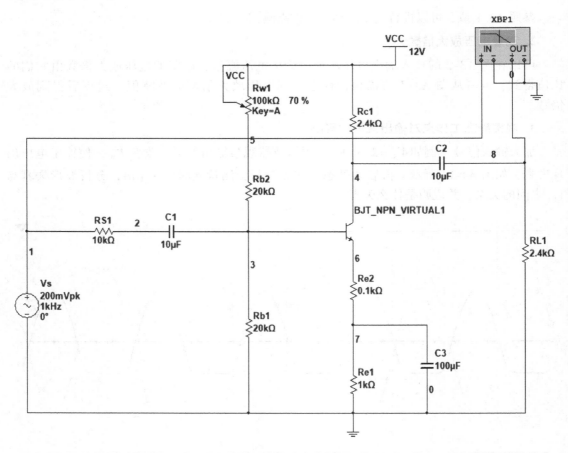

图 A4-15　频率特性仿真电路

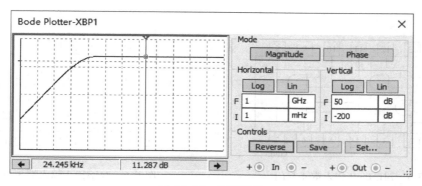

图 A4-16　幅频特性

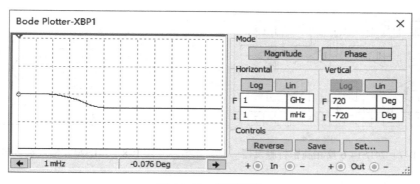

图 A4-17　相频特性

附录 B　常用数字逻辑芯片引脚图

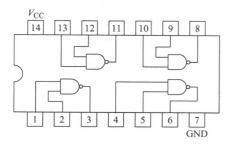

图 B-1　74LS00 2 输入端 4 与非门

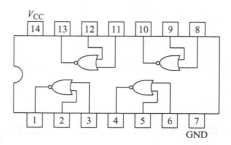

图 B-2　74LS02 2 输入端 4 或非门

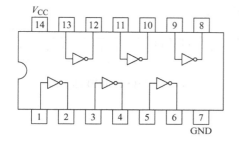

图 B-3　74LS04 6 反相器

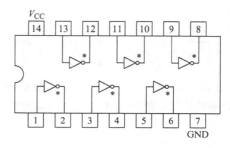

图 B-4　74LS05 集电极开路 6 反相器

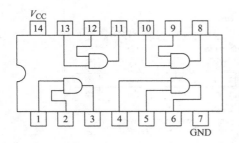

图 B-5 74LS08 2 输入端 4 与门

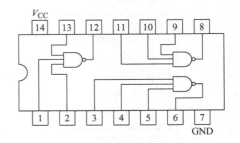

图 B-6 74LS10 3 输入端 3 与非门

图 B-7 74LS14 6 反相施密特触发器

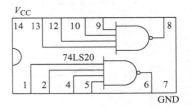

图 B-8 74LS20 4 输入端 2 与非门

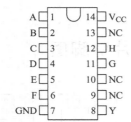

图 B-9 74LS30 8 输入端与非门

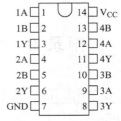

图 B-10 74LS32 2 输入端 4 或门

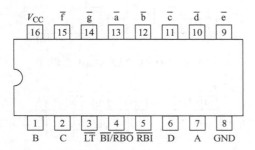

图 B-11 74LS47 (48) BCD – 7 段译码/驱动器
(47 驱动共阳极数码管, 48 驱动共阴极数码管)

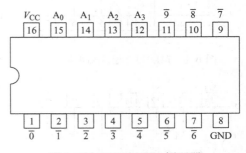

图 B-12 74LS42 BCD 译码器

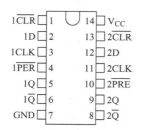

图 B-13　74LS74 双 D 触发器

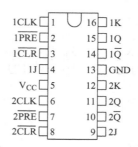

图 B-14　74LS76 双 JK 触发器

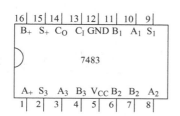

图 B-15　74LS83 4 位二进制快速进位全加器

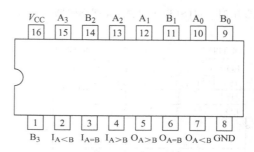

图 B-16　74LS85 4 位数值比较器

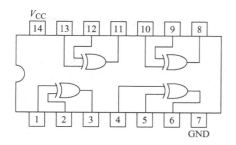

图 B-17　74LS86 2 输入端 4 异或门

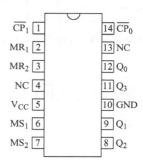

图 B-18　74LS90 异步 2/5 分频十进制加法计数器

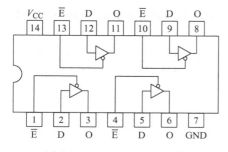

图 B-19　74LS125 4 三态门

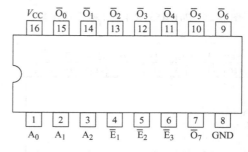

图 B-20　74LS138 3 线—8 线译码器

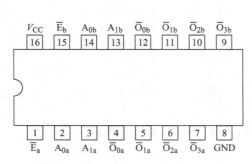

图 B-21　74LS139 双 2 线—4 线译码器

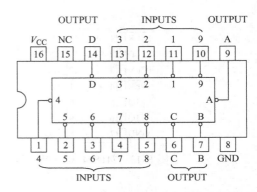

图 B-22　74LS147 10 线—4 线优先编码器

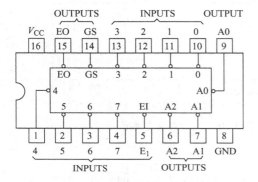

图 B-23　74LS148 8 线—3 线优先编码器

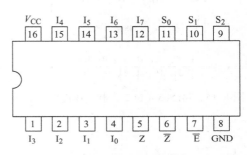

图 B-24　74LS151 8 选 1 数据选择器

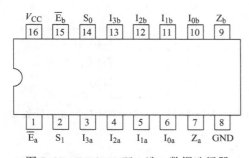

图 B-25　74LS153 双 4 选 1 数据选择器

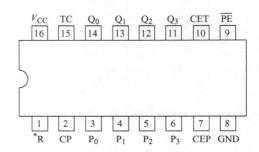

图 B-26　74LS160/161 异步清除十/十六进制计数器

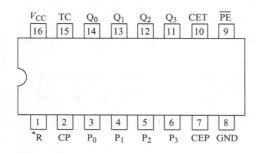

图 B-27　74LS163 同步清除十六进制计数器

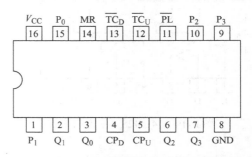

图 B-28　74LS192/74193 双时钟十/十六进制加减计数器

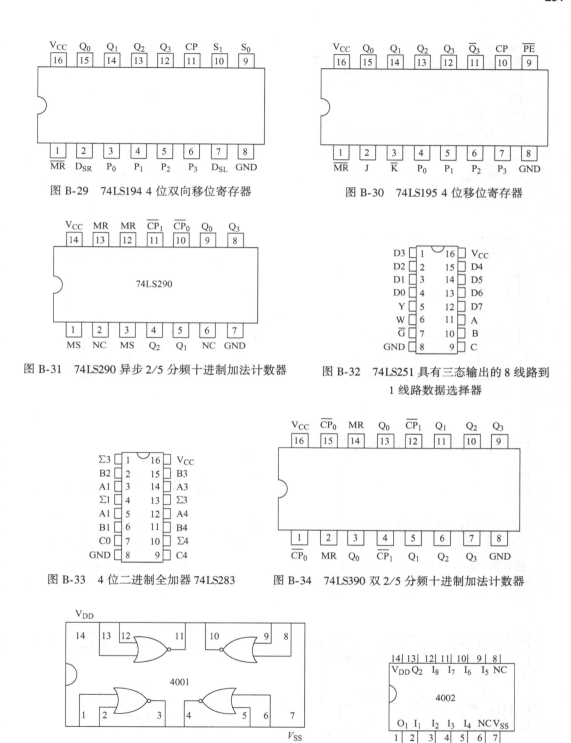

图 B-29　74LS194 4 位双向移位寄存器

图 B-30　74LS195 4 位移位寄存器

图 B-31　74LS290 异步 2/5 分频十进制加法计数器

图 B-32　74LS251 具有三态输出的 8 线路到
1 线路数据选择器

图 B-33　4 位二进制全加器 74LS283

图 B-34　74LS390 双 2/5 分频十进制加法计数器

图 B-35　4001 2 输入端 4 或非门

图 B-36　双 4 输入端或非门

258

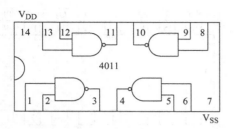

图 B-37　4011 输入端 4 与非门

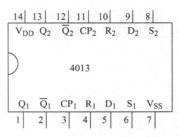

图 B-38　4013 双 D 触发器

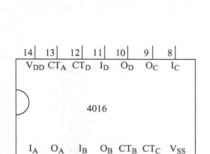

图 B-39　4016 4 双向模拟开关

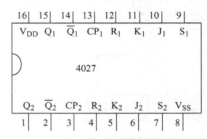

图 B-40　4027 双主从 JK 触发器

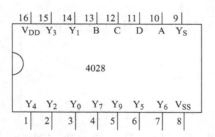

图 B-41　4028 BCD—十进制译码器

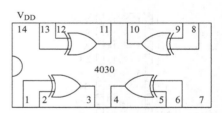

图 B-42　4030 2 输入端 4 异或门

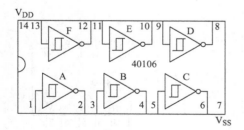

图 B-43　40106 6 施密特触发器

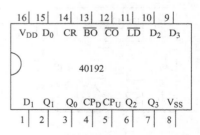

图 B-44　40192 双时钟加减计数器

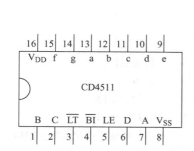

图 B-45　CD4511—7 段显示译码器

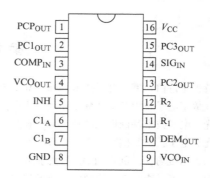

图 B-46　74HC4046 CMOS 锁相环集成电路

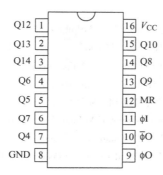

图 B-47　CD4060 振荡器和 14 级二进制串行计数器

参 考 文 献

[1] 华成英，童诗白. 模拟电子技术基础 [M]. 5 版. 北京：高等教育出版社，2015.

[2] 阎石. 数字电子技术基础 [M]. 6 版. 北京：高等教育出版社，2016.

[3] 康华光. 电子技术基础模拟部分 [M]. 6 版. 北京：高等教育出版社，2013.

[4] 康华光. 电子技术基础数字部分 [M]. 6 版. 北京：高等教育出版社，2014.

[5] 李国丽，朱维勇，何剑春. EDA 与数字系统设计 [M]. 2 版. 北京：机械工业出版社，2014.

[6] 李国丽，王涌，李如春. 模拟电子技术基础 [M]. 北京：高等教育出版社，2012.

[7] Texas Instruments. LM1575/LM2575/LM2575HV SIMPLE SWITCHER 1A Step－Down Voltage Regulator data sheet [Z]. 2013.

[8] Linear Technology Corporation. LT6600－10 [Z]. Milpitas：2002.

[9] Linear Technology Corporation. LTC1563－2/LTC1563－3 [Z]. Milpitas：2005.

[10] Linear Technology Corporation. LTC1560－1 [Z]. Milpitas：1997.

[11] Linear Technology Corporation. LTC1564 [Z]. Milpitas：2001.

[12] Texas Instruments. TLC04/MF4A－50，TLC14/ MF4A－100 [Z]. Dallas：1988.

[13] Renesas. ICL8038 Precision Waveform Generator/Voltage Controlled Oscillator Datasheet，[Z] 2001.

[14] Analog Devices. AD9854 CMOS 300 MSPS Quadrature Complete－DDS Datasheet [Z] 2000.

[15] Texas Instruments. OPA695 Ultra－Wideband Current－Feedback OPERATIONAL AMPLIFIER With Disable Datasheet [Z] 2004

[16] Texas Instruments. VCA824 Ultra－Wideband ＞ 40dB Gain Adjust Range Linear in V/V VARIABLE GAIN AMPLIFIER Datasheet [Z] 2008.